精通資料分析

使用 Excel、Python 和 R

Advancing into Analytics

From Excel to Python and R

George Mount 著
沈佩誼 譯

O'REILLY®

目錄

前言 ix

第 I 部　Excel 資料分析導論

第一章　探索式資料分析導論 3

什麼是探索式資料分析？ 3

觀察值 5

變數 5

Demo：分類變數 9

Recap：變數類型 11

探索 Excel 中的變數 12

探索類別變數 12

探索定量變數 15

本章小結 27

實際演練 27

第二章　機率導論 29

機率與隨機性 29

機率與樣本空間 30

機率與實驗 30

非條件式機率與條件式機率 30
機率分布 31
　離散機率分布 31
　連續機率分布 34
本章小結 42
實際演練 42

第三章　推論統計導論 43
推論統計框架 44
　收集代表性樣本 44
　做出假設 45
　設立分析計畫 47
　分析資料 49
　做出決策 52
資料是「你」的世界的一部分 59
本章小結 61
實際演練 61

第四章　相關與迴歸 63
「相關不代表因果」 63
相關性 64
從相關到迴歸 70
Excel 中的線性迴歸 72
重新思考結果：偽關係 77
本章小結 79
邁向程式設計 79
實際演練 80

第五章　資料分析堆疊 81
統計 vs. 資料分析 vs. 資料科學 81
　統計 81
　資料分析 82

商業分析 82
資料科學 82
機器學習 82
各有區別，但不互斥 83
資料分析堆疊的重要性 83
試算表 84
資料庫 87
商業智慧平台 89
資料程式語言 89
本章小結 91
下一步 91
實際演練 91

第 II 部　從 Excel 到 R

第六章　Excel 使用者開始使用 R 的第一步 95
下載 R 95
開始使用 RStudio 96
R 的套件 105
更新 R、RStudio 和 R 套件 107
本章小結 107
實際演練 109

第七章　R 的資料結構 111
向量 111
對向量進行索引和取子集 113
從 Excel 表格到 R 的 Data Frame 115
在 R 中匯入資料 117
探索資料框架 122
對資料框架進行索引和取子集 123
編寫資料框架 125

本章小結 126
實際演練 126

第八章 在 R 中處理資料和視覺化 127
使用 dplyr 處理資料 128
按欄位處理 129
按資料列處理 131
聚合和合併資料 134
dplyr 和 %>% 管線運算子 138
使用 tidyr 重塑資料 139
使用 ggplot2 執行資料視覺化 142
本章小結 148
實際演練 149

第九章 總體專案：R for Data Analytics 151
探索式資料分析 152
假說檢定 156
獨立樣本 t 檢定 157
線性迴歸 159
訓練／測試分割與驗證 161
本章小結 164
實際演練 164

第 III 部 從 Excel 到 Python

第十章 Excel 使用者開始使用 Python 的第一步 169
下載 Python 170
開始使用 Jupyter 170
Python 的模組 180
更新 Python、Anaconda 和 Python 套件 182
本章小結 182
實際演練 182

第十一章　**Python 的資料結構 185**
NumPy 陣列 186
對 NumPy 陣列進行索引和取子集 188
Pandas DataFrame 簡介 190
在 Python 中匯入資料 192
探索 DataFrame 193
　對 DataFrame 進行索引和取子集 195
　編寫 DataFrame 196
本章小結 196
實際演練 196

第十二章　**在 Python 中處理資料和視覺化 197**
按欄位處理 198
按資料列處理 201
聚合和合併資料 202
重塑資料 204
資料視覺化 206
本章小結 211
實際演練 212

第十三章　**總體專案：Python for Data Analytics 213**
探索式資料分析 214
假說檢定 217
　獨立樣本 t 檢定 217
　線性迴歸 219
　訓練／測試分割與驗證 221
本章小結 222
實際演練 223

第十四章　**總結與展望 225**
分析堆疊的更多拼圖 225
研究設計與業務實驗 225

更多的統計方法 226
資料科學與機器學習 226
版本控制 227
倫理 228
勇於嘗試，深入鑽研 228
結語 228

索引 229

前言

你即將展開一場學習之旅，沿路上的風景包含統計、程式設計以及許多相關主題，使得這趟旅程意義非凡、值得稱許。在踏出第一步之前，我想花一些時間與你分享學習成果，我如何寫就這本書，以及它能為你帶來什麼。

學習成果

閱讀完這本書之後，你將能夠**使用程式語言執行探索式資料分析與假說檢定**。探索與測定事物之間的關係，正是資料分析的核心主軸。讀者得以憑藉書中分享的工具和框架，做好萬全準備，習得更進階的資料分析技法。

我們將會使用 Excel、R 與 Python 這些強大工具，它們能讓這趟學習旅程更加流暢且豐富。儘管對分析師來說，從編寫試算表，到編寫程式碼是自然而然的進展，卻鮮少有書籍對這三者的組合加以著墨。

先決條件

為了達成這些學習成果，本書預設了一些技術上的先決條件。

先備環境

我使用 Windows 系統並安裝了 Office 365 版本的 Excel 的桌上型電腦。只要使用的是 Excel 2010 以後的付費版本，不論你使用 Windows 或 Mac 系統，在大多數時候都能根據本書指示正常進行操作，而涉及樞紐分析表或資料視覺化時的具體操作步驟可能有所不同。

雖然 Excel 同時提供了線上免費版和線上付費版，但本書提及的幾個功能必須使用桌面付費版才能存取。

R 和 Python 都是免費的開源工具，適用於所有主流作業系統。我會在後文介紹如何安裝它們。

先備知識

你無須具備 R 或 Python 的先備知識，但需要對 Excel 擁有適當程度的了解以利學習。

你應該熟悉以下的 Excel 操作：

- 絕對、相對與混合儲存格參照
- 條件式邏輯與條件式加總（`IF()` 陳述式、`SUMIF()`/`SUMIFS()` 等）
- 合併資料來源（`VLOOKUP()`、`INDEX()`/`MATCH()` 等）
- 使用樞紐分析來排序、篩選和加總資料
- 基本的圖表繪製（長條圖、折線圖等）

如果想在展開本書之前重新複習 Excel 基礎知識，建議你閱讀 Michael Alexander 等人所著的《*Excel 2019 Bible*》（Wiley）。

我如何來到這裡

和領域中許多人一樣，我在資料分析這個領域的職涯發展路線是曲折迂迴的。在校時，我主修數學，但許多主題太過理論性。統計和計量經濟學引起了我的興趣，能夠將數學應用到其他範疇，對我來說猶如一股清風拂上心頭。

說實話，我與統計學的淵源不深。我就讀於文理學院，習得了扎實的寫作能力與思考能力，但很少接觸到數理知識。得到第一份全職工作後，那時的我彷彿被排山倒海而來的資料量淹沒了。許多資料存在於試算表中，如果不經過妥善的清理和準備流程，實在難以獲取這些資料的價值所在。

這些和資料進行「角力」的過程有目共睹；**紐約時報**曾經報導過，資料科學家會花上 50 ～ 80% 的時間在資料的準備工作上（*https://oreil.ly/THah7*）。我很好奇，有沒有一種更加有效率的方法能夠幫助人們清理、管理和儲存資料，因為我想將寶貴的時間用在資料**分析**而不是準備上。畢竟，統計分析對我來說充滿了吸引力——人工手動、錯漏百出的試算表資料準備工作，讓人興趣缺缺。

因為我享受寫作的過程（感謝我的文理學院文憑！），我在部落格分享了關於 Excel 實用技巧的文章。出於個人勤奮與各位厚愛，部落格得到了許多關注，也成就了我在職涯上的成功。歡迎讀者到 *stringfestanalytics.com* 逛逛，我時常分享關於 Excel 和資料分析的內容。

在我對於 Excel 更加熟悉之後，我的興趣開始延伸到其他的分析工具和技法上。此時，R 和 Python 這兩個開源的程式設計語言，在資料領域獲得了極大的關注。在我學著掌握這些程式語言的同時，曾經在這條學習路上感受過不必要的摩擦。

Excel 爛，Coding 讚

我注意到對於 Excel 使用者來說，許多的 R 或 Python 訓練課程像是：

> *一直以來，你們都在應該使用程式的時候錯用了 Excel。*
> *看看那些 Excel 造成的問題！是時候改掉壞習慣了。*

然而，這種態度是不可取的，因為：

這是不準確的

在程式設計和試算表之間做選擇，經常被刻劃成「正邪不兩立」的拉扯。事實上，更恰當的觀點是將兩者視為**互補**的工具。試算表工具在資料分析中有其地位，程式設計也能發揮所長。學習其中一項並不會抵銷另一項的功能與用途。第 5 章會探討兩者的關係。

這是糟糕的教學方針

Excel 使用者對於資料處理擁有一種直覺，他們了解怎麼對資料排序、篩選、分組和合併。他們知道怎麼樣的排列方式更有助於簡單分析，也知道哪些情況涉及大量清理作業。這些都是寶貴的知識與實務經驗。優秀的引導指示會善用這些知識經驗，作為連結試算表和程式設計之間的橋梁。遺憾的是，許多訓練課程的教學方針出於傲慢與輕視，選擇炸掉這座橋梁。

研究指出，將你所學習到的內容連結到你已經掌握的東西上，能夠創造非凡的學習效果。Peter C. Brown 所著的《超牢記憶法：記憶管理專家教你過腦不忘的學習力》中提到：

> 你越能夠解釋新習得的內容與先備知識的連結，就越能掌握新的學習內容，創造越多連結也能幫助你更好地記憶。

如果被錯誤地告知此前所學皆是無用垃圾，身為 Excel 使用者的你，想必很難將新的學習成果連結到此前已知的經驗與知識。本書選擇另闢蹊徑，在關於試算表的先備知識之上構建一個清楚明確的學習框架，幫助你更好地掌握 R 與 Python。

試算表與程式設計語言，都是寶貴的分析工具，學會 R 和 Python 之後，你也無須捨棄 Excel。

Excel 在教學上的好處

事實上，Excel 是一個超棒的教學工具：

它能降低認知負荷

認知負荷指在理解某件事物時產生邏輯連結或思維跳轉的數量。通常，資料分析的學習歷程如下：

1. 學習一個全新的技法。
2. 學習新的程式設計技術並使用新技術。
3. 在未能感到確實熟悉基礎時，就進展到更加進階的技法。

學習分析的入門基礎就夠難了。在學習分析知識的「同時」，學習如何寫程式，更是難上加難，因其產生極高的認知負荷。透過寫程式來掌握資料分析的技巧固然有其好處，但在精通兩者的過程中，最好分開學習這些技能組合。

它是一個視覺化的計算機

第一個問世的電子試算表軟體叫做「VisiCalc」，顧名思義，它是個視覺化的計算機（visual calculator）。這個名字直接點出了這款應用最為重要的賣點。特別是對新手來說，程式語言就像一個「黑盒子」，輸入一些神奇字眼，按下「執行」，結果就出現在眼前。程序有可能是運氣好呈現出對的結果，菜鳥使用者很難打開「黑盒子」，搞清楚這一切發生了什麼（或者更重要的是，搞懂為什麼「沒有發生些什麼」）。

相較之下，Excel 讓人親眼看見資料分析過程的每一道步驟。你可以用肉眼看見數字和公式被計算、甚至是重新計算。不僅僅是聽我長篇大論，你將會在 Excel 打造 demo，將關鍵分析概念視覺化。

Excel 提供了學習資料分析基礎概念的機會，而你不需要同時學習一個全新的程式設計語言。這大幅地降低了認知負荷。

本書總覽

了解本書創作理念與學習目標後，一起來看看全書架構。

第 *I* 部：*Excel* 資料分析導論

資料分析立基於統計學。在第 I 部內容中，你將學習使用 Excel 探索和測試變數之間的關係。你也會使用 Excel 打造吸睛的 demo，展示統計學和資料分析領域的重要概念。從統計理論與框架出發，為後續的資料工程打下扎實基礎。

第 *II* 部：從 *Excel* 到 *R*

更加熟悉資料分析的入門基礎之後，是時候學習幾個程式設計語言了。我們先從 R 開始入手，這是一個專為統計分析而生的開源語言。你會見識到如何將關於資料處理的所知所學，從 Excel 轉移到 R 語言。最後，我們會用 R 實際演練一個完整的總體專案，驗收你的學習成果。

第 *III* 部：從 *Excel* 到 *Python*

在資料分析領域中，Python 是另一個值得學習的開源語言。和第 II 部的架構一樣，你將會學習以 Python 處理 Excel 的資料，並執行一個完整的資料分析工作。

章末練習

我在讀書時傾向於略過每個章節末尾的練習題，因為我認為一氣呵成，保持讀書的節奏更加重要。**千萬別學我！**

我在大多數章節的最後放上一些實際演練題，方便你活用剛剛學到的知識或技巧。你可以在隨附程式庫的 *exercise-solutions* 資料夾找到每一章節練習題的解答（*https://oreil.ly/KVrIn*）。衷心建議你進行作答，並檢驗你的答案，由此增加你對本書內容的理解，並且為我樹立榜樣。

主動式學習的效果最為顯著，如果不能及時活用你所學到的東西，那麼非常容易遺忘。

這不是一份冗長項目清單

我喜愛資料分析的一點是，即便是要做同樣的一件事，你永遠有不同的做法可以選擇。即便你已經對某個做法熟爛於心，我也能為你展示另一種做法。

本書聚焦在使用 Excel 作為資料分析的一種教學工具，並幫助讀者將資料分析知識轉移到 R 和 Python 上。如果僅僅用既有的資料清理或分析工作搪塞讀者，那我未免顧此失彼，模糊本書焦點了。

也許你偏好使用特定方法；在不同的情況下，我會同意你的看法，某件事的確有更好的處理方法。不過，有鑒於**本書**內容及學習目標，我決定討論某些特定技法，並將其他作法排除在外。將所有做法一網打盡，可能會讓本書淪為一本平凡無奇的工作手冊，而喪失了引導使用者邁向更進階的資料分析的創作立意。

別緊張

希望你覺得身為作者的我平易近人，能夠相處愉快。話說在前頭，這本書的最高原則：那就是**別緊張**！我必須承認，這條學習曲線的確很陡峭，因為你不只要探索機率和統計，還要學著使用兩個程式語言。本書為你介紹統計學、電腦科學的概念，起初，這些概念聽起來一定很刺耳又難以習慣，但隨著你越來越熟悉，你將能夠內化並運用這些知識。敞開心胸，從「錯中學，學中做」吧。

我深深地相信，你所掌握的 Excel 知識，對於閱讀本書必有助益。也許有時候你會感到挫折，害怕自己是個「冒名頂替者」，別擔心，我們都曾有過這種感覺。別讓這些情緒阻擋了你的進步，你所邁出的每一步、你為此所做的努力都是真實而有價值的。

準備好了嗎？第 1 章見！

本書編排慣例

本書使用下列字體編排慣例：

斜體字（*Italic*）

表示新名詞、URL、email 地址、檔案名稱和副檔名，中文以楷體字表示。

定寬字（`Constant width`）

表示程式碼，在段落中凸顯程式碼要素如變數、函式名稱、資料庫、資料類型、環境變數、陳述式和關鍵字。

表示提示或建議。

表示註記。

表示警告或注意事項。

使用範例程式

讀者可以在以下網址下載補充資料（程式碼範例、練習題等）：
https://github.com/stringfestdata/advancing-into-analytics-book

你可以下載資料夾並在電腦上解壓縮，或者用 clone 指令複製到你的 GitHub 上。這個程式庫包含了每章節出現的活頁簿和腳本。書中的所有資料集皆位於 *datasets* 資料夾中，並附上資料來源及清理步驟的註記。我建議你為這些 Excel 活頁簿建立副本，並對副本進行操作，避免直接操作原檔案而影響後續步驟。所有章末練習的解答都在 *exercise-solutions* 資料夾。

本書旨在幫助讀者了解如何結合 Python 和 Excel。一般來說，讀者可以隨意在自己的程式或文件中使用本書的程式碼，但若是要重製程式碼的重要部分，則需要聯絡我們以取得授權許可。舉例來說，設計一個程式，其中使用數段來自本書的程式碼，並不需要許可；但是販賣或散布 O'Reilly 書中的範例，則需要許可。例如引用本書並引述範例碼來回答問題，並不需要許可；但是把本書中的大量程式碼納入自己的產品文件，則需要許可。

我們會非常感激你在引用本書時標明出處（但不強制要求）。出處一般包含書名、作者、出版社和 ISBN。例如：「*Advancing into Analytics* by George Mount (O'Reilly). Copyright 2021 George Mount, 978-1-492-09434-0」。

如果你覺得自己使用範例程式的程度超出上述的允許範圍，歡迎隨時與我們聯繫：*permissions@oreilly.com*。

致謝

首先，我想感謝上帝賜予我機會培養並分享我的才能。感謝 O'Reilly 的 Michelle Smith 和 Jon Hassell，提供我創作本書的機會，和你們共事非常愉快。Corbin Collins 讓我在撰寫這本書的時候持續有所進度。Danny Elfanbaum 和製作團隊讓這本書從手稿變成一本真實存在的書籍。Aiden Johnson、Felix Zumstein 和 Jordan Goldmeier 為本書提供了寶貴的技術審核。

請人為一本書提供意見回饋並非易事，我想感謝 John Dennis、Tobias Zwingmann、Joe Balog、Barry Lilly、Nicole LaGuerre 和 Alex Bodle，謝謝你們的意見與心得。我還想感謝讓技術和知識在彼此之間無償流通的社群，我在追尋資料分析的過程中結識了許多好友，他們的寶貴時間與知識分享令我不勝感激。感謝 Padua Franciscan High School 和 Hillsdale College 的師長，讓我愛上學習和寫作。若不是有幸遇見這些人，我一定無法寫出這樣一本書。

感謝我的父母，你們的愛與支持是我最珍貴的寶藏。最後，感謝 Papou，謝謝你讓我學會勤奮與風度的價值。

第 I 部

Excel 資料分析導論

第一章

探索式資料分析導論

「你永遠不會知道那扇門後面會出現什麼」。這是美國歷史頻道的招牌真人秀〈當舖之星〉主持人 Rick Harrion 的開場白。在分析領域中，也是如此：面對一個全新資料集，你永遠不會知道你會發現些什麼。本章內容聚焦在如何**探索**資料集，對它進行**描述**，了解應該向它問哪些問題。這個過程被稱為**探索式資料分析**（*exploratory data analysis*），又稱為 EDA。

什麼是探索式資料分析？

美國數學家 John Tukey 在他的著作《*Exploratory Data Analysis*》（Pearson）中提倡 EDA 的運用，Tukey 強調，分析師們必須先探索資料，找出潛在的研究問題，才能進入以假說檢定和推論統計**確認**答案的階段。

EDA 可以說是資料的第一關「面試」，這是分析師們認識、了解資料內容，有哪些「好料」值得探索的階段。在這個面試過程中，我們想要進行以下工作：

- 將變數分類成連續變數、類別變數等等不同的類型
- 使用描述統計，對變數進行摘要整理
- 使用圖表，將變數視覺化呈現

現在，我們使用 Excel 和一個真實存在的資料集來體驗 EDA 流程。你可以在本書範例檔的 *datasets* 資料夾的 *star* 子資料夾中找到一份 *star.xlsx* 試算表（*https://oreil.ly/VHslH*）。這份資料集用於檢驗教室規模對於測驗分數的影響。針對這份資料以及其他基於 Excel 的 demo，我建議讀者對原始資料執行以下步驟：

1. 製作一份副本，不要動到原始資料集。我們在後文將會匯入這類 Excel 檔案到 R 或 Python 中，對於資料集的任何變更都有可能對匯入作業造成影響。

2. 新增一個索引欄位，命名為 *id*。這麼做能為資料集中的每一列（每一筆資料）進行編號，第一列的 ID 為 1，第二列 ID 為 2，依此類推。在 Excel 中，你可以在該欄位的前幾列輸入數字，然後選取該範圍，以 [快速填入] 功能填入資料。將游標拖曳到作用儲存格右下角的小方塊圖形，點選出現的＋號，然後快速填入儲存格範圍的其他值。新增這個索引欄位，可以更輕鬆地根據群組進行資料分析。

3. 最後，請選取範圍內的任一儲存格，點選功能區的 [插入] → [表格]，將資料集轉換成表格。鍵盤快捷鍵為 Ctrl+T 或 Cmd+T。如果你的表格有標題，記得勾選「我的表格有標題」。表格擁有許多優點，其中最重要的就是其具有美感的呈現方式。在表格操作中，可以使用名稱來參照欄位。

   你可以點選表格中任一處，在功能區的 [表格] → [表格名稱]，為表格指定名稱，如圖 1-1 所示。

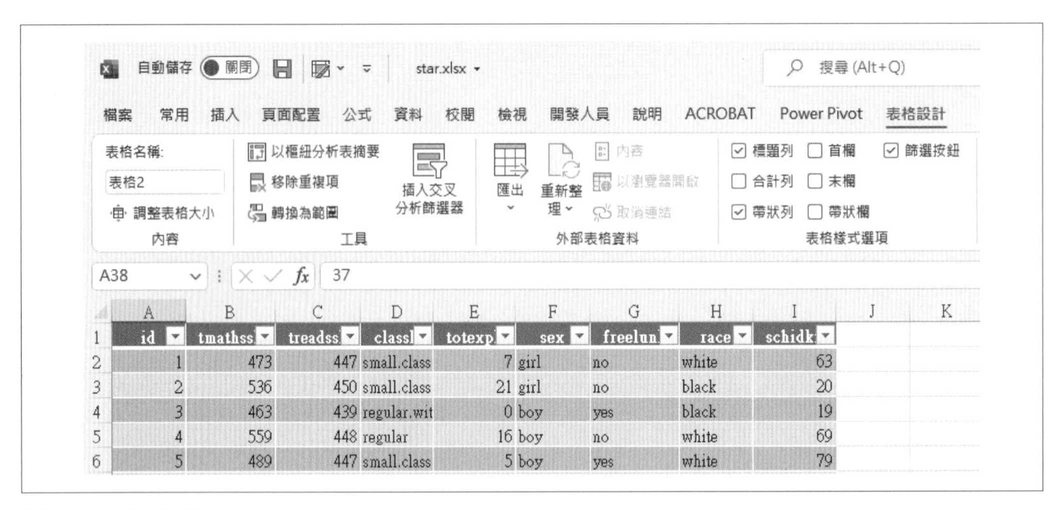

圖 1-1　表格名稱

養成執行這幾項分析前置工作的好習慣，將會對你的 Excel 作業很有幫助。對於 *star* 資料集來說，完成上述步驟的表格應如圖 1-2 所示，我將表格命名為 `star`。

讀者應該擁有不少和資料打交道的經驗，能夠輕易看出以上資料集足以進行分析。有些時候，我們需要對資料進行清理，讓它變成我們想要的樣子。我會在本書後文探討一些資料清理作業。現在，我們先來認識這份資料，學習使用 EDA。

	A	B	C	D	E	F	G	H	I
1	id	tmathssk	classk	treadssk	totexpk	sex	freelunk	race	schidkn
2	1	473	small.class	447	7	girl	no	white	63
3	2	536	small.class	450	21	girl	no	black	20
4	3	463	regular.with.aide	439	0	boy	yes	black	19
5	4	559	regular	448	16	boy	no	white	69
6	5	489	small.class	447	5	boy	yes	white	79
7	6	454	regular	431	8	boy	yes	white	5
8	7	423	regular.with.aide	395	17	girl	yes	black	16
9	8	500	regular	451	3	girl	no	white	56
10	9	439	small.class	478	11	girl	no	black	11
11	10	528	small.class	455	10	girl	no	white	66
12	11	473	regular	430	13	boy	no	white	38
13	12	468	regular.with.aide	437	6	boy	no	white	69
14	13	559	small.class	474	0	boy	no	white	43
15	14	494	small.class	424	6	boy	no	white	71
16	15	528	regular.with.aide	490	18	boy	no	white	52
17	16	484	regular	439	13	boy	no	white	54
18	17	459	regular.with.aide	424	12	girl	yes	white	12
19	18	528	regular	437	1	girl	yes	black	21
20	19	478	small.class	422	8	girl	no	white	76

欄位（變數）

資料列（觀察值）

圖 1-2　star 資料集

在資料分析中，我們會以觀察值指代資料列（*row*），以變數指代欄位（*column*）。首先，我們先來認識這些名詞的意義。

觀察值

在這份資料集中，共有 5,748 列，每一列都是一個不重複的觀察值（unique observation）。我們的例子中測量的是學生，而觀察值可以是國民或是整個國家。

變數

每一個欄位提供了關於觀察值的特定資訊。比方說，在 *star* 資料集中，我們可以看到每一位學生的閱讀分數（*treadssk*），也可能查看學生的課程類型（*classk*）。這些欄位被稱為變數（*variable*）。表 1-1 整理了 *star* 資料集中每個欄位測量的項目：

表 1-1　star 資料集的變數

欄位	描述
id	唯一辨識符 / 索引欄位
tmathssk	數學量表分數總分
treadssk	閱讀量表分數總分
classk	課程類型

欄位	描述
totexpk	教師的教學總年資
sex	性別
freelunk	是否符合免費午餐資格
race	族裔
schidkn	學校評鑑指標

我們將這些欄位所代表的資訊稱為「變數」，是因為在不同的觀察值中，這些資訊都**有所不同**。如果所有的觀察值都給出了一模一樣的測量結果，那麼這份資料集不見得具有分析價值。每一個變數都能提供關於觀察值的不同資訊。即便是在這一份相對小的資料集中，我們也有文字、數值和「是／否」等值作為變數。有一些資料集甚至可能擁有數十個、數百個變數。

對不同的變數類型進行分類，對我們的分析過程有所幫助。請留意，這些分類不是絕對，可能根據情境或需求目的的不同而有所變動。你將會發現，EDA 以及資料分析是高度迭代的。

對變數進行分類沒有一個絕對性的標準或方法，更多時候是根據經驗法則。

我將會討論圖 1-3 中出現的各種變數類型，然後以此對 *star* 資料集進行分類。

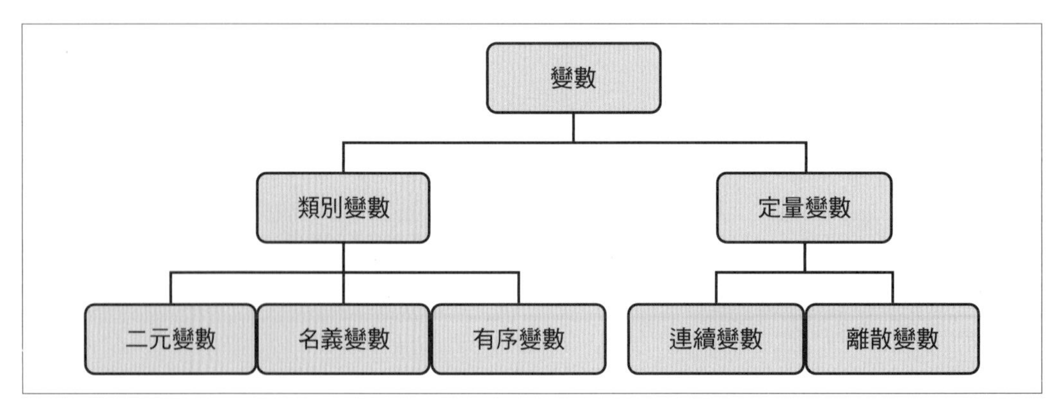

圖 1-3　變數類型

當然，變數類型不只上述幾種，例如還有等距資料（interval data）和等比資料（ratio data）。讀者如果想更深入了解這些變數類型，可以閱讀 Sarah Boslaugh 所著的《*Statistics in a Nutshell*》（O'Reilly）。我們來看看圖 1-3 的變數，從左邊開始。

類別變數

類別變數有時候也被稱為**定性**變數，用來描述觀察值的特質或屬性。「屬於哪一種？」是以類別變數回答的典型問題。類別變數經常以非數值的值（名稱、標記）表示。

「國別」就是一種類別變數，和其他變數一樣，它存在許多不同的觀察值。然而「美國」、「芬蘭」等等不同的值之間無法進行數量上的比較（兩個「印尼」等於多少？有人知道嗎？）。類別變數所取用的任何唯一值，被視為該變數的一個*層次*（*level*），比方說「國別」中的三個層次可以是「美國」、「芬蘭」或「印尼」。

類別變數描述的是某個觀察值的特定屬性，而不是數量，因此不適用於許多量化操作。比方說，我們不能計算國別的**平均值**，但我們可以計算**最常出現**的國別，或者說是每個層次的出現頻率次數。

我們可以進一步根據類別變數的值擁有幾個層次加以區分，判斷這些排序是否具有意義。

二元變數只能有兩個層次。通常，這些變數的值為「是／否」。二元變數的一些例子如下：

- 已婚？（是／否）
- 已購買？（是／否）
- 葡萄酒類型（紅酒／白酒）

在葡萄酒類型的例子中，我們假定了資料只包含了紅酒和白酒……不過，萬一我們也想分析粉紅酒的銷售情形呢？這時，我們無法以二元變數來分析資料，畢竟這時資料包含了三個層次。

超過兩個層次的定性變數，被稱為「名義變數」，一些例子包含：

- 國別（美國、芬蘭、印尼等）
- 最愛的顏色（橙色、藍色、紅褐色等）
- 葡萄酒（紅酒、白酒、粉紅酒）

另外，ID 編號是一種以數值表示的類別變數。雖說我們也**可以**取 ID 編號的「平均值」，但這個數值並沒有意義，因為名義變數並不存在**內在排序**（*intrinsic ordering*）。比方說，作為一種顏色的**紅色**，和**藍色**並沒有高低優劣之分。我們來看看幾個例子，更清楚認識內在排序的意義。

定序變數擁有兩個以上的層次，這些層次之間**具有**內在排序，一些例子包括：

- 飲料容量大小（小、中、大）
- 年級（大一、大二、大三、大四）
- 平日（週一、週二、週三、週四、週五）

我們**可以**判斷出這些層次的排序，例如大四高於大一，然而我們無法用同樣的邏輯比較藍色和紅色。雖然我們可以對這些層次進行**排序**，但並不能量化它們之間的**距離**。舉例來說，中杯飲料和小杯飲料的差距，不見得等於大杯飲料和中杯飲料的差距。

定量變數

定量變數描述某個觀察值的可測量數量。「有多少？」是以定量變數回答的典型問題。我們可以根據層次數量，進一步區分定量變數。

連續變數的任兩個觀察值之間，在理論上存在無限多的值。這聽起來有些複雜，不過連續變數在自然世界中很常見，比方說：

- 身高（在 150 公分到 190 公分的範圍之內，觀察值可以是 151 公分、189 公分或是範圍內的任何值）
- pH 值
- 表面積

由於我們可以對連續變數的觀察值進行數量上的比較，因此適用一系列統計分析。比方說，我們可以計算某個連續變數的平均數。在本章後段內容，你將會學習在 Excel 中查找敘述統計，對連續變數進行分析。

另一方面，**離散**變數的任兩個觀察值之間具有一個最小的計數單位。離散變數的應用經常出現在社會科學和商務情境中，例子包含：

- 家戶人口（介於 1 ～ 10 位成員之間，觀察值可以是 2 或 5，但不會是 4.3）
- 銷售數量
- 森林中的樹木數量

在處理擁有多個層次（多個觀察值）的離散變數時，我們經常會將它們看作是該統計資料的完整範圍的連續變數。比方說，你可能聽過這樣的說法：「美國家庭中平均養育 1.93 位孩童」。但我們也知道，沒有一個家庭**實際上**會養育這種數量的孩童。畢竟，孩童數量是一個**離散**的整數。不過，這樣的說法有助於表明，在一般情況下，一個家庭可能會養育幾位孩童。

還不只這樣！在更加進階的分析中，我們也經常重新計算和混合變數。比方說，我們可以對一個變數進行**對數轉換**（取 log），好讓它符合某個統計分析的假設條件，或者我們可以使用**降低維度**的方法，提取變數特徵以利分析，不過這些技法並不在本書討論範圍之內。

Demo：分類變數

請活用你目前學習到的知識，按圖 1-3 出現的變數類型，對 *star* 資料集的變數進行分類。別猶豫害怕，盡情地探索資料吧。我會先介紹一個簡單的方法，本章後半再講述更全面的細節。

快速了解變數類型的方式之一是查看這些變數取用了幾個不重複值（unique value）。在 Excel 中，你可以透過 [篩選] 加以查看。比方說，按一下圖 1-4 中 *sex* 變數旁邊的下拉式選單圖示，可以發現這個變數只取用了兩個不同的值。你覺得它屬於哪一類的變數呢？請利用這個方法，了解資料集中其他變數的類型。

圖 1-4　使用 [篩選] 查看變數取用了多少個不同的值

表 1-2 整理了我對這些變數的分類。

表 1-2　我對這些變數的分類

變數	描述	類別或定量變數？	類型？
id	索引欄位	類別變數	名義變數
tmathssk	數學量表分數總分	定量變數	連續變數
treadssk	閱讀量表分數總分	定量變數	連續變數
classk	課程類型	類別變數	名義變數
totexpk	教師的教學總年資	定量變數	離散變數
sex	性別	類別變數	二元變數
freelunk	是否符合免費午餐資格	類別變數	二元變數
race	族裔	類別變數	名義變數
schidkn	學校評鑑指標	類別變數	名義變數

有些變數容易辨識其類型，例如 *classk* 和 *freelunk*。像是 *schidkn* 或 *id* 則不那麼顯而易見：它們雖然是數值，卻不能被量化比較。

以數值表示的資料，不見得就是定量變數。

你可以發現，只有三個是定量變數：*tmathssk*、*treadssk* 和 *totexpk*。我決定將前兩者分類成連續變數，將最後一個歸類為離散變數。原因為何？我們先從 *totexpk*（教師的教學總年資）的資料開始看起。所有的觀察值都是整數，介於 0 ～ 27 之間。因為這個變數只能固定數量的可數的值，所以我將它歸類為離散變數。

至於 *tmathssk* 和 *treadssk* 這種 t 分數呢？這些也是以整數表示，也就是說，某位學生的閱讀分數不可能是 528.5 分，只可能是 528 分或 529 分。在這種情況下，它們是離散變數。然而，由於這些分數有可能存在非常多個不重複值，因此在實際應用上我們會將其歸類為連續變數。

你也許會因此感到驚訝，在統計這麼嚴謹的學科中，幾乎沒有絕對必須依循的硬性規定。

Recap：變數類型

> 「要學習規則，這樣才知道如何巧妙適當地打破規則。」
>
> —第十四世達賴喇嘛

我們對變數進行分類的方式，決定了我們在分析中如何處理它們——比方說，我們可以計算連續變數的平均數，但不能對名義變數這麼做。同時，我們通常會為了權宜而打破規則，例如對某個離散變數取了平均值（「一個家庭平均會有 1.93 位孩童」）。

在分析中，我們可能決定改動更多規則、重新分類變數，或者打造全新的變數。別忘了，EDA 是一個不斷迭代的過程。

處理資料和變數，是一個高度迭代的流程。分類變數的方式可能根據後來的探索結果而發生變化，我們可能會對資料提出不一樣的研究問題。

探索 Excel 中的變數

繼續以敘述統計和視覺化呈現來探索 *star* 資料集。我們會使用 Excel 進行分析。不過，你也可以在 R 或 Python 中按照相同步驟得到一樣的分析結果。讀完這本書後，你將學會運用這三種方法進行探索式資料分析。

從探索 *star* 的類別變數開始。

探索類別變數

對於類別變數，我們要測量的是它的**性質**，而不是**數量**，因此這些變數不具備有意義的平均值、最小值、最大值等。我們還是會對這份資料進行一些分析，也就是計算**頻率次數**。我們可以使用 Excel 的樞紐分析表進行操作。請將游標放在 *star* 資料集任一處，然後選取 [插入] → [樞紐分析表]，如圖 1-5 所示。然後點選「確定」。

圖 1-5　插入樞紐分析表

我想知道每一種課程類型中共有多少個觀察值。為此，我將 *classk* 拖曳到樞紐表的 [列]，將 *id* 拖曳到 [值]。在預設情況下，Excel 會加總 *id* 欄位。這時，發生了將類別變數假定為定量變數的錯誤。我們無法量化比較每個 ID 編號，但可以計算每個 ID 的出現頻率。在 Windows 系統上，請點選「值」區域的「加總 - id」，然後選取 [欄位設定]。在 [摘要方式：] 下方選擇 [計數]，接著點選 [確定]。在 Mac 系統中，請點選 [加總 - id] 旁的ⓘ圖示進行相同操作。現在，我們得到想要的結果了：表格顯示了每一個課程類型共有多少個觀察值。這又稱為**單向次數分配表**，如圖 1-6 所示。

	A	B
1		
2		
3	**Row Labels**	**Count of id**
4	regular	2000
5	regular.with.aide	2015
6	small.class	1733
7	**Grand Total**	**5748**
8		

圖 1-6　按課程類型的單向次數分配表

我們來繼續細分這個次數表，將觀測值分為符合免費午餐資格的學生和不符合資格的學生。為此，請將 *freelunk* 拖曳到樞紐分析表欄位的 [欄] 區域。現在，我們得到了一個**雙向**次數分配表，如圖 1-7 所示。

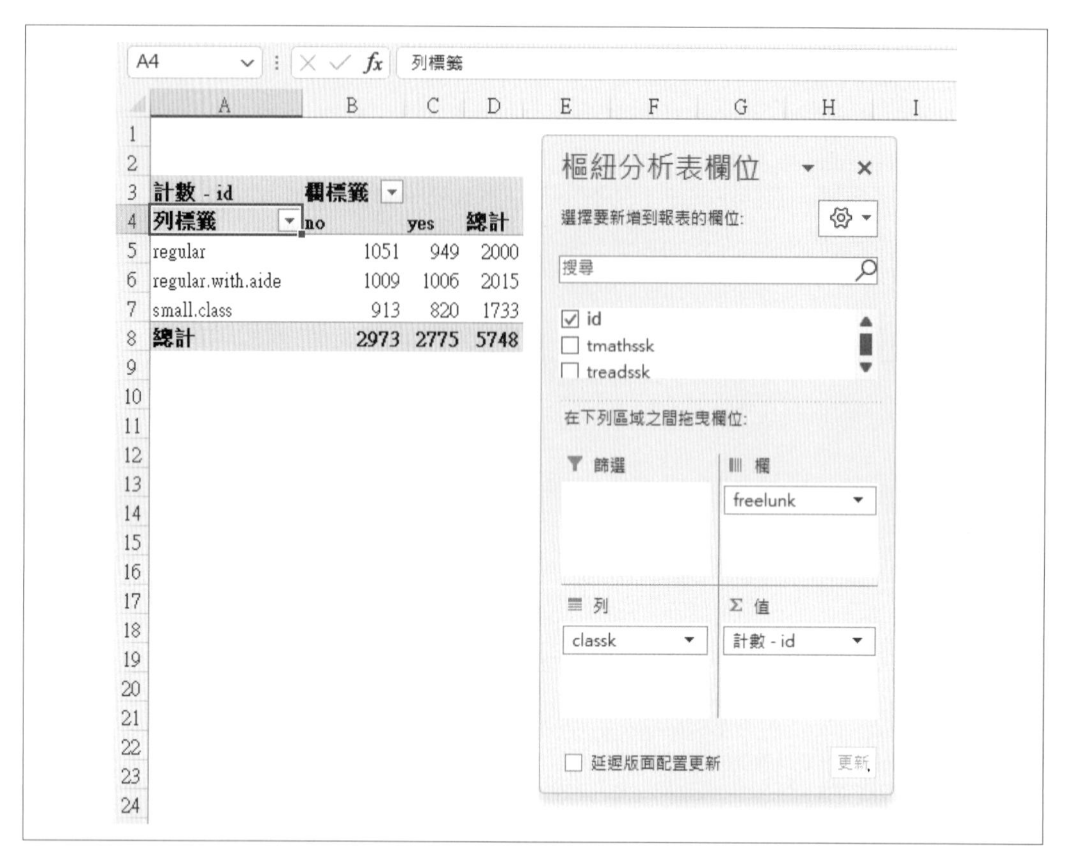

圖 1-7　按午餐資格與課程類型的雙向次數分配表

綜觀全書，我們會在資料分析中建立視覺化圖表。由於本書必須討論的主題不少，我們將不會著墨於資料視覺化的原則和技法。不過，這個領域依舊值得你花心思仔細研究，可以參考 Claus O. Wilke 的《*Fundamentals of Data Visualization*》（O'Reilly）。繁體中文版《資料視覺化｜製作充滿說服力的資訊圖表》由碁峰資訊出版。

可以使用直條圖（*barplot* 或 *countplot*），將單向或雙向次數分配表視覺化呈現。請點選樞紐分析表，然後點選 [插入] → [叢集欄位]。圖 1-8 顯示了圖表結果。點選圖表區，按下右上角的＋圖示，在跳出的 [圖表項目] 選單中，勾選 [圖表標題]。在 Mac 系統中，請點選圖表，前往功能區的 [設計] → [新增圖表項目] → [圖表標題]。我會在本書重複幾次新增圖表項目的動作。

請注意計數圖和表格都按課程類型對觀測值進行分割，將學生分成符合免費午餐資格和不符合資格的兩類。比方說，1,051 表示表格和直條圖中的第一個標籤，949 表示表格和直條圖中的第二個標籤。

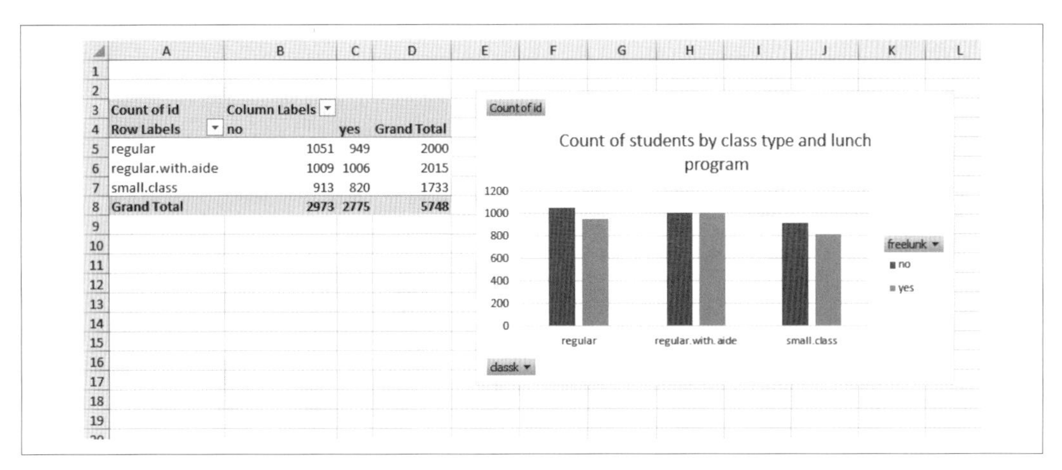

圖 1-8　將雙向次數表視覺化為計數圖

即便是像雙向次數分配表這樣簡單的分析，將表格視覺化為圖表也是個好主意。比起表格中密密麻麻的數字，人們更能夠快速理解圖表上的折線或長條，因此，當分析內容變得越來越浩繁複雜，更應該將分析結果視覺化呈現。

由於無法對類別資料進行量化比較，我們所能做的，是根據這些類別變數的「計數」（count）進行統計分析。雖然聽起來好像不怎麼吸引人，但這還是很重要：這可以告訴我們哪個層次的值最常出現，在後續的分析階段中也能按其他變數比較這些層次。現在，我們先來探索定量變數。

探索定量變數

我們會執行一個完整的*摘要統計*，或者說是*敘述統計*。敘述統計使用量化方法對資料集進行摘要整理。例如「次數」就是敘述統計的其中一類，來看看其他類型，並學習如何在 Excel 中計算它們。

*集中趨勢量數*是用來表示一個觀察值取用了哪個值或哪些值的一組敘述統計。我們會介紹三個最常見的量數。

第一個是「平均數」(mean)。更具體一點，我們所指的是，將所有觀察值加總起來，除以觀察值數量而得的算數平均數。在所有統計量數之中，平均數大概會是你最熟悉的量數，也是我們會不斷提到的值。

第二個是「中位數」(median)，也就是將資料集的所有觀察值由小至大排列，位於最中間的那一個數。如果排序後位於資料集中間的是兩個資料值，則取兩者的平均值作為中位數。

第三個是「眾數」(mode)，也就是一組觀察值中出現次數最多的值。對資料進行排序找出眾數也有助於分析工作。一個變數可能有一個、多個眾數，甚至沒有眾數。

Excel 擁有豐富的統計函數，有些可以用來計算集中趨勢量數，如表 1-3 所示。

表 1-3　測量集中趨勢的 Excel 函數

統計量數	Excel 函數
平均數	`AVERAGE(number1, [number2], ...)`
中位數	`MEDIAN(number1, [number2], ...)`
眾數	`MODE.MULT(number1, [number2], ...)`

`MODE.MULT()` 是一個新函數，Excel 運用了動態陣列的強大威力來傳回多個潛在眾數的新函數。如果你的版本沒有支援這個函數，請改用 `MODE()`。請使用這些函數，找出 *tmathssk* 的集中趨勢量數。圖 1-9 展示了分析結果。

從這個分析中，我們可以看見，這三個集中趨勢量數的值非常接近，平均數為 485.6，中位數為 484，而眾數為 489。我也找出了這個眾數的出現次數：277 次。

	J	K	L	M
1		tmathssk central tendency		
2		Mean	485.6480515	=AVERAGE(star[tmathssk])
3		Median	484	=MEDIAN(star[tmathssk])
4		Mode	489	=MODE.MULT(star[tmathssk])
5		Mode -- how many?	277	=COUNTIF(star[tmathssk],L4)
6				

圖 1-9　在 Excel 中計算集中趨勢量數

應該專注在哪個集中趨勢量數上呢？我用一個簡單的案例研究說明。想像一下，你為一家非營利組織提供諮詢服務。對方請你查看捐款細項，並建議他們應該利用哪個集中趨勢量數進行追蹤。捐款資料如表 1-4 所示，請花一點時間計算並決定適用的集中趨勢量數。

表 1-4　思考你應該使用哪個量數追蹤這份資料

$10	$10	$25	$40	$120

平均數看似可用，但是 $41 元**真的**具有資料代表性嗎？除了 $120 元這筆捐款以外，其他筆捐款金額都**小於**平均數。這是平均數的缺點：極端值可能造成不當影響。

假如使用中位數，就可以避開這個問題：比起平均數的 $41 元，中位數的 $25 元大概能更好地代表「中間值」。而中位數的問題是，它無法代表每一個觀察值的準確數值：我們只是計算變數「最中間」的值，沒有將各個觀察值的相對大小納入考慮。

最後，眾數的確提供了有用資訊：「最常」出現的值是 $10 元。不過，$10 元也無法代表所有捐款。況且，一個資料集可能出現多個眾數，甚至沒有眾數。

那麼我們應該如何回應這家非營利組織的問題呢？答案是，請一併使用這三個量數，追蹤並評估它們。每一個量數都從不同的角度對資料進行摘要。話雖如此，在後面章節中你將會看到，在執行進階統計分析時，我們大多會專注在平均數上。

我們會頻繁地分析多種統計指標，從各個角度了解同一份資料集。量數之間沒有優劣之分。

了解了變數的「中心」（center）後，現在我們想探索的是這些資料值與中心之間的「散布程度」（spread）。**測量變異性的量數**有好幾種，這裡介紹最常見的幾種。

首先是「全距」，也就是最大值和最小值的差。雖然計算很簡單，但這個量數對於觀察值很敏感：僅僅一個極端值，就可能讓全距變得沒有代表性。

另一個量數是「變異數」，它測量的是觀察值距離平均數的分散程度。這個量數的計算比較複雜，步驟如下：

1. 計算資料集的平均數。
2. 將每一個觀察值減去平均數，得到**偏差**（*deviation*）。

3. 將所有偏差取平方，然後加總。

4. 將平方和除以觀察值的數量。

以數學公式理解可能更為清楚上述計算步驟。儘管對於某些人來說，數學式令人卻步，但比起上面的複雜清單，數學式看起來平易近人多了，而且更清楚明確。比方說，我們可以將變異數的計算步驟化整為 1-1 公式：

公式 *1-1*　變異數的公式

$$s^2 = \frac{\Sigma\left(X - \bar{X}\right)^2}{N}$$

s^2 是變異數，$(X - \bar{X})^2$ 表示我們需要將所有觀察值（X）減去平均數（$\bar{X}$），然後取平方。Σ 表示加總，最後將平方和除以觀察值總數（N）。

我會在本書多次使用數學式，替代文字寫下繁雜計算步驟，以更有效的方式清楚表達抽象概念。請練習為表 1-5 計算其變異數。

表 1-5　計算這份資料的變異數

3	5	2	6	3	2

因為這項統計量數相對難以計算，我會使用 Excel 來管理計算式。很快，你將會學習到如何使用 Excel 的內建函數來計算變異數。圖 1-10 展示了計算結果。

	A	B	C	D
1	observation	average	deviation	deviation squared
2	3	3.5	-0.5	0.25
3	5	3.5	1.5	2.25
4	2	3.5	-1.5	2.25
5	6	3.5	2.5	6.25
6	3	3.5	-0.5	0.25
7	2	3.5	-1.5	2.25
8				
9	sum of deviations squared	13.5	=SUM(D2:D7)	
10	number of observations	6	=COUNT(A2:A7)	
11	variance	2.25	=B9/B10	

圖 1-10　在 Excel 中計算變異數

你可以參考隨附檔案 *ch-1.xlsx* 活頁簿中的 *variability* 分頁。

也許你會想問，為什麼我們要特意求偏差的平方呢？不妨將所有偏差加總起來，你會得到「0」，因為這些偏差互相抵銷了。

變異數的問題在於，我們處理的是原始數值的**平方差**。這其實不是直覺地分析資料的方法。為了加以校正，我們會求取變異數的平方根，也就是所謂的**標準差**。現在，我們得以使用原始數值的量數「平均數」加以表示資料的變異性。公式 1-2 展示了標準差的數學式。

公式 *1-2* 標準差公式

$$s = \sqrt{\frac{\Sigma\left(X_i - \bar{X}\right)^2}{N}}$$

按照這個公式，得出圖 1-10 的標準差為 1.5（平方根為 2.25）。我們可以使用表 1-6 的 Excel 函數計算這些變異性量數。請注意，必須使用不一樣的函數計算**樣本**和**母體**的變異數／標準差。樣本變異數和樣本標準差使用 $N - 1$ 作為分母，而母體變異數和母體標準差的分母為 N，因此會產生比較大的樣本變異數和樣本標準差。

表 1-6 測量變異性的 Excel 函數

統計指標	Excel 函數
全距	`MAX(number1, [number2], ...)_ -_MIN(number1, [number2], ...)`
樣本變異數	`VAR.S(number1, [number2], ...)`
樣本標準差	`STDEV.S(number1, [number2], ...)`
母體變異數	`VAR.P(number1, [number2], ...)`
母體標準差	`STDEV.P(number1, [number2], ...)`

樣本與母體之間的差異，是本書後續章節的關鍵主題。就目前而言，如果你不確定是否已蒐集到**所有**你感興趣的資料，請使用**樣本**函數。你將會陸續看到，有**好幾個**敘述統計等待我們去探索。除了使用 Excel 函數加快計算過程之外，還可以使用「分析工具箱」（Data Analysis ToolPak），用滑鼠輕鬆一點，就能推導出一套完整的敘述統計。

部分統計量數在計算母體和樣本時會有所差異。如果不確定你要測量的是母體還是樣本，請預設為樣本。

「分析工具箱」是 Excel 內建的增益集，但需要另外載入。在 Windows 系統中，請前往功能區的 [檔案] → [選項] > [增益集]。然後點選選單下方的 [執行]。勾選 [分析工具箱]，按下 [確定]。你不需要勾選 [分析工具箱 - VBA] 選項。在 Mac 系統上，請到選單列的 [資料] → [分析工具]。選取 [分析工具箱]，按下 [確定]。可能需要重新啟動 Excel 以利完成配置。你將會在 [資料] 分頁看到 [資料分析] 按鈕。

在表 1-1 中，我們將 *tmathssk* 和 *treadssk* 歸類為連續變數。現在，請使用分析工具箱來計算它們的敘述統計。請選取功能區的 [資料] → [資料分析] → [敘述統計]。此時會跳出一個選單，請將輸入範圍設定為 `B1:C5749`。確認勾選 [類別軸標記是在第一列上] 和 [摘要統計]。選單畫面應如圖 1-11 所示，將其他設定維持原樣，然後按下 [確定]。

圖 1-11　以分析工具箱推導敘述統計

如此，會在新的工作表分頁中插入這兩個變數的敘述統計，如圖 1-12 所示。

	A	B	C	D	E
1	tmathssk		treadssk		
2					
3	平均數	485.6481	平均數	436.7423	
4	標準誤	0.630102	標準誤	0.419081	
5	中間值	484	中間值	433	
6	眾數	489	眾數	437	
7	標準差	47.77153	標準差	31.77286	
8	變異數	2282.119	變異數	1009.514	
9	峰度	0.289322	峰度	3.837797	
10	偏態	0.473937	偏態	1.340899	
11	範圍	306	範圍	312	
12	最小值	320	最小值	315	
13	最大值	626	最大值	627	
14	總和	2791505	總和	2510395	
15	個數	5748	個數	5748	

圖 1-12　分析工具箱計算出的敘述統計結果

現在，我們來對每個類別變數的層次尋找敘述統計，以利進行組間比較。為此，利用 *star* 資料集建立一個新的樞紐分析表。將 *freelunk* 拖曳到 [欄] 區域，將 *id* 拖曳到 [列]，然後將加總 - *treadssk* 放到 [值]。請注意，*id* 欄位是唯一辨識符，我們不能在樞紐分析表中進行加總。

針對目前及未來我們所做的樞紐分析操作，最好關閉「總計」的計算，請點選 [設計] → [總計] → [關閉列與欄]。這樣一來，我們可以避免將「總計」納入分析中。現在，你可以使用分析工具箱插入敘述統計，圖 1-13 展示了計算結果。

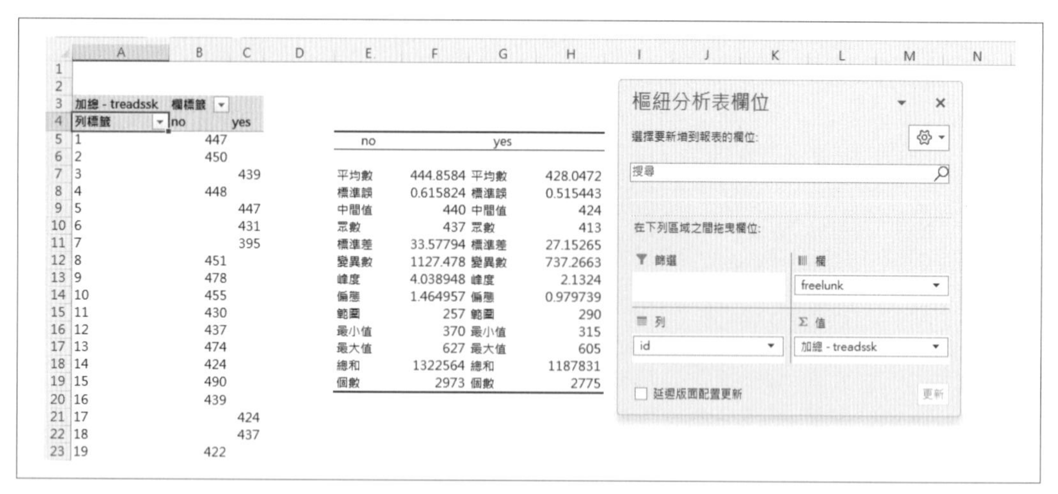

圖 1-13　按分組計算敘述統計

你已經認識了圖中的大部分量數，後文會繼續介紹其他量數。分析工具箱所呈現的所有資料，似乎消減了資料視覺化的需求，然而，視覺化依舊在 EDA 中扮演著不可或缺的角色。特別是，我們要借助資料視覺化來了解觀察值在變數中的**分布情形**。

首先，我們來看看長條圖。利用這個圖表，可以按間隔（interval）視覺化呈現觀察值的相對頻率。想在 Excel 中建立 *treadssk* 的長條圖，請選取該資料範圍，然後前往功能區的 [插入] → [長條圖]，結果如圖 1-14 所示。

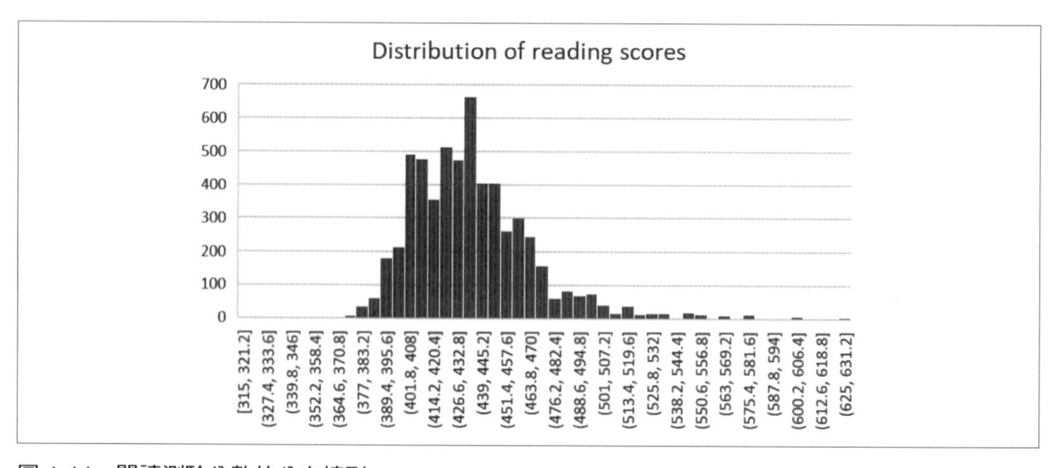

圖 1-14　閱讀測驗分數的分布情形

從圖 1-14 中可以判斷出，最常出現的間隔介於 426.6 ～ 432.8，大約有 650 個觀察值位於此間隔。實際測驗分數不包含小數點，然而圖表 X 軸可能因為 Excel 建立間隔（bin）的方式而出現小數點。可以對 X 軸按右鍵，並選取 [座標軸格式] 來改變 bin 的數量，選單將出現在右側（Mac 不支援此功能）。

在預設情況下，Excel 會列出 51 個 bin，假如我們將其減半，或者讓這個數字翻倍，分別變成 25 個 bin 和 100 個 bin，此時會發生些什麼呢？請在選單中調整間隔數目，結果如圖 1-15 所示。我將這個操作稱為「縮放資料分布情形的細節」。

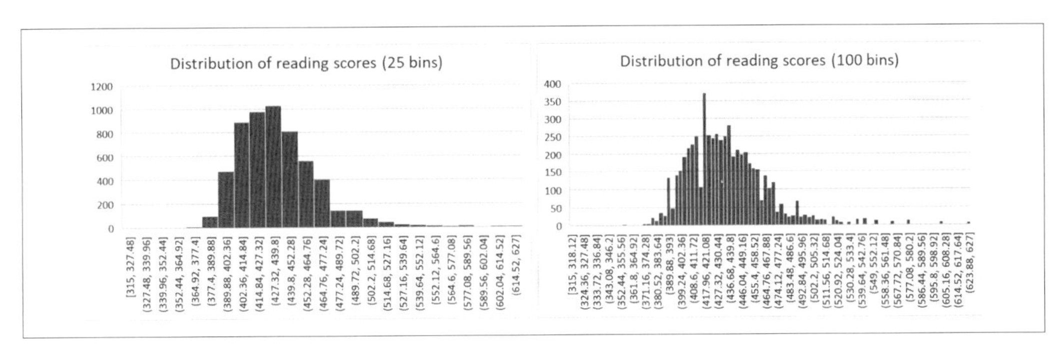

圖 1-15　更改長條數目

將資料分布情形以長條圖視覺化呈現後，可以看出有一些測驗分數落在圖表最右側，但大部分的分數介於 400 ～ 500 分這個範圍內。

假如我們想知道閱讀測驗分數在三種課程類型之間的分布情形，該怎麼做呢？此時，我們按類別變數（classk）的三個層次，比較一個連續變數（treadssk）。你需要運用一些「駭客技巧」才能在 Excel 長條圖上辦到，不過我們可以借助樞紐分析表來搞定這項任務。

請基於 *star* 資料集插入一個新的樞紐分析表，將 *treadssk* 拖曳到 [列] 區，將 *classk* 拖曳到 [欄] 區，並將 [計數 - id] 放到 [值] 區。再次提醒，關閉樞紐分析表的 [總計] 選項會讓你的分析工作更輕鬆。

現在，為這份資料建立圖表。點選樞紐分析表的任一處，選取功能區的 [插入] → [叢集欄位]。圖 1-16 所展示的圖表結果雖然非常難以閱讀，但相較於原始的樞紐資料表，這份圖表至少能告訴我們，測驗分數為 380 分的學生中，有 10 位來自 regular 課程、2 位來自 regular with aide 課程，還有 2 位來自 small 課程。

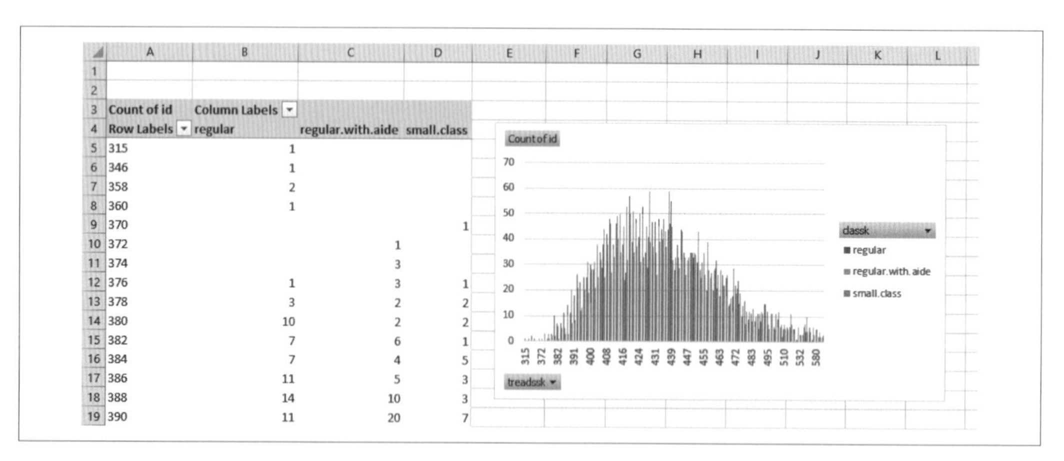

Count of id	Column Labels		
Row Labels	regular	regular.with.aide	small.class
315	1		
346	1		
358	2		
360	1		
370			1
372		1	
374		3	
376	1	3	1
378	3	2	2
380	10	2	2
382	7	6	1
384	7	4	5
386	11	5	3
388	14	10	3
390	11	20	7

圖 1-16　多群組長條圖

現在，我們的目標是將這些值放到更大的間隔中。請在樞紐分析表的首欄的值按右鍵，然後選取 [群組]。Excel 預設間距值為 100，請調整為 25。

圖表逐漸變得更容易閱讀了。我們來重新設定圖表格式，讓它變得更像一則長條圖。對圖表中的任一長條按右鍵，然後選取 [資料數列格式]。將 [數列重疊] 調整為 75%，[類別間距] 調整為 0%，結果如圖 1-17 所示。

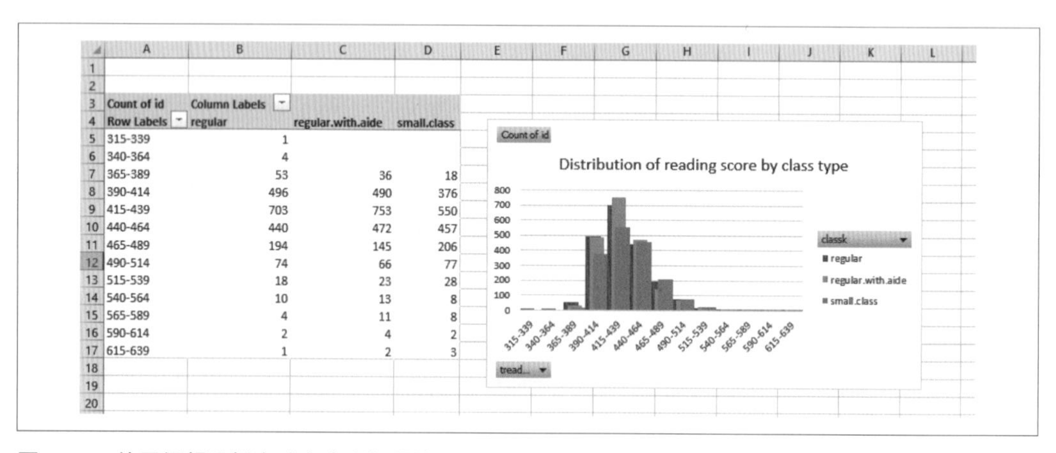

Count of id	Column Labels		
Row Labels	regular	regular.with.aide	small.class
315-339	1		
340-364	4		
365-389	53	36	18
390-414	496	490	376
415-439	703	753	550
440-464	440	472	457
465-489	194	145	206
490-514	74	66	77
515-539	18	23	28
540-564	10	13	8
565-589	4	11	8
590-614	2	4	2
615-639	1	2	3

圖 1-17　使用樞紐分析表建立多群組長條圖

我們也可以將「類別間距」設定成完全相交，但這樣不容易判讀 regular 課程類型的分布情形。長條圖是檢視連續變數分布情形的首選圖表，但缺點是容易變得雜亂無序。

我們來看看替代選項的箱形圖。我們按**四分位數**將資料分布視覺化。箱形圖的中心是你熟悉的**中位數**。

作為資料集的「正中間」，你也可以將中位數理解為第二四分位數。將資料集分為四等份，分別找出第一四分位數和第三四分位數。圖 1-18 展示了箱形圖的組成元素。

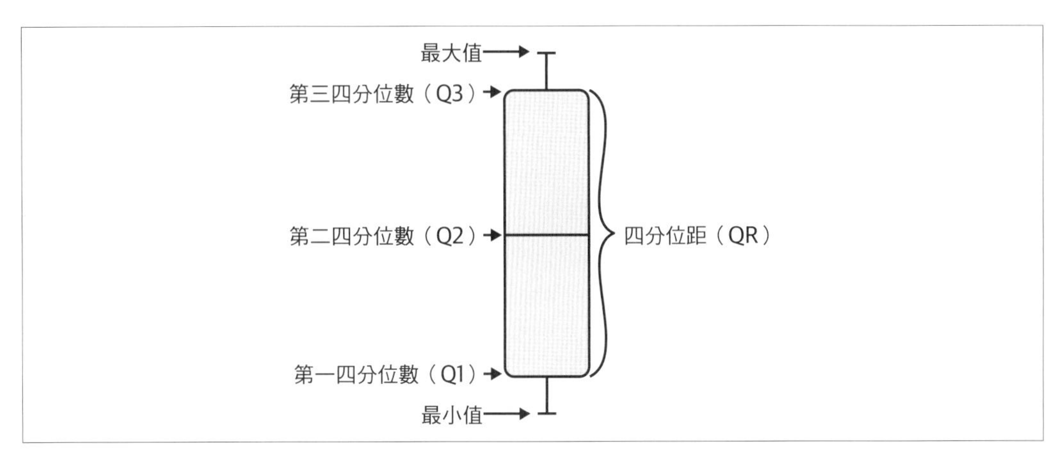

圖 1-18　箱形圖的組成元素

圖表中「箱子」的長度是**四分位距**，也就是 Q3 減去 Q1 的值。四分位距是用來推導圖表其他部分的基準。落在四分位距的上下 1.5 倍的範圍由 2 條線條表示，像是鬍鬚。事實上，Excel 將這類圖表稱為「盒鬚圖」（Box & Whisker）。

沒有落在這個區間的觀察值會在圖表中顯示為個別的資料點，區間外的值被視為**離群值**。箱形圖比長條圖更複雜一些，幸好 Excel 可以為我們處理所有前置準備。回到 *treadssk* 這個例子，請選取這個範圍，接著選擇功能區的 [插入] → [盒鬚圖]。

從圖 1-19 中可以看出，四分位距介於 415 ～ 450 之間，圖中還有幾個離群值，尤其是在圖表上方。盒鬚圖所展示的資料模式（pattern），和之前的長條圖類似，儘管我們在長條圖上對於整個分布情形有著更加視覺化的處理，也能夠利用調整 bin 的寬度來檢驗不同層次的資料粒度。和敘述統計一樣，每一種視覺化圖表都為我們提供了檢驗資料的不同視角，它們之間並沒有優劣之分。

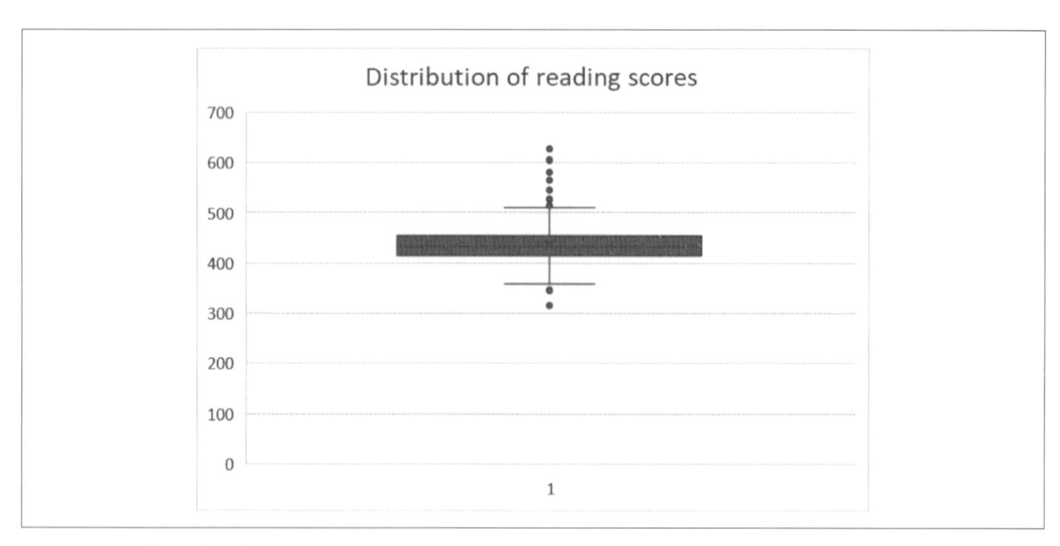

圖 1-19　閱讀測驗分數的箱形圖

箱形圖的其中一項優勢是能精準呈現資料中的四分位數落在何處，以及哪些觀察值是離群值。另一個優勢則是可以橫跨多個群組比較資料的分布情形。想在 Excel 中建立多群組箱形圖，最簡單的方法是讓感興趣的類別變數位於連續變數的左側。為此，請將原始資料的 *classk* 欄移到 *treadssk* 的左側。選取好這兩欄的儲存格範圍後，點選功能區的 [插入] → [盒鬚圖]。從圖 1-20 可以看出，三個組別的測驗分數，分布情形大致相似。

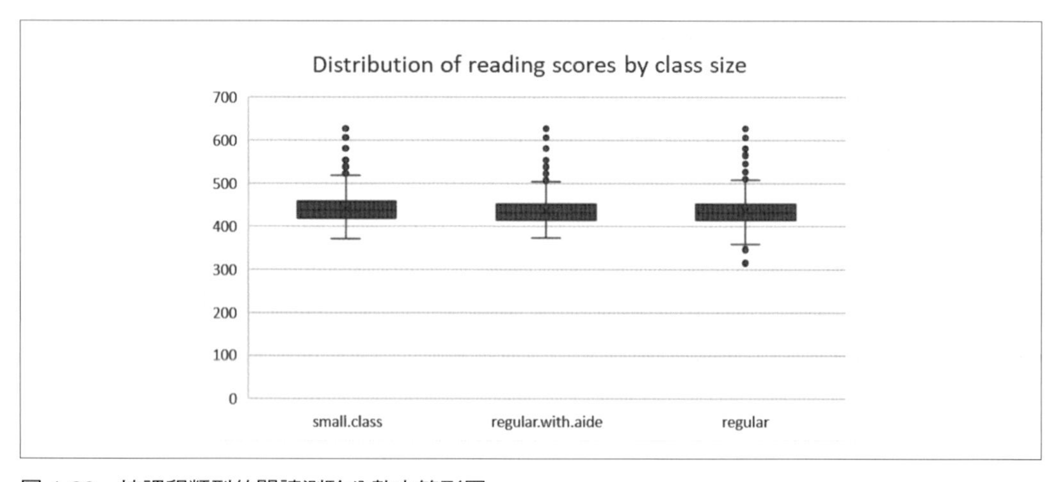

圖 1-20　按課程類型的閱讀測驗分數之箱形圖

複習一下，在處理定量資料時，除了計數之外，我們還能執行更多操作：

- 使用集中趨勢量數，找出資料的中心值。
- 使用變異數量數，了解資料的相對分散程度。
- 使用長條圖和箱形圖，將資料的分布情形視覺化。

當然還有眾多敘述統計和其他視覺化處理可以用於探索定量變數，你將在本書後文陸續認識它們。這是一個好的開始，幫助你在執行探索式資料分析的過程中，知道該對資料集提出哪些關鍵問題。

本章小結

儘管我們永遠不知道會在新的資料集中碰見什麼，而 EDA 框架為我們建立了一個有助理解資料的程序。現在，我們知道在 *star* 資料集中出現了哪類變數，這些變數的觀察值是什麼樣子，而它們又有什麼模式：就像對資料進行面試一樣。在第 3 章，我們以此為基礎，學習如何**確認**那些對資料進行探索後而得出的「洞察」。在那之前，先學習第 2 章的機率，為我們的分析引擎提供更多燃料吧。

實際演練

使用 *housing* 資料集，磨練你的 EDA 技能。請前往本書範例檔（*https://oreil.ly/LHiLl*）的 *datasets* → *housing* → *housing.xlsx*。這是一份真實存在的資料集，記錄了加拿大安大略省溫莎市的房價。你可以在該檔案的 *readme* 工作表查看變數的相關描述。請完成以下任務，儘管運用所學，打造你的 EDA 吧！

1. 分類每一個變數類型。
2. 建立 *airco* 和 *prefarea* 的雙向次數分配表。
3. 取得 *price* 的敘述統計。
4. 將 *lotsize* 的分布情形視覺化。

參考答案位於本書範例檔的 *exercise-solutions* 資料夾，檔案以章節命名。

第二章

機率導論

你是否曾經納悶過，氣象學家口中的「有 30% 降雨機率」究竟是什麼意思呢？除了水晶球占卜大師以外，大概沒有人能夠言之鑿鑿地說明天一定會下雨。也就是說，即便是專業的氣象學家也**不確定**結果究竟明天會下雨還是大晴天。他們**能夠**做的是，將不確定性**量化**成介於 0%（絕對不下雨）到 100%（絕對會下雨）之間的機率。

和氣象學家一樣，資料分析師也沒有自備水晶球和通靈能力。通常，我們想要透過手上蒐集的樣本，對整個母體做出推測與分析。因此，我們也需要將不確定性量化為機率。

本章介紹機率的運作原理，以及如何推導機率。我們也會使用 Excel 來模擬幾個統計學中基於機率的重要定理。本章內容將為你打好扎實基礎，迎接第 3 章和第 4 章的推論統計主題。

機率與隨機性

口語上，當某件事出乎意料或是出於偶然時，我們會形容為「隨機」（random）事件。在機率學中，如果某件事是**隨機**的，表示我們知道這件事**會**有一個結果，但不知道結果為何。

以擲骰子當作例子，當我們丟出骰子，一定會落在其中一面——骰子不可能憑空消失，也不可能落在多面。我們知道一定會出現**一個**可能結果，卻不知道是**哪個**結果，這就是統計學中「隨機性」的意思。

機率與樣本空間

我們都知道，當骰子落在桌面上，擲出的點數介於 1 ～ 6 之間。這一組所有可能結果的集合被稱為**樣本空間**。任一個可能結果的機率都大於 0，因為擲出骰子時，任一面數字都有可能出現。將這些面的機率全部加總，會得到 1，因為我們確定，可能結果會是這個樣本空間中的其中一個機率。

機率與實驗

我們已知擲骰子是隨機的，也知道了骰子的**樣本空間**。現在，我們可以開始為這個隨機事件建立實驗。在機率論中，實驗是可以在相同條件下重複地進行，具有一致的樣本空間與可能結果。

有些實驗需要經過多年規劃籌備才能執行，幸好我們的實驗很簡單：只要擲骰子就行。每擲出一次骰子，都會得到介於 1 ～ 6 之間的任一值，這個值就是結果。每扔擲一次骰子，都是一次**實驗**。

非條件式機率與條件式機率

根據我們目前對機率的認識，以下是一個關於擲骰子的典型機率問題：「擲出 4 點的機率是多少？」這被稱為**邊際機率**，又稱為**非條件式機率**，因為我們只單獨關注於個別事件。

此時，有人提出了另一個問題：「上一次扔出了 1 點，那麼這次擲出 2 點的機率是多少？」為了回答這個問題，我們必須考慮**聯合機率**。在研究兩個事件的機率時，我們有時候只知道其中一個事件的結果，並不知道另一個事件的可能結果。這又稱為**條件式機率**，可以利用貝氏定理計算。

貝氏定理被廣泛應用在機率論和統計學中，儘管本書不會著墨太多，但這是一個值得讀者好好研究的主題，可以參考 Will Kurt 的著作《*Bayesian Statistics the Fun Way*》（No Starch Press），繁體中文版《**寫給大家的統計學｜秒懂機率與統計，你也可以是人生勝利組**》由碁峰資訊出版。你會發現，貝氏定理為資料處理提供了獨特視角與方法，在統計分析工作中展現令人驚豔的應用。

從貝氏定理衍生的貝氏推斷學派，不同於本書採用的「頻率學派」（frequentist approaches）和經典統計方法。

機率分布

到目前為止，我們學習到了擲骰子是一個隨機實驗，也知道了一次實驗中會出現樣本空間中的可能結果。每一個可能結果的機率加總起來必等於 1，但是，每一個可能結果的相對機率又是多少呢？我們將這個問題稱之為**機率分布**。機率分布描述的是，一個事件中會出現哪些可能結果，而這些結果各自發生的頻率又是多少。雖然機率分布可以用正式的數學公式呈現，我們在此想關注的是如何量化機率分布的輸出值。

在第 1 章中，你學習到了離散變數和連續變數。在機率論中，也存在著「離散機率分布」和「連續機率分布」的區別。我們先從離散機率分布開始介紹。

離散機率分布

繼續使用擲骰子的範例，這是一種**離散**機率分布，因為骰子點數是「可數的」整數，舉例來說，你可能會擲出 2 點或 3 點，但絕不可能扔出 2.25 點。

擲骰子是一種**離散均勻**分布，因為在每一次實驗的可能結果，其發生機率都是相同的。也就是說，在每一次扔骰子時，我們擲出 4 點的機率，和擲出 2 點的機率相同。更具體一點，每個點數的發生機率都是六分之一。

為了參照本章範例和其他 Excel demo，請下載本書範例檔（*https://oreil.ly/1hlYj*）的 *ch-2.xlsx*。在這些演練題中，我已經在工作表分頁中完成前置步驟，讓我們一起處理剩下的分析工作。先從 *uniform-distribution* 分頁開始。`A2:A7` 儲存格範圍列出了 X 的每一個可能結果。我們已知每個結果的出現機率是相同的，因此，在 `B2:B7` 範圍的公式應為 `=1/6`。$P(X=x)$ 表示某給定事件的可能結果之發生機率。

現在，請選取 `A1:B7` 範圍，並選擇功能區的 [插入] > [叢集欄位]。機率分布圖表應如圖 2-1 所示。

恭喜你得到了第一張機率分布圖。注意到圖表中值之間的間隙了嗎？這表示這是**離散**的可能結果，而不是連續的結果。

有時候我們想知道，某個可能結果的**累積**機率。這時，我們會累計所有可能結果的發生機率，直到總和達到 100%（因為樣本空間的總和必等於 1）。某個事件的機率必然**小於或等於** C 欄內的給定結果。對 `C2:C7` 範圍套用公式 `=SUM($B$2:B2)`。

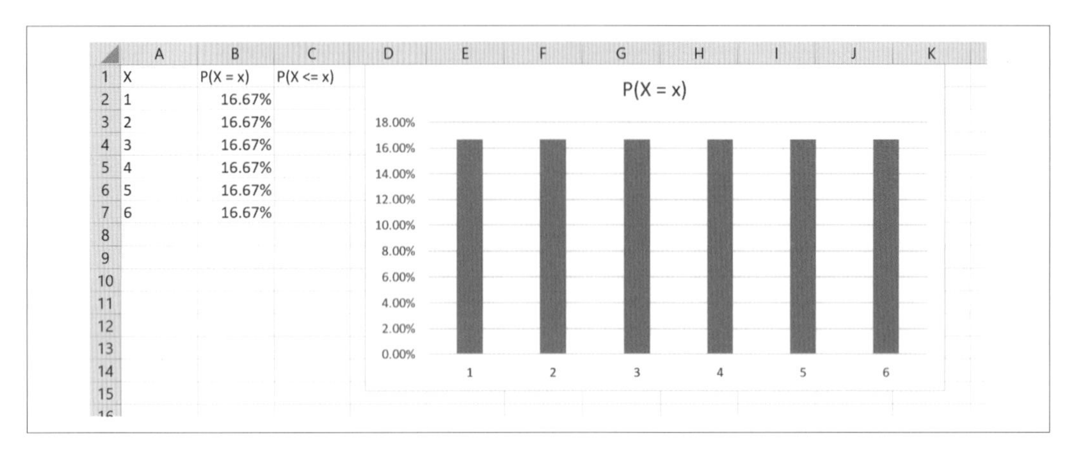

圖 2-1　六面骰子的機率分布

現在，請選擇 `A1:A7` 範圍，按住 Ctrl 鍵或 Cmd 鍵，然後反亮選取 `C1:C7` 範圍，再建立第二個叢集圖表。從圖 2-2，你是否看出機率分布和**累積**機率分布的差別了呢？

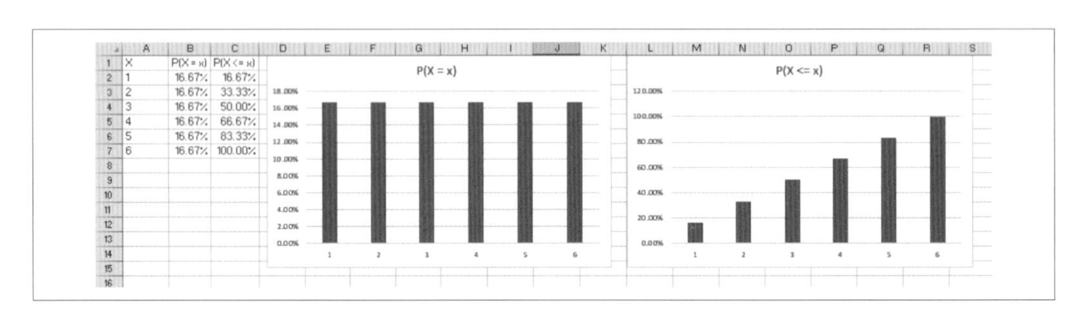

圖 2-2　六面骰子的機率分布 vs. 累積機率分布

根據邏輯思考和數學推導，我們假定了每一面骰子出現的機率都是 1/6，這稱為**理論機率**。我們也可以數次扔擲骰子並記錄結果，找出**實驗機率**。經過多次實驗後，我們將會發現，每一面骰子出現的機率**並不是**理論中的 1/6，骰子會傾向出現某一特定面。

推導出實驗機率的方法有好幾種：首先，我們可以真的進行實驗。不過，擲幾百次骰子並且記錄每一次出現的點數，這件事聽起來頗為枯燥。另一種方式是讓電腦代勞**模擬實**

驗。模擬（simulation）可以相當程度地估計真實情境，經常被應用在過於複雜或過於耗時的實驗中。模擬實驗的缺點是可能無法如實反映真實實驗中預期呈現的異常或特性。

在分析領域中，當實際實驗的可行性太低或複雜度太高時，模擬實驗經常被用來蒐集現實生活中可能發生的情況。

想要進行擲骰子的模擬實驗，我們需要一個穩定的方法，隨機選擇 1 ～ 6 之間的點數。可以使用 Excel 的隨機數產生器 `RANDBETWEEN()`，本書所示的結果可能跟你自己嘗試的結果有所出入……不過這些結果**都是**介於 1 ～ 6 之間的隨機數。

使用 Excel 的隨機數產生器進行嘗試的結果，可能不同於本書紀錄。

現在，請點開 *experimental-probability* 工作表。在 `A` 欄中，我們標記了 100 次等待結果的擲骰子實驗。這時，你也可以找來一顆骰子，自己扔上 100 次並將結果一一紀錄在 `B` 欄。另外一個更省時省力的方法，是使用 `RANDBETWEEN()` 模擬擲骰子的結果。

這個函數要取用兩個引數：

```
RANDBETWEEN(bottom, top)
```

我們使用的是六面骰子，因此範圍介於 1 和 6：

```
RANDBETWEEN(1, 6)
```

`RANDBETWEEN()` 只會傳回整數，也就是說，這是一個**離散**分布。記得使用「填滿控點」（Fill Handle），將公式快速複製到儲存格，產生 100 次實驗結果。你還可以按 F9（Windows）或 fn-F9（Mac），或者在功能區選取 [公式] → [立即重算]，這麼做會重新計算工作表，產生新的隨機數。

在 `D-F` 欄位比較一下擲骰子的理論機率和實驗機率。`D` 欄表示擲骰子實驗的樣本空間：1 ～ 6 之間。在 `E` 欄，請輸入理論機率 `1/6`（或 `16.67%`）。在 `F` 欄，請從 `A` 欄和 `B` 欄計算實驗機率分布，也就是所有實驗中各個可能結果出現次數的百分比。可以使用這則公式：

```
=COUNTIF($B$2:$B$101, D2)/COUNT($A$2:$A$101)
```

請選取 D1:F7 範圍，然後點選功能區的 [插入] → [叢集欄位]。此時工作表應如圖 2-3 所示。你可以試著重新計算幾次。

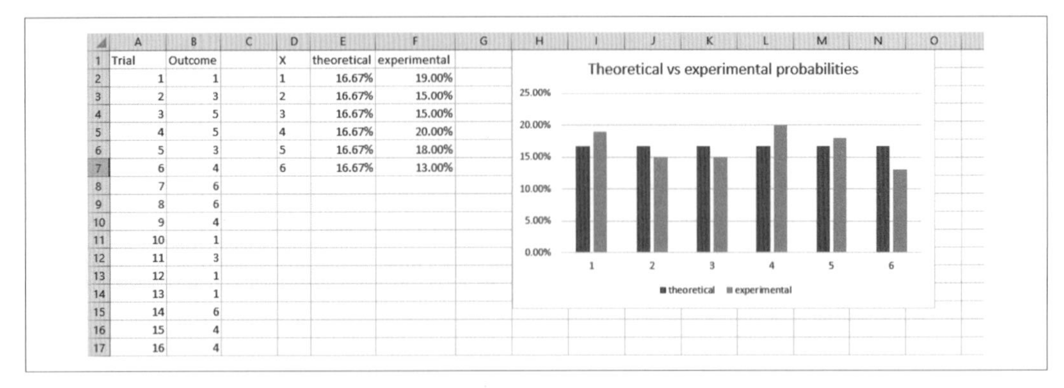

Trial	Outcome		X	theoretical	experimental
1	1		1	16.67%	19.00%
2	3		2	16.67%	15.00%
3	5		3	16.67%	15.00%
4	5		4	16.67%	20.00%
5	3		5	16.67%	18.00%
6	4		6	16.67%	13.00%
7	6				
8	6				
9	4				
10	1				
11	3				
12	1				
13	1				
14	6				
15	4				
16	4				

圖 2-3　六面骰子的理論機率和實驗機率

從我們的實驗機率分布結果來看，確實可以說，擲出每個點數的機率差不多相同。當然，我們的實驗結果和理論機率不盡然相同：隨機性可能會引入一些錯誤。

假如我們在現實中實際執行這個實驗，結果可能和模擬推導而出的內容不同。也許真實世界的骰子**不是**絕對公正的骰子，我們可能對自己的推論和 Excel 演算法深信不疑，而忽略了這個可能性。也許你覺得這無傷大雅，然而生活中的機率有時候的確不怎麼按照我們（或我們的電腦）的期待。

離散均勻分布是離散機率的其中一個分支，其他常見於統計的離散機率包括二項式分布和 Poisson 分布。

連續機率分布

當某個事件的可能結果是兩個值之間的任意可能值時，被稱為「連續機率分布」。我們會聚焦在以長條圖繪製的「常態分布」，又稱為**鐘形曲線**。你一定見過如圖 2-4 的圖形。

這個圖形中，以變數的平均數（μ）作為中心軸，左右完美對稱。我們來透過 Excel 認識一下常態分布以及它所傳達的訊息，了解它所涵蓋的重要統計概念。

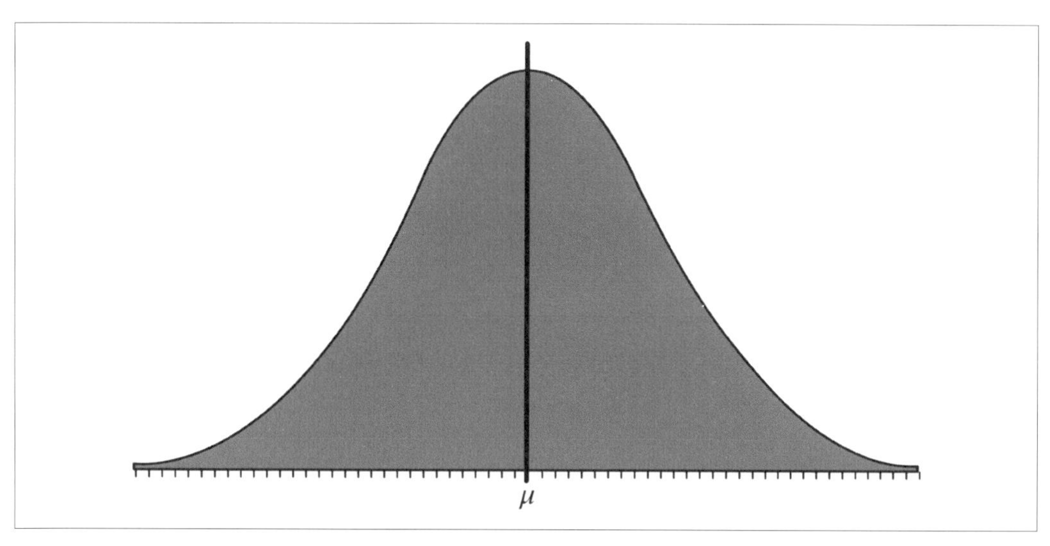

圖 2-4　以長條圖繪製的常態分布

常態分布的例子在自然世界中相當常見。比方說，圖 2-5 分別展示了學生身高的分布情形以及紅酒的 pH 值。這些資料集分別位於本書範例檔（*https://oreil.ly/1hlYj*）中 *datasets* 資料集的 *heights* 和 *wine* 子資料夾中。

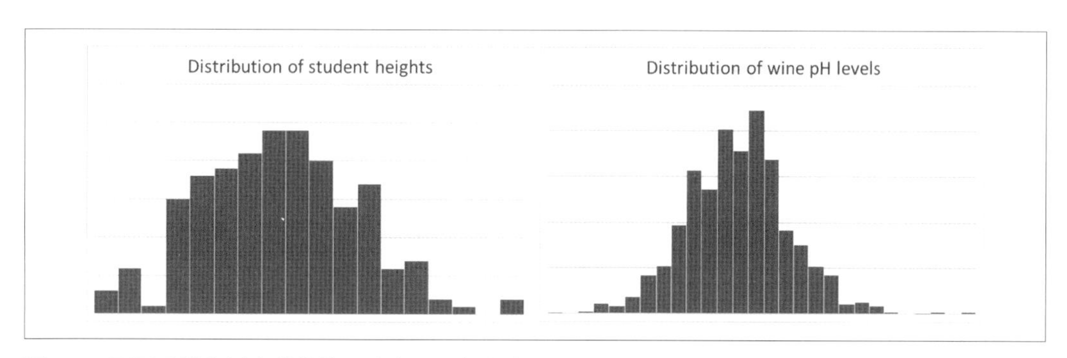

圖 2-5　兩個日常生活中的常態分布實例：學生身高與紅酒 pH 值

你可能會好奇，我們要如何得知某個變數是否為常態分布？這是一個很棒的問題。回想一下擲骰子的例子：我們列出了所有可能的結果，推導出一個理論機率分布，然後（透過模擬）推導出實驗機率分布，然後比較兩種分布情形。請將圖 2-5 的長條圖分別想成是學生身高和紅酒 pH 值的**實驗機率分布**：在這種情況下，資料點是人為收集的，而不是靠模擬得來的。

有幾種方法可以判斷某個真實資料集的實驗分布是否足夠接近理論的常態分布。首先，觀察一下這個鐘形曲線的長條圖：完全對稱的形狀，且大部分資料值都落在正中心附近。其他方法還包括檢驗偏態和峰度（skewness and kurtosis），這兩個摘要統計指標分別用來衡量機率分布的對稱性和峰態。此外，還可以使用推論統計方法來檢驗常態。你將在第 3 章學習推論統計的基礎。以目前而言，我們將遵守「你一看就知道了」這個規則。

面對真實世界的資料時，你所處理的是實驗機率分布，這些資料的分布情形永遠不會完美符合理論的機率分布。

常態分布歸納出幾個容易記憶的原則，距平均值小於一個標準差、二個標準差、三個標準差以內，我們分別能預期見到多少百分比的觀察值。更準確一點，如果一個變數是常態分布，則我們預期：

- 68% 的觀察值位於距平均值的一個標準差以內的範圍。
- 95% 的觀察值位於距平均值的兩個標準差以內的範圍。
- 99.7% 的觀察值位於距平均值的三個標準差以內的範圍。

這被稱為**經驗原則**，又稱為 *68–95–99.7* **原則**。我們到 Excel 上實際驗證看看。請點開 *empirical-rule* 工作表，如圖 2-6 所示。

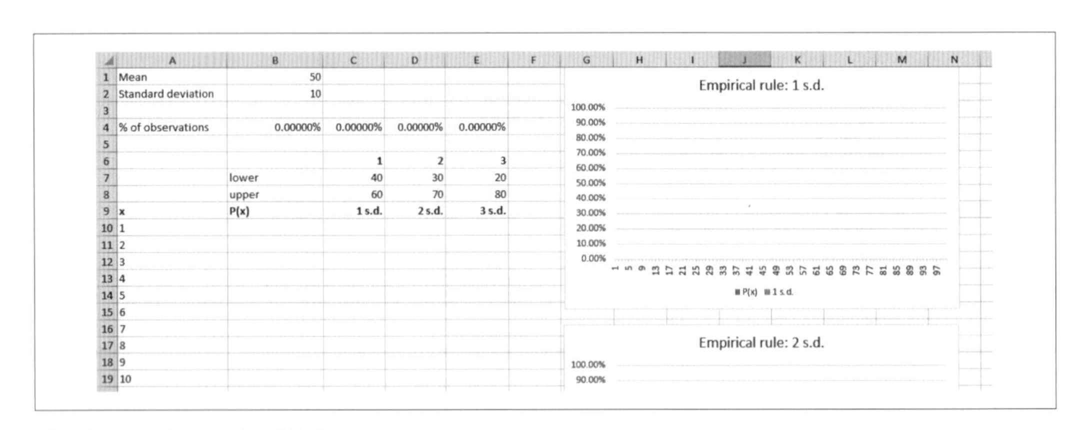

圖 2-6 empirical-rule 工作表

A10:A109 儲存格中分別有 1 ～ 100 的值。我們想要找出，在一個平均數為 50（B1），標準差為 10（B2）的常態分布中，B10:B109 內這些觀察值所佔的百分比。接著，我們想在 C10:E109 中知道，有多少百分比的觀察值會位於距平均值一個 / 兩個 / 三個標準差的範圍內。完成以上計算後，會自動跑出右側圖表。C4:E4 儲存格也會計算每個欄位所佔的總百分比。

常態分布是連續的，這表示觀察值可以是介於兩個值之間的任意值。在機率上，這會產生**無限多**的可能結果。為了簡化計算過程，常見作法是將觀察值分組到離散的範圍內。機率質量函數（PMF）會傳回在每一個離散區間內的機率。我們會使用 Excel 的 NORM.DIST() 函數來為這個介於 1-100 範圍的變數計算 PMF。這個函數比較複雜，表 2-1 整理了它會用到的引數。

表 2-1　NORM.DIST() 的引數

引數	描述
X	機率的可能結果
Mean	機率分布的平均數
Standard_dev	機率的標準差
Cumulative	如為 TRUE，傳回一個累積函數；如為 FALSE，傳回一個質量函數

工作表中的 A 欄包含了可能結果，而 B1 和 B2 分別是平均數和標準差，現在，我們想要得到質量函數分布。累積函數會傳回機率的總和，這是我們目前不需要的資訊。因此，我們要對 B10 使用的公式如下：

```
=NORM.DIST(A10, $B$1, $B$2, 0)
```

使用「填滿控點」填滿其他儲存格，然後你會得到某個觀察點分別為 0 ～ 100 範圍內某個值的機率。比方說，在 B43 儲存格表示，觀察值有 1.1% 的機率是 34 這個值。

從 B4 儲存格可以判斷出，可能結果介於 1 ～ 100 之間的機率超過 99.99%。注意，這個數值並不是 100%，因為連續機率分布的觀察值可以是**任何**可能值——不只是 1 ～ 100 之間的整數。在 C7:E8 儲存格中，我已經寫好公式，可以查找距平均值小於一個標準差、二個標準差、三個標準差的值。

我們可以搭配使用條件式邏輯，找出 B 欄的機率質量函數的哪些部分落在這些區間。請在 C10 輸入以下公式：

```
=IF(AND($A10 > C$7, $A10 < C$8), $B10, "")
```

這個函數會在 A 欄的值位於標準差範圍時帶入 B 欄的機率。如果值不在範圍內，則儲存將會顯示為空白。一樣使用「填滿控點」，將公式套用到整個 `C10:E109` 範圍。這時工作表應如圖 2-7 所示。

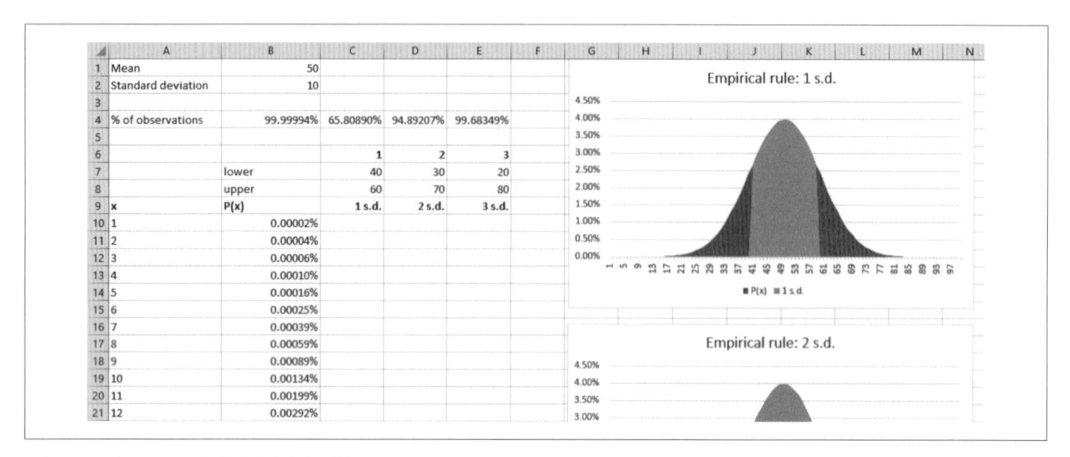

	A	B	C	D	E
1	Mean	50			
2	Standard deviation	10			
3					
4	% of observations	99.99994%	65.80890%	94.89207%	99.68349%
5					
6			1	2	3
7		lower	40	30	20
8		upper	60	70	80
9	x	P(x)	1 s.d.	2 s.d.	3 s.d.
10	1	0.00002%			
11	2	0.00004%			
12	3	0.00006%			
13	4	0.00010%			
14	5	0.00016%			
15	6	0.00025%			
16	7	0.00039%			
17	8	0.00059%			
18	9	0.00089%			
19	10	0.00134%			
20	11	0.00199%			
21	12	0.00292%			

圖 2-7　在 Excel 展示「經驗原則」

`C4:E4` 儲存格顯示出，在距平均數一、二、三個標準差範圍之內，分別有 65.8%、94.9% 和 99.7% 的觀察值，非常接近「68-95-99.7」原則。

現在，請將視線轉移到視覺化圖表：有相當程度的觀察點落在距平均數一個標準差範圍內，大部分觀察點落在距平均數兩個標準差範圍內。從圖 2-8 已經很難看出落在第三個標準差範圍之外的觀察點了，但仍有極少數觀察值（畢竟，這只佔所有觀察值數量的 0.3%）。

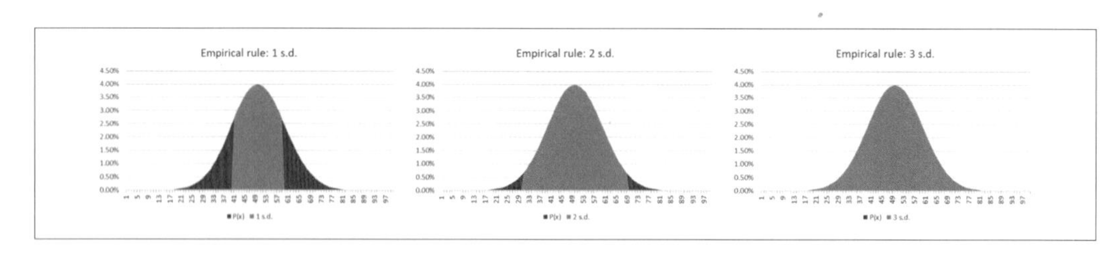

圖 2-8　以 Excel 視覺化呈現經驗原則

如果將標準差改成 8，這時會發生什麼事呢？如果改成 12，又會有什麼變化？鐘型曲線依舊會以平均數 50 為中心軸，左右對稱，但形狀會變得不一樣：較小的標準差會產生「緊密」的曲線，較大的標準差則會導致「鬆散」的曲線。在任何情況中，經驗原則對資料都適用。如果將平均數調整為 49 或 51，則曲線的「中心」會在 X 軸上隨之移動。一項變數可以有任意值的平均數和標準差，並呈現常態分布；機率質量函數會有所不同。

圖 2-9 展示了兩個常態分布圖，具有不同的平均數和標準差。雖然兩者的形狀截然不同，但資料分布都符合「68-95-99.7」經驗原則。

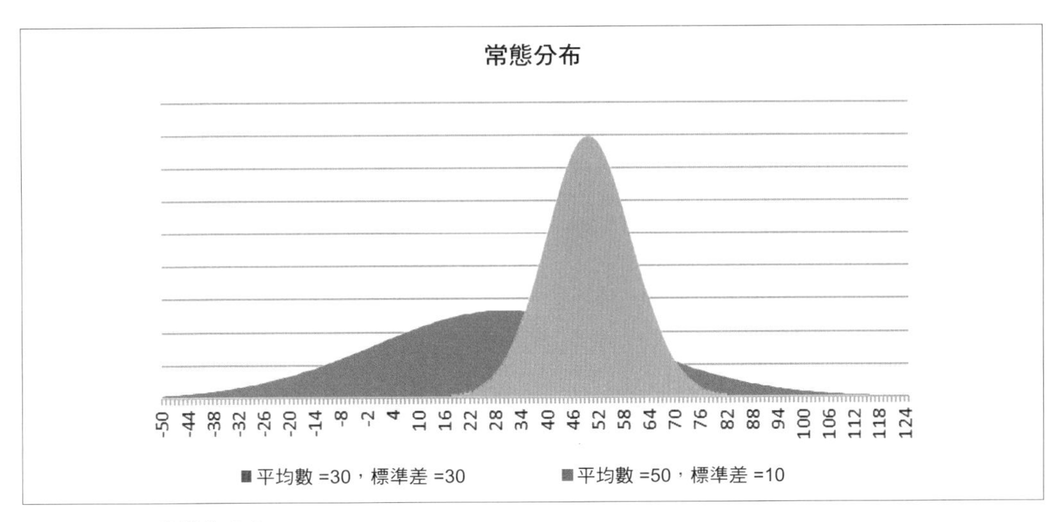

圖 2-9　不同的常態分布

呈常態分布的資料，可以具有任意組合的平均數和標準差，其機率密度函數會有所不同，但大體上都符合經驗原則。

常態分布對於「中央極限定理」的重要性不言而喻。我將這項定理稱之為「消失的統計環節」，你將在後續章節內容中體會。

我們使用另一個常見的機率遊戲來解釋中央極限定理：輪盤。在歐式輪盤中，從 0 ～ 36，共有 37 個號碼（美式輪盤則有 38 個號碼，包括 0 和 00 號）。根據你對骰子遊戲的認識，你覺得羅盤是什樣類型的機率分布呢？答案是離散均勻分布。你是否會感到奇怪，這又和常態分布有什麼關聯？此時正是中央極限定理登場的時候。請開啟 *roulette-dist* 工作表，模擬轉輪盤 100 次，對 `B2:B101` 套用 `RANDBETWEEN()` 公式：

```
=RANDBETWEEN(0, 36)
```

請將模擬結果以長條圖表示，此時工作表應如圖 2-10 所示。試著重新計算幾次，你會發現每一次重算後，會得到各區間差異相對平坦的長條圖。這的確是一種離散均勻分布，可能結果介於 0 ～ 36 之間。

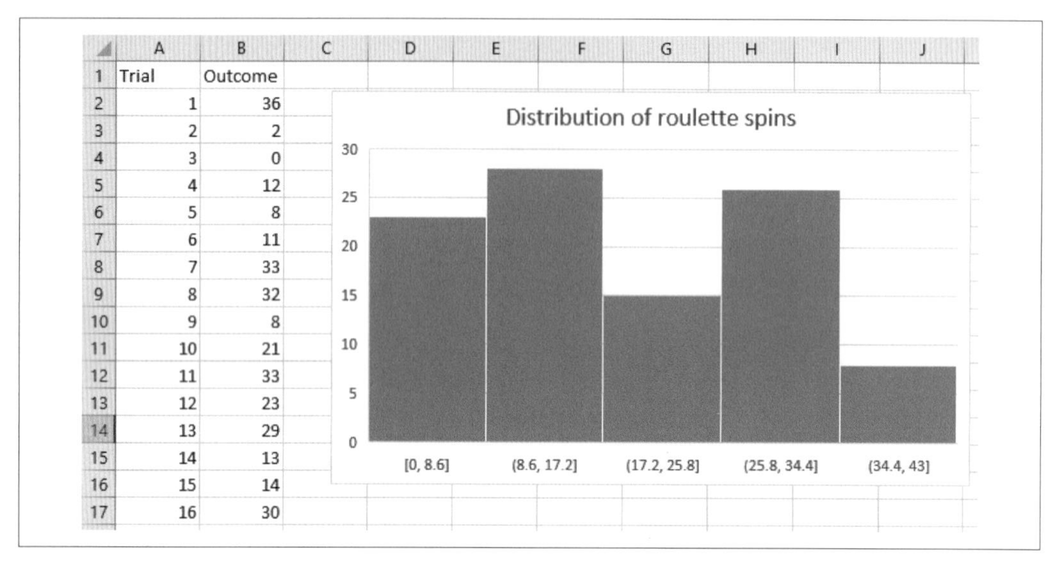

圖 2-10　模擬輪盤的機率分布

現在，請開啟 *roulette-sample-mean-dist* 工作表。我們要做點不一樣的事：模擬 100 次轉輪盤，然後求平均值。重複上述動作 100 次，然後以長條圖呈現這些平均值的機率分布。「平均數的平均數」又被稱為**樣本平均數**。套用 `RANDBETWEEN()` 和 `AVERAGE()` 函數後，工作表上應該會出現如圖 2-11 的畫面。

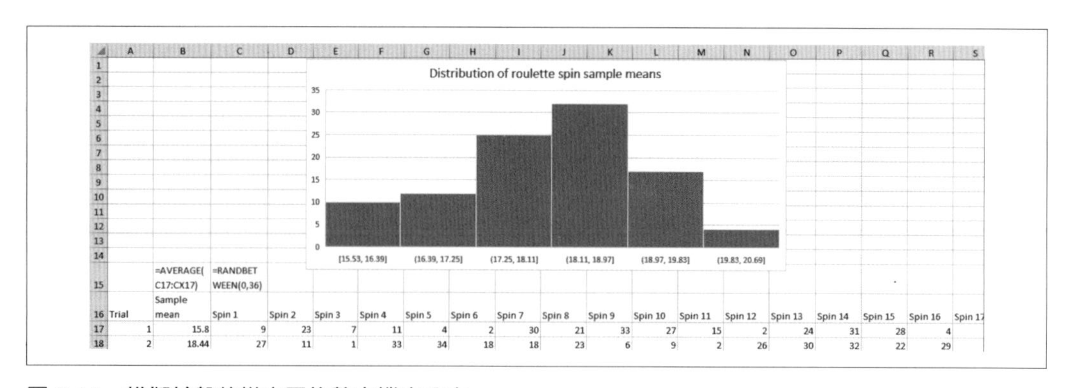

圖 2-11　模擬輪盤的樣本平均數之機率分布

這一次模擬的機率分布看起來像是鐘形曲線，具有對稱性，而且多數觀察值聚集在中心點附近：這是一個常態分布。為什麼樣本平均數會是常態分布，而每一次轉輪盤的結果卻不是常態分布呢？恭喜你，即將體驗一個神奇魔法：**中央極限定理**（CLT）。

正式來說，中央極限定理說明：

> **當樣本數量足夠多，樣本平均數的分布會呈現常態分布或趨近常態分布。**

這項定理在機率論中扮演著關鍵角色，它允許我們使用常態分布的特性（例如經驗原則）來描述一項變數的樣本平均數，即便這項變數本身的資料不是呈現常態分布。

你有抓到關鍵重點嗎？中央極限定理只在**樣本數量足夠多**時適用。這個前提非常重要，卻容易讓人感到混淆：究竟要有多少樣本數才算「足夠多」呢？我們來試試另一個 demo 範例，請開啟 *law-of-large-numbers* 工作表。在 B 欄中，套用 `=RANDBETWEEN(0, 36)` 公式，模擬 300 次轉輪盤。

我們想在 C 欄計算出可能結果的移動平均數。使用混合參照，在 C 欄輸入以下公式，套用到 300 次實驗中：

```
=AVERAGE($B$2:B2)
```

這則公式會計算 B 欄的移動平均數。選取 C 欄資料，點選功能區的 [插入] → [折線圖]。請觀察這個折線圖，並試著重新計算幾次。每一次模擬結果，都和圖 2-12 有所不同，但轉動輪盤次數越多，最後平均數都趨近於 18，而這符合常理，因為 18 是 0 ～ 36 的平均數。這個數值又被稱為**期望值**。

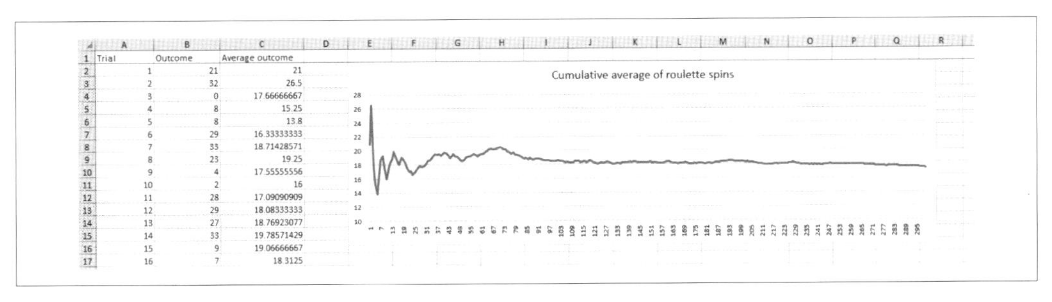

	A	B	C
1	Trial	Outcome	Average outcome
2	1	21	21
3	2	32	26.5
4	3	0	17.66666667
5	4	8	15.25
6	5	8	13.8
7	6	29	16.33333333
8	7	33	18.71428571
9	8	23	19.25
10	9	4	17.55555556
11	10	2	16
12	11	28	17.09090909
13	12	29	18.08333333
14	13	27	18.76923077
15	14	33	19.78571429
16	15	9	19.06666667
17	16	7	18.3125

圖 2-12　以 Excel 視覺化呈現「大數法則」

這個現象被稱為**大數法則**（LLN），根據正式定義：

> **樣本數量越多，則其算術平均值就有越高的機率接近期望值。**

這則定義呼應了我們先前的問題：樣本數要多少才「足夠多」，才能適用中央極限定理？普遍會以 30 個樣本為基準。更保守一點，也可能需要 60 個或 100 個樣本。以這幾個樣本數量當作指引，重新回顧圖 2-12，在 30、60、100 次這幾個閾值中，是不是足夠接近期望值了呢？

大數法則可作為一種經驗法則，告訴我們要滿足中央極限定理，大致需要多少樣本數量。

30、60、100 等樣本數，純粹是一種經驗法則；還有其他更為嚴謹的方法來確定符合中央極限定理的樣本量。以目前而言，你只需要記得：鑒於我們的樣本量滿足這些閾值，因此樣本平均數應該接近預期值（符合大數法則），並且呈現常態分布（滿足中央極限定理）。

還有其他種類的連續機率分布，例如指數分布和三角形分布。我們將焦點放在常態分布，是因為它在現實世界中無處不在，也因為它在統計學中的重要性。

本章小結

本章開頭提過，資料分析師生活在一個充滿不確定性的世界。我們經常需要憑藉手上僅有的樣本數，對整個母體做出概括性論述。運用本章介紹的機率作為論述框架，我們得以量化資料中隱含的不確定性。在第 3 章中，我們要認識假說檢定，這是資料分析的核心方法。

實際演練

請使用 Excel 和你學習到的機率知識，完成以下練習：

1. 六面骰子的期望值是多少？
2. 一項變數呈現常態分布，其平均數為 100，標準差為 10。
   - 觀察值為 87 的機率是多少？
   - 有多少百分比的觀察值落在 80 ～ 120 這個區間？
3. 如果歐式輪盤的期望值為 18，這是否表示比起投注其他數字，你最好單押 18 呢？

第三章

推論統計導論

第 1 章為我們建立了探索資料集的框架，對變數進行分類、擷取摘要資訊，以及視覺化呈現。這是展開所有分析工作的起跑線，而我們想要更進一步：將我們在樣本資料中觀察到的成果**概括**到更大的母體。

問題是，我們通常不會確實知道在母體中能夠發現些什麼，因為我們並不具備**所有**資料。儘管如此，運用第 2 章介紹的機率原則，將樣本中的不確定性加以量化，應用到母體中。

以樣本推出母體的值，這個做法被稱為**推論統計**，透過**假說檢定**測得。這個統計框架是本章主軸。你可能在學校中學過推論統計，然而學習體驗不佳，認為這個主題過於艱澀且缺少實際應用。因此，我會盡力讓本章內容具有應用性，使用 Excel 來探索真實世界中存在的資料集。

看完這一章，你就可以了解執行分析工作的基本框架。我們會繼續在第 4 章延伸探討其應用。

我們會聚焦使用第 1 章〈實際演練〉出現過的 *housing* 資料集。請前往本書範例檔（*https://oreil.ly/LHiLl*）的 *datasets* → *housing* → *housing.xlsx* 下載。請製作一個副本，請新增 id 索引欄位，將資料集轉換成一個表格，並命名為 *housing*。

推論統計框架

寥寥幾個樣本，就能推論母體的性質，這聽起來是不是很神奇？在外行人眼裡，推論統計看似毫不費力，輕輕鬆鬆，但對於內行人來說，這是一系列精心調整的步驟所堆疊起來的成果：

0. **蒐集一個代表性樣本**。技術上來說，這個步驟**先於**假設檢定，對於推論統計的成敗有著關鍵影響。我們必須確定蒐集到的樣本足夠反映整個母體。

1. **做出假設**。首先，我們會做出**研究假說**，或者說啟發我們針對母體現象進行解釋與分析的意見主張。接著，做出**統計假說**，檢視資料是否支持我們的論點。

2. **設立分析計畫**。列出我們預計使用的統計方法及評估指標。

3. **分析資料**。在這個步驟中，我們對資料進行整理、分析，尋找用於評估檢定的證據。

4. **做出決策**。關鍵時刻來臨：將第 2 步的評估指標和第 3 步的實際結果進行比較，檢視證據是否支持統計假說。

接下來，我會說明每個步驟的核心概念，然後將這些概念應用到 *housing* 資料集上。

收集代表性樣本

在第 2 章中你學習到，因為大數法則，當樣本數量增加，樣本平均數的平均數會愈趨近期望值。這也為「推論統計應使用多少樣本數量」提供了經驗法則。我們預設了一個前提：我們處理的是具有**代表性**的樣本，一組能夠適切反映母體的觀察值。假如樣本不具有代表性，則我們沒有立場去假設加入更多觀察值後，這個樣本平均數能夠趨近母體平均數。

在概念確立和研究蒐集階段，最能確保你得到具代表性的樣本。完成資料收集後，你很難回頭修正那些與樣本有關的問題。統計學中有各式各樣蒐集資料的方法，是統計工作的關鍵一環，但這個主題超出本書討論範圍，故不贅述。

確保你收集到代表性樣本的最佳時機就在資料收集階段。如果你要處理的是「現成品」的資料集，那麼請思考這個資料集的蒐集步驟是否符合其目的。

統計偏誤

不具有代表性的樣本是將**偏誤**（*bias*）引入實驗的其中一種方式。在文化意涵中，bias 表示對於某事或某人所抱持的傾向或偏見。「偏見」的確也是資料分析中可能出現的偏誤。換句話說，如果某件事的計算方式和被評估的參數存在著系統上的差異，則我們會形容某件事存在「統計偏誤」。偵測和修正統計偏誤是統計分析作業的核心任務之一。

取得具有母體代表性的樣本這件事促成了以下問題：「誰是目標母體？」這個母體可以是總體或是特定族群。比方說，我們想要研究狗的身高體重。這時，母體可以是所有的狗，或者是特定品種的狗。或者也可以將研究範圍鎖定為某個年齡區間或特定性別的狗狗。有些目標母體可能具有理論上的意義，或者在邏輯上更容易取樣。目標母體可以是任何對象，重要的是，樣本必須具有代表性。

housing 資料集擁有 546 個觀察值，看似擁有足夠的樣本數量可以進行有效的推論統計。但是，它是否具有代表性呢？如果不了解資料蒐集方法或目標母體，我們很難斷言。這份資料來自經同行評審的學術期刊《*Journal of Applied Econometrics*》（應用計量經濟學雜誌），因此具有可信度。在工作上經手的資料不見得整潔完美，因此你需要多想一步，思考資料蒐集的方法和取樣流程是否有效，符合分析目標。

關於這份資料的目標母體，我們可以從本書範例檔中 *datasets* → *housing* 的 *readme* 檔案了解到，這是加拿大安大略省溫莎市的房價。這表示，溫莎市的房價是最佳目標母體；這份資料中所發現的結論，可能無法適用整個加拿大或安大略省的房市情形。此外，這是一份比較舊的資料集，來自 1990 年代寫成的一份論文，因此這無法保證研究結果能夠適用現今的房市，甚至是溫莎市的房屋市場。

做出假設

準備好具有代表性的樣本資料後，我們可以開始思考，透過假設做出什麼推論。也許你聽過資料中存在某種趨勢或不尋常的現象。也許你在進行探索式資料分析的過程中領悟到了某些東西。此時是推測你**認為**會得到哪些分析結果的階段。以 *housing* 資料集為例，應該很少人不贊同家裡不裝空調設備。如此一來，這可以支持「有空調的房子售價高於沒有空調的房子」的論點。這則你從資料中發現的「關係」的非正式論點，被稱為**研究假說**（*research hypothesis*）。另一種主張這個關係的方式是，空調對於房價高低有影響（*effect*，又稱為**效應**）。溫莎市的房子是我們的**目標母體**，而有空調的房子和沒有空調的房子則是母體中的子群體或**子母體**（*subpopulation*）。

現在我們做出了一個假說：裝設空調會影響房價。身為分析師的你，對於工作內容擁有敏銳直覺和積極主張很重要。然而，誠如美國知名工程師 W. Edwards Deming 所說：「我們信賴神。至於其他，請用資料說話。」當我們所推測的關係確實反映在母體時，才是我們能夠**確實**知道的事實。為此，我們需要推論統計。

你應該早已發現，統計語言不同於我們日常交談所用的語言。乍然閱讀起來也許索然無味，但其中的細微差別顯示了資料分析的獨特運作方式。統計假說就是其中一種例子。為了檢驗資料是否支持我們所推測的關係，我們要分別做出以下兩個統計假說。請仔細閱讀其定義：

H0

裝設空調與否不影響平均房價。

Ha

裝設空調與否會影響平均房間。

根據我們的設計，這兩個假說是互斥的，如果其中一者為正確的，則另一者必為錯誤的。它們同時是可檢驗的、可證偽的，我們可以使用真實世界的證據來衡量和駁斥假說。如果繼續討論這個大議題，將會升級成科學研究的哲學思考，然而本書不見得夠格探討。核心重點是，你必須確保你可以用資料來驗證假說。

在這個階段，我們必須拋開關於資料的先入之見，例如在研究假說中出現過的任何推測。首先，我們現在的假設是（空調對房價）**沒有**影響。為什麼要這麼做呢？我們的手上只有關於母體資料的**樣本**，所以永遠不可能確實掌握母體的真實值或參數。這正是為何第一個假說 H0，又被稱為**虛無假說**（*null hypothesis*）。

另一個假說 Ha 被稱為**對立假說**（*alternative hypothesis*）。假如沒有證據能夠支持虛無假說，則根據我們對 H0 和 Ha 的定義，資料中的證據必然支持對立假說。也就是說，我們永遠無法斷言我們**證明了**其中一者必為真實，因為我們無法確實了解母體的參數。也許我們在樣本中發現的結果只是僥倖，在母體中不見得能發現這個情況。事實上，衡量檢驗結果的發生機率，是我們在假說檢定的主要任務。

假說檢定的結果「不會證明」其中一個假說必為正確，因為我們打從一開始就不知道母體的「真實」參數為何。

設立分析計畫

打磨好我們的統計假說後，下一件事是選擇檢驗資料的方法。針對某個假說進行正確合理的統計檢定必須仰賴多個因素，包括分析中所用的變數類型：連續變數、類別變數等等。這也是在 EDA 中先行對變數進行分類的理由之一。特別是當檢定方法是判斷獨立變數和因變數的變數類型時。

針對因果關係的研究，促成了分析領域的大部分工作；我們使用獨立變數和因變數來模擬和分析這些關係（請記住，由於我們處理的是樣本資料，所以不可能斷定假說中的因果關係）。我們在第 2 章介紹過統計實驗的概念，在多次重複的事件中會產生一組已定義的隨機可能結果。我們使用擲骰子當作隨機實驗的範例；現實生活中的大多數實驗則更為複雜。我們來看看以下例子。

假設我們是一群研究人員，想要探索哪些因素對於植物生長情形有影響。其中一位同事推測，澆水對於植物的生長有正面影響。我們決定進行實驗。我們以不同的水量灌溉觀察值（植物），並且紀錄每一次澆水活動。接著，我們耐心等待幾天，衡量植物的生長情況。在這個實驗中有兩個變數：澆水量和植物生長情況。猜猜看，哪一個是獨立變數，哪一個是因變數呢？

澆水量是**獨立變數**，因為身為研究人員的我們「控制」著這個變數。而植物生長情況則是**因變數**，因為獨立變數的任何變化，將會「改變」我們所做出的這個假設。獨立變數通常會先被紀錄：比方說，植物**先**被澆水，然後**再**生長。

獨立變數通常先被紀錄，因為「因」必須先於「果」。

鑒於以上例子，我們應該如何合理模擬空調和房價的關係呢？按照常理，應該先是裝設空調，**然後**房子才成交售出。因此，*airco* 是獨立變數，而 *price* 是因變數。

我們想要檢驗二元獨立變數之於連續因變數的影響，所以我們要使用**獨立樣本 *t* 檢定**。別緊張，你不需要強背硬記哪種實驗該使用何種檢定。這裡的目標是使用一個通用框架，以給定樣本推論母體。

大多數統計檢定會對資料設定預設條件。假如未能滿足這些預設條件，則檢定結果可能不準確。比方說，獨立樣本 t 檢定假設，觀察值之間互不影響，且每一個觀察值只存在於其中一個分組中（也就是說，各組是**獨立**的）。為了適切地估計母體平均數，該檢定通常會假設樣本資料呈常態分布，換言之，考量到中央極限定理的強大威力，我們可以規避大型資料集的限制。Excel 還幫助我們繞過另一個預設條件：變異數同質性。

知道該使用何種檢定後，在實施之前還需要設定一些規則。一方面，我們需要決定檢定的**統計顯著性**。回到上面的例子，從樣本推論出的結果只是僥倖，永遠不會反映在母體中。這種情況的確有可能發生，因為我們確實不知道母體平均數。換句話說，我們並**不確定**可能結果……但誠如第 2 章所說，你可以將不確定性**量化**成介於 0 ～ 1 之間的值。這個值被稱為 *alpha*（α），表示檢定的統計顯著性，又稱為顯著水準。

α 值表示因為偶然性而在樣本中發現的結果，對於母體沒有影響的容忍程度。通常會將 alpha 設定為 5%。換句話說，當研究結果發生的機率小於 5% 時，則可以拒絕虛無假說，主張對立假說成立。

本書採用雙尾假說檢定的慣例，將顯著水準設定為 5%。

其他常見的顯著水準可能是 10% 或 1%。這世上並不存在「絕對正確」的顯著水準，端看研究目標、可解讀性等可能影響統計研究的各種因素。

也許你會納悶，為什麼我們對「沒有影響」的機率而感到滿意？換句話說，何不將 alpha 設定成 0 呢？在這種情況下，我們無法依樣本對母體做出**任何推論**。事實上，當顯著水準為 0 時，我們可以這麼說：「由於我們不想對母體的真實值做出錯誤判斷，因此母體可以是『任意的』」。做出推論這件事，意味著我們要承擔出錯的風險。

我們還需要表明對**哪個方向**感興趣。比方說，我們預設空調對房價有**正面**影響：有裝空調的房子成交價會高於沒有空調的房子。然而，事實也許與我們想像相反：也許潛在買家（母體）更傾向於購買沒有安裝空調的房子。又或者，在當地氣候下，不太需要使用空調，或者擁有空調是不必要的支出。這些情境在理論上都是可以成立的；假如有任何疑問，則統計檢定應該檢驗正面**及**負面影響。這被稱為**雙尾檢定**（*two-tailed test*），我們將在本書運用此方法。單尾檢定也是可行的，但相對使用頻率較少，且超出本書討論範圍。

在還沒碰到資料之前，這些諸多前置條件聽起來很嚇人。但這些步驟的目的，是為了確保身為分析師的我們能夠在最後的計算階段以正確合理的方式處理資料。假設檢定的結果仰賴於統計顯著水準與檢定尾數。你將在後文認識到，些微不同的輸入值（inputs），例如不同的顯著水準，將會導致完全不同的結果。這似乎提供了一個「先處理數值**再**選擇特定檢定方法以取得期望結果」的誘因，然而，我們必須克制這種衝動，避免「捏造結果」。

分析資料

終於，分析資料的時候到了。這個階段的工作通常最引人注目，也是本書聚焦重點，但切記，這只是假設檢定中眾多步驟的一環。資料分析是一個不斷迭代的過程。在執行假說檢定之前**沒有**對資料進行分析，這件事不太合理也不怎麼明智。事實上，探索式資料分析被設計為假說檢定的「前導步驟」，又稱為**確定性資料分析**（*confirmatory data analysis*）。你**永遠**應該熟知資料集的敘述統計，才能進行推論。基於這種精神，我們先來取得 *housing* 資料集的敘述統計，再接著進行分析。

圖 3-1 計算了 *price* 之於 *airco* 兩個層次的敘述統計，並將分布情形視覺化。如果你需要複習作法，請回頭參考第 1 章。我為分析工具箱的輸出值重新加上標籤（*ac-no* 和 *ac-yes*），以利說明各組衡量了哪些項目。

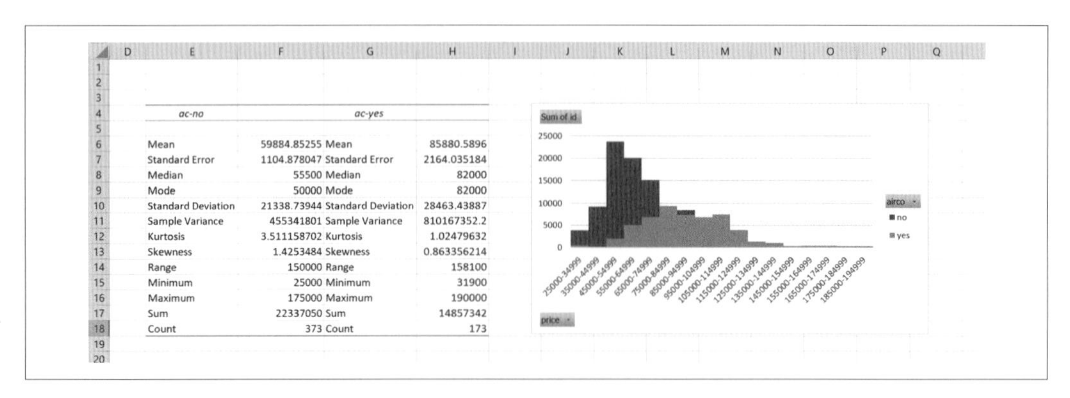

ac-no		ac-yes	
Mean	59884.85255	Mean	85880.5896
Standard Error	1104.878047	Standard Error	2164.035184
Median	55500	Median	82000
Mode	50000	Mode	82000
Standard Deviation	21338.73944	Standard Deviation	28463.43887
Sample Variance	455341801	Sample Variance	810167352.2
Kurtosis	3.511158702	Kurtosis	1.02479632
Skewness	1.4253484	Skewness	0.863356214
Range	150000	Range	158100
Minimum	25000	Minimum	31900
Maximum	175000	Maximum	190000
Sum	22337050	Sum	14857342
Count	373	Count	173

圖 3-1　housing 資料集的 EDA

長條圖展示了兩組資料都接近常態分布，而敘述統計透露出我們擁有一個相對較大的樣本數量。雖然沒有空調的房子數量（373）遠多於有空調的房子數量（173），但這不會對 t 檢定造成太大問題。

只要各組的樣本數量足夠多，數量上的多寡不會影響獨立樣本 t 檢定的結果，但有可能影響其他統計檢定的結果。

圖 3-1 也提供了各組的樣本平均數：有空調的房子（*ac-yes*）的成交價約為 $86,000，沒有空調的房子（*ac-no*）的成交價約為 $60,000。我們**更想**知道的是，這個現象是否能如實反映在母體中。此時正是 t 檢定登場的時候，我們要借助樞紐分析表和分析工具箱。

請在新的工作表中插入一個樞紐分析表，將 *id* 放到 [列] 區，*airco* 放在 [欄] 區，然後將 [加總 - price] 放在 [值] 區。清除所有總計項目。對資料進行如上處理後，請從功能區的 [資料] → [資料分析] → [t 檢定：兩個母體平均數數差的檢定，假設變異數不相等]。此處的「變異數」指的是子母體的變異數。由於我們不知道兩者是否相等，所以最好選擇「不相等」的保守選項。

此時會跳出一個對話方框，請按照圖 3-2 所示填寫資訊。記得要勾選 [標記]。[標記] 上方有一則選項是 [假設的均數差]，根據預設，此處可留白，表示我們檢定的差為零。這符合我們所制定的虛無假說的條件，因此無須改變任何內容。[標記] 下方是 [α] 選項，這是由我們自行設定的顯著水準；Excel 預設為 5%，正好符合我們的檢定條件。

圖 3-2　「分析工具箱」的 t 檢定設置選單

檢定結果如圖 3-3 所示。為了更清楚識別各組，我將兩組重新標籤為 *ac-no* 和 *ac-yes*。我們逐一來檢視輸出結果的各部分。

t-Test: Two-Sample Assuming Unequal Variances

	ac-no	*ac-yes*
Mean	59884.85255	85880.5896
Variance	455341801	810167352.2
Observations	373	173
Hypothesized Mean Difference	0	
df	265	
t Stat	-10.69882732	
P(T<=t) one-tail	9.6667E-23	
t Critical one-tail	1.650623976	
P(T<=t) two-tail	1.93334E-22	
t Critical two-tail	1.968956281	

圖 3-3　t 檢定的輸出結果

首先，我們從 F5:G7 範圍中知道了兩組樣本的平均數、變異數和觀察值個數，也知道了「假設的均數差」。

請將視線轉移到 F13 儲存格 $P(T <= t)$ **雙尾**，你也許看不懂這是什麼意思，但**雙尾**一詞對你而言應該不陌生，因為這是我們選擇使用的檢定項目。這個數值被稱為 *p* **值**（*p-value*），我們將用它來做出假說檢定的決策。

做出決策

α 值表示顯著水準，也就是當樣本中出現的影響出於偶然隨機，我們可以假定對母體中不存在影響。p 值則是將我們在資料中發現影響的機率加以量化，和 α 值進行比較，以便作出決策：

- 如果 p 值小於或等於 α 值，則拒絕虛無假說。
- 如果 p 值大於 α 值，則無法拒絕虛無假說。

用手上的資料來解釋這些統計學術語。作為機率的一種，p 值永遠介於 0 ～ 1 之間。F13 的 p 值非常小，小到 Excel 得用科學計數法標記為 *1.9333390555489E-22*，讀法為 1.93 乘以 10 的負 22 次方——這是一個**非常非常**小的數值。因此，我們可以說，如果對於母體確實沒有影響，則可以預期在樣本中所發現的影響出現機率遠小於 1%。這個數值比 5% 的顯著水準還要來得小，因此我們得以拒絕虛無假說。當 p 值足夠小到必須以科學計數法表示，你經常能看到檢定結果以「$p < 0.05$」表示。

另一方面，假設我們得到的 p 值是 0.08 或 0.24。在這種情況下，我們**無法**拒絕虛無假說。為什麼這句話如此拗口？為什麼不能直接說：我們「證明」了虛無假說成立或對立假說不成立呢？這必須回到推論統計隱含的不確定性。我們永遠不會知道子母體的真值為何，所以更保險的做法是預設這兩者是相等的。檢定結果可以確認或拒絕資料中的證據，但永遠無法百分之百**證實**。

儘管 p 值在假說檢定中被當作一種決策指標，我們也必須了解 p 值**無法**告訴我們什麼資訊。比方說，經常出現「p 值就是發生錯誤的機率」這種錯誤的解讀。事實上，p 值假設的是「無論樣本出現何種結果，虛無假說都為真。」因此，樣本中出現「錯誤」這件事不會影響到這個假設。p 值**只能**告訴我們，在對母體沒有影響的情況下，我們在樣本中發現影響的機率是多少。

p 值不是發生錯誤的機率，而是「在對母體沒有影響的情況下，我們在樣本中發現影響的機率是多少」。

另一個常見的錯誤解讀是「當 p 值越小，則影響越大」。p 值只是衡量**統計顯著性**的一種尺度：它真正告訴我們的是在母體中出現影響的**可能性**。p 值無法暗示**實質顯著性**，也就是影響程度有多少。統計軟體通常只會回報統計顯著性，而不會回報實質顯著性。我們的 Excel 報表就是其中一種例子：它傳回了 p 值，但不會傳回**信賴區間**，也就是我們預期在母體中尋找某個可信範圍。

我們可以使用檢定的「臨界值」（critical value），如圖 3-3 的 F14 儲存格來推導信賴區間。根據你在第 2 章學到的知識，將臨界值設定為 1.97 這個數值是合理的。在這個 t 檢定中，我們可以知道各組樣本的平均房價之差異。如果我們繼續隨機抽樣，並且繪製出均差的分布情形，那麼這個資料分布應該是……答對了，根據中央極限定理，答案是**常態分布**。

常態分布與 t 分布

在較小的樣本規模中，會使用 *t* **分布**（*t-distribution*）推導 t 檢定的臨界值。不過，當樣本數量增加，臨界值將會趨近於常態分布的值。當我在本書特別提到「臨界值」時，我指的是常態分布中所觀察到的值；由於樣本數量不同，這可能和你在 Excel 觀察到的結果有些微不同。對於數以百計的樣本數量（如我們此處使用的例子），差異足以忽略。

在常態分布的情況下，根據經驗法則，我們可以預期有 95% 的觀察值會落在平均數的兩個標準差範圍內。如果某個變數的資料分布情形呈常態分布，平均數為 0，標準差為 1（這被稱為**標準常態分布**），則我們可以說：「95% 的觀察值會落在 –2 ～ 2 之間」。而更加精準的說法會是：「它們落在 –1.96 ～ 1.96 之間」，由雙尾臨界值推導而來。圖 3-4 繪出了在 95% 信心水準下，我們預期能找到母體參數的區域。

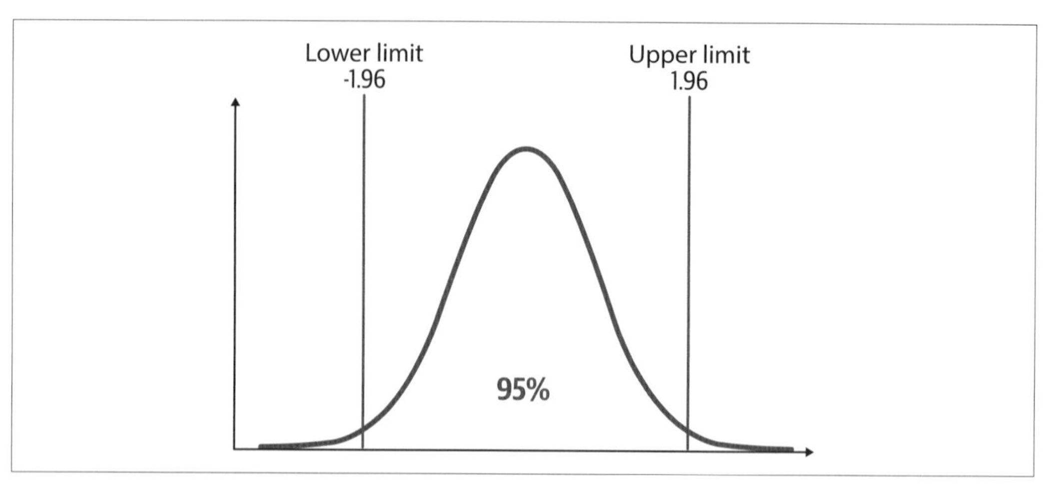

圖 3-4　以長條圖呈現的 95% 信賴區間與臨界值

t 統計和臨界值

圖 3-3 的 F10 儲存格傳回的資訊是 *t* 統計（*test statistic*）。儘管我們以 p 值作為假說檢定的決策指標，還能使用 t 統計：如果它落在臨界值之內的範圍，則拒絕「虛無假說」。t 統計和 p 值應指向相同的檢定結果；如果其中一項顯示存在統計顯著，則另一項也應如是。由於 p 值通常更容易解讀，相較於 t 統計更常被使用。

公式 3-1 表示獨立樣本的雙尾 t 檢定的信賴區間公式。我們會在 Excel 中進行計算。

公式 *3-1*　信賴區間

$$c.\ i. = \left(\bar{X}_1 - \bar{X}_2\right) \pm ta_{/2} \times \sqrt{\frac{s_1^2}{n_1} + \frac{s_2^2}{n_2}}$$

仔細閱讀這則公式，$\left(\bar{X}_1 - \bar{X}_2\right)$ 是點估計，$ta_{/2}$ 是臨界值，而 $\sqrt{\frac{s_1^2}{n_1} + \frac{s_2^2}{n_2}}$ 表示標準差。臨界值和標準差的乘積表示誤差範圍。

信賴區間公式看起來很嚇人，為了更方便理解，我事先計算好結果，展示在圖 3-5。為了不要深陷在複雜的公式推導中，我們將焦點放在計算結果和其意義。

	D	E	F	G
1				
2		t-Test: Two-Sample Assuming Unequal Variances		
3				
4			*ac-no*	*ac-yes*
5		Mean	59884.85255	85880.5896
6		Variance	455341801	810167352.2
7		Observations	373	173
8		Hypothesized Mean Difference	0	
9		df	265	
10		t Stat	-10.69882732	
11		P(T<=t) one-tail	9.6667E-23	
12		t Critical one-tail	1.650623976	
13		P(T<=t) two-tail	1.93334E-22	
14		t Critical two-tail	1.968956281	
15				
16		point estimate	25995.73705	=G5-F5
17		critical value	1.968956281	=F14
18		standard error	2429.774429	=SQRT((F6/F7)+(G6/G7))
19		margin of error	4784.119625	=F17*F18
20		confidence interval lower bound	21211.61742	=F16-F19
21		confidence interval upper bound	30779.85667	=F16+F19

圖 3-5　在 Excel 中計算信賴區間

首先，F16 儲存格表示**點估計**（*point estimate*），也就是我們在母體中最可能發現的影響。這是樣本平均數的差。如果我們的樣本具有代表性，則樣本平均數和母體平均數的差可以忽略不計。不過這個值不見得完全一致；我們會推導出一個值的範圍，預期在 95% 的信心水準下能夠找到真實的差。

接著是 F17 的臨界值。Excel 已經為我們計算好了這個數值，但我還是再寫一次以利分析。如上所述，我們可以利用這個數值來找出那些落在距平均數兩個標準差範圍內的 95% 的觀察值。

再來是 F18 儲存格的標準誤。我們曾經在分析工具箱的敘述統計結果中看過這項資訊，請參考圖 3-1。想要明白標準誤如何運作，請想像一下，你打算對母體中的房價重新取樣。每一次，你得到的樣本平均數的數值都會有些許不同。這個變異性又被稱為**標準誤**（*standard error*）。標準誤的數值越大，表示樣本越無法準確代表母體。

標準誤的計算方式是，將標準差除以樣本數量。因為我們是為了求兩個樣本平均數的**差**而計算標準誤，因此公式會更加複雜，不過仍然遵循相同模式：將樣本的變異性（variability）當作分子，將觀察值數量當作分母。當各樣本平均數的變異性越大，我們會預期樣本差也出現更多變異性；當樣本數量越多，我們會預期樣本和母體的變異性越來越小。

現在，我們使用臨界值和標準誤的乘積來計算出 F19 的**誤差範圍**（*margin of error*）。你也許曾在許多民意調查的報告中聽過或見過「誤差範圍」這個詞。誤差範圍為我們提供了點估計存在多大變異性的估計。在圖 3-5 的例子中，我們可以這麼說，雖然我們認為母體差（點估計）是 $25,996，但可能存在至多 ±$4,784 的誤差。

因為我們實施的是雙尾檢定，因此可能是正**或**負兩種**方向**的誤差。我們需要在信賴區間的兩端分別加上或減去誤差範圍。F20 和 F21 分別寫出了計算後的數值。結論是什麼呢？在 95% 信心水準下，我們相信比起沒有空調的房子，有空調的房子平均成交價，高出 $21,211 到 $30,780 美元。

為什麼要費勁千辛萬苦推導信賴區間呢？作為實質顯著性的衡量尺度，信賴區間對於大眾來說更容易理解，因為它將假說檢定的統計術語，重新翻譯成研究假說的語言。比方說，假設你是服務於銀行業的研究分析師，你要向管理高層報告房價的研究結果。這些高級經理人不見得知道怎麼執行 t 檢定，但是 t 檢定的結果對於他們的工作很重要，他們需要**以分析結果為依據**，做出明智的決策，因此，你的任務是讓分析結果盡可能易於理解。以下兩個說法，哪一個更有效？

- 「在 p 值小於 0.05 的情況下，我們拒絕『裝設空調與否不影響平均房價。』的虛無假說。」
- 「95% 的信心水準下，我們相信有空調的房子，平均成交價比起沒有空調的房子高出 $21,211 到 $30,780 美元。」

幾乎所有人都能聽懂第二句所表達的意思，第一句則要求聽眾擁有相當程度的統計學知識。不過，信賴區間不僅僅是為了外行人而存在：在研究和資料分析圈子中，人們也開始提倡在統計報告中一併提及信賴區間和 p 值。畢竟，p 值**只**能衡量統計顯著性，**不能**代表實質顯著性。

p 值和信賴區間以不同的角度解讀統計結果，但兩者所表述的內容是一致的。我們來對 *housing* 資料集做另一個假說檢定來解釋這個概念。這一次，我們想知道在有無完整裝潢的地下室（*fullbase*）之於平均土地面積（*lotsize*）是否存在顯著差異。一樣可以使用 t 檢定來檢驗兩者的關係；我將在新的工作表中按照同樣步驟執行檢定，結果如圖 3-6 所示（別忘了先探索這些新變數的敘述統計喔）。

t-Test: Two-Sample Assuming Unequal Variances

	fullbase-no	*fullbase-yes*
Mean	5074.814085	5290.502618
Variance	4683966.27	4726820.23
Observations	355	191
Hypothesized Mean Difference	0	
df	387	
t Stat	-1.107303893	
P(T<=t) one-tail	0.134425163	
t Critical one-tail	1.648800515	
P(T<=t) two-tail	0.268850325	
t Critical two-tail	1.966112774	

point estimate	215.6885333	=G5-F5
critical value	1.966112774	=F14
standard error	194.7871173	=SQRT((F6/F7)+(G6/G7))
margin of error	382.9734396	=F17*F18
confidence interval lower bound	-167.2849064	=F16-F19
confidence interval upper bound	598.6619729	=F16+F19

圖 3-6　完整裝潢的地下室對於土地面積的影響

這次檢定的結果不具有統計顯著性：根據 p 值 = 0.27，在不影響母體的情況下，我們預期在超過 1/4 的樣本觀察值中找到該影響。至於實質顯著性，在 95% 的信心水準下，我們相信平均土地面積的差異介於 167 平方英尺以下，或者是 599 平方英尺以上。換言之，真實的差異可能是正數，也可能是負數，我們無法確定。基於以上結果，我們無法拒絕「虛無假說」：有無完整裝潢的地下室，對於土地面積沒有顯著差異。這些統計結果所代表的意義是一致的，因為它們都屬於顯著水準的一環：顯著水準決定了我們評估 p 值的方式，並設定了用於推導信賴區間的臨界值。

假說檢定和資料探勘

無論我們是否**真**能預期土地面積和完整裝潢的地下室之間存在顯著關係，這件事本身就值得挑戰。畢竟，比起空調對房價的影響，這些變數之間的相關性並不那麼清楚。事實上，我刻意檢定這兩者，是為了向讀者展示**不顯著的**關係。在大多數其他例子中，對資料進行探勘，尋找**顯著**關係更讓人心動。不嚴謹的計算也許能讓資料分析的自由度更大，但如果你無法以邏輯、理論或先驗證據來合理解釋分析結果，那麼你應該更謹慎看待資料探勘這件事——無論資料探勘結果有多麼強大或多麼有效。

如果你有打造過金融模型的經驗，你應該對 what-if 分析並不陌生，了解輸入值或預設條件如何改變輸出結果。基於同樣精神，我們來檢驗看看「地下室 / 土地面積」的 t 檢定會發生何種變化。因為我們打算運用分析工具箱計算出的結果，建議你將 `E2:G21` 範圍的資料複製貼上到另外的儲存格範圍中，避免原始資料受到影響。我將資料複製到目前所在工作表的 `J2:L22` 範圍。同時將輸出值分別標上 `fullbase-no` 和 `fullbase-yes`，並反亮顯示 `K14` 儲存格。

現在，我們來對樣本數量和臨界值進行處理。先不看最後的信賴區間，請試著思考一下，根據你對這些數值之間的關係的了解，接下來會發生些什麼？首先，我將每一組的觀察值個數設定成 550。這個操作有點危險；因為我們**實際上**並沒有收集好 550 個觀察值，但為了了解統計的作用，有時候我們得冒點險。接下來，將顯著水準從 95% 調整為 90%。這時，我們得到的臨界值是 1.64。這同樣有點危險：我們理應在分析之前就鎖定統計顯著性，你馬上就會知曉原因。

圖 3-7 顯示了這個 what-if 分析的結果。介於 $1 到 $430 的信賴區間表示此分析具有統計顯著性，儘管很少——根本趨近於 0。

	D	I	J	K	L
1					
2			t-Test: Two-Sample Assuming Unequal Variances WHAT-IF ANALYSIS		
3					
4				*fullbase-no*	*fullbase-yes*
5			Mean	5074.814085	5290.502618
6			Variance	4683966.27	4726820.23
7			Observations	550	550
8			Hypothesized Mean Difference	0	
9			df	387	
10			t Stat	-1.107303893	
11			P(T<=t) one-tail	0.134425163	
12			t Critical one-tail	1.648800515	
13			P(T<=t) two-tail	0.268850325	
14			t Critical two-tail	1.64	
15					
16			point estimate	215.6885333	=L5-K5
17			critical value	1.64	=K14
18			standard error	130.8071898	=SQRT((K6/K7)+(L6/L7))
19			margin of error	$215	=K17*K18
20			confidence interval lower bound	$1	=K16-K19
21			confidence interval upper bound	$430	=K16+K19
22					

圖 3-7 信賴區間的 what-if 分析

當然還有計算相對應 p 值的方法，但你已經明白，p 值和信賴區間所表達的結果是一致的，所以我們在此略過不提。在這個檢定中，結果顯示具有統計顯著性，而不同的統計結果將導致截然不同的決策，極有可能大大影響了募資多寡、名聲好壞和光榮與否。

這則故事的道德寓意在於，假說檢定的結果可能被輕易玩弄。有時候，僅僅是不同的顯著水準，就能打破拒絕「虛無假說」這件事的微妙平衡。重新取樣或者是虛報觀察值數量（例如上例），也可能讓結果截然不同。即便沒有任何違規，在聲稱要找出那些實際上你不真的清楚的母體參數時，永遠會存在灰色地帶。

資料是「你」的世界的一部分

在執行推論統計時，如果能任意輸入、修改 p 值，不需考慮更大層次的資料蒐集原則或實質顯著性問題，彷彿開啟「自動導航」模式，那該有多好。然而你也見識到了，統計結果多麼容易受到顯著水準高低或樣本數量多寡的影響。我們再利用 *housing* 資料集，看看另一個例子。

這次自己動手試試，請檢驗天然氣有無之房屋成交價的影響。相關變數是 *price* 和 *gashw*。結果如圖 3-8 所示。

	F	G	H	I	J
1					
2					
3		t-Test: Two-Sample Assuming Unequal Variances			
4					
5			*gas-yes*	*gas-no*	
6		Mean	79428	67579.06334	
7		Variance	923472100	698250450.3	
8		Observations	25	521	
9		Hypothesized Mean Difference	0		
10		df	26		
11		t Stat	1.915131244		
12		P(T<=t) one-tail	0.033268787		
13		t Critical one-tail	1.70561792		
14		P(T<=t) two-tail	0.066537575		
15		t Critical two-tail	2.055529439		
16					
17		point estimate	-11848.93666	=I6-H6	
18		critical value	2.055529439	=H15	
19		standard error	6187.010263	=SQRT((H7/H8)+(I7/I8))	
20		margin of error	12717.58173	=H18*H19	
21		confidence interval lower bound	-24566.51839	=H17-H20	
22		confidence interval upper bound	868.6450729	=H17+H20	
23					

圖 3-8　天然氣之於房屋成交價之影響的 t 檢定結果

單看 p 值，我們理應無法拒絕「虛無假說」：畢竟 p 值大於 0.05，然而 0.067 也**不是那麼大**的差異，因此還是可以再一次嘗試。第一點，考慮樣本數量：只有 25 個觀察值是有天然氣的房屋，因此在正式拒絕虛無假說之前，你可以蒐集更多資料。當然，你可能在執行檢定之前，就在敘述統計階段觀察到樣本數量是否足夠。

同理，信賴區間假定真實差異介於 $900 美元以下或是 $24,500 美元以上。這樣的數字，同樣值得你深入探究。如果單憑 p 值就草率地拒絕虛無假說，那麼你可能會錯過潛在的關鍵關係。留意這些潛在的「邊角案例」（edge cases）：如果在這一份（樣本）資料集中出現過一次，那麼你可以打賭自己能在資料中發現更多同樣情況。

統計和分析是幫助人們理解世界的強大工具，但不管再怎麼強大，它們也僅僅是「工具」。如果運用地不夠熟練，這些工具不僅派不上用場，甚至可能造成反效果。不要滿足於表面的 p 值；要進一步思考運用統計的脈絡情境，以及你期望達成的目標（而不是捏造檢定結果）。記住：這是「你」的世界，資料只是其中一部分。

本章小結

也許你曾經納悶，為什麼在以分析為宗旨的這本書裡，我們用了一整章著墨在「機率」上。希望你已知曉緣由：因為我們不知道母體的真實參數，因此必須將這個不確定性量化為機率。在這個章節中，我們使用了推論統計框架和假說檢定，探索兩組資料之平均數的差異。接下來，我們要運用「線性迴歸」方法，檢驗連續變數對另一個連續變數的影響。這雖然是不同的檢定方式，但邏輯符合同樣的統計框架。

實際演練

現在，換你動手試試，對一個資料集執行機率推論。請在本書範例檔中開啟 *datasets* 資料夾內 *tips* 子資料夾的 *tips.xlsx* 檔案（*https://oreil.ly/1hlYj*），然後完成以下練習。

1. 請檢驗用餐時段（time）和總帳單（total_bill）的關係：
    - 請列出你的統計假說。
    - 檢定結果具有統計顯著性嗎？哪些證據支持你的假說？
    - 估計的效應值（effect size）是什麼？
2. 這次，請檢驗用餐時段（time）和小費（tip）之間的關係。

第四章

相關與迴歸

你有沒有聽說過「冰淇淋的消費量和鯊魚攻擊的頻率有相關」？顯然，大白鯊對薄荷巧克力口味冰淇淋很有興趣呢。圖 4-1 畫出了這個假設關係。

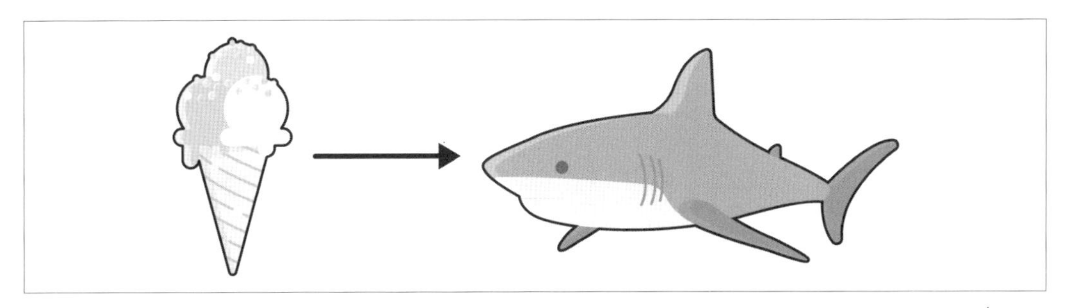

圖 4-1　冰淇淋消費量和鯊魚攻擊的假設關係

「開什麼玩笑」，你心中這麼想：「這不能代表冰淇淋消費量導致了鯊魚攻擊事件。」

你試著推理：「可能的情況是，當氣溫升高，為了消暑，人們越傾向購買冰淇淋。在天氣好的日子裡，人們在海邊逗留的時間越長。這種巧合導致了更多的鯊魚攻擊事件。」

「相關不代表因果」

「相關不代表因果」這句話你可能早已聽過千萬遍。

從第 3 章的內容中，你體會到**因果**（*causation*）在統計學中是一種令人憂心的表達方式。我們唯一能做的是拒絕「虛無假說」，畢竟我們不可能蒐集到所有資料，信誓旦旦地聲明事物之間的因果關係。撇開語意差異不談，相關性（correlation）和因果關係之間有任何關係嗎？標準定義有些過於簡化兩者的關係；在本章中，你將透過推論統計工具一探究竟。

這將是我們以 Excel 為中心討論的最後一個章節。你得以充分掌握分析框架，為使用 R 和 Python 進行統計分析做好準備。

相關性

到目前為止，我們主要是一次分析單個變數的統計資料。舉例來說，我們之前計算過閱讀測驗平均分數和房價變異數。這種分析方式被稱為**單變量分析**（*univariate analysis*）。

我們還做過一些**雙變量分析**（*bivariate analysis*）。比方說，我們使用了雙向次數分配表，比較兩個類別變數的頻率。我們也分析了按類別變數的多層次進行分組的連續變數，找出每一組別的敘述統計資料。

我們現在將使用相關性計算兩個連續變數的雙變量尺度。更具體而言，我們要使用**皮爾森相關係數**（*Pearson correlation coefficient*），測量兩個變數的線性關係之強度。如果兩者之間不具有線性關係，則不適用皮爾森相關係數。

那麼，該如何判斷手中資料是否呈現線性關係呢？當然存在更加嚴謹的檢驗方式，但老樣子，你可以從「視覺化」開始。我們將使用**散布圖**（*scatterplot*），繪出所有觀察值的 x 座標和 y 座標。

如果我們可以用一條線概括資料的整體散布情況，則資料呈線性，可使用皮爾森相關係數。如果得用曲線或其他圖形才能概括整體，則資料不具線性關係。圖 4-2 展示了一個線性關係圖，以及兩個非線性關係。

圖 4-2 給出了一個**正相關**（*positive*）的線性關係：當 x 軸的值增加，y 軸的值也會跟著（以固定的線性斜率）增加。

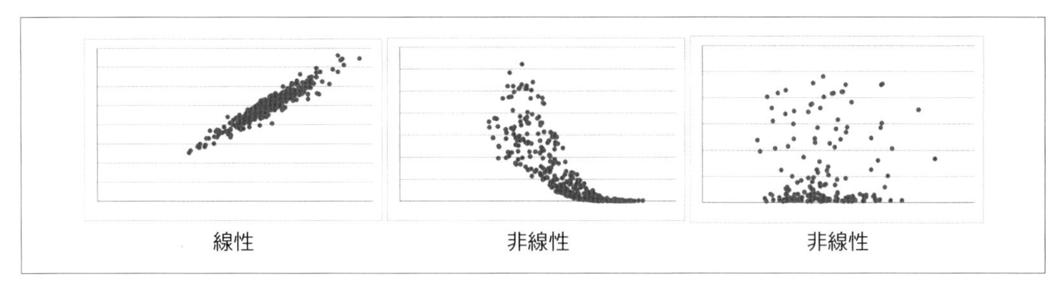

圖 4-2　線性 vs. 非線性關係

另外，還存在負相關（*negative correlation*），即我們可以用一條負向的直線總結變數的關係；如果可以用水平線概括變數之間的關係，則表示「零相關」（zero correlation）。圖 4-3 展示了這些各有不同的線性關係。請記住，變數必須具有線性關係，才能加以計算其相關係數。

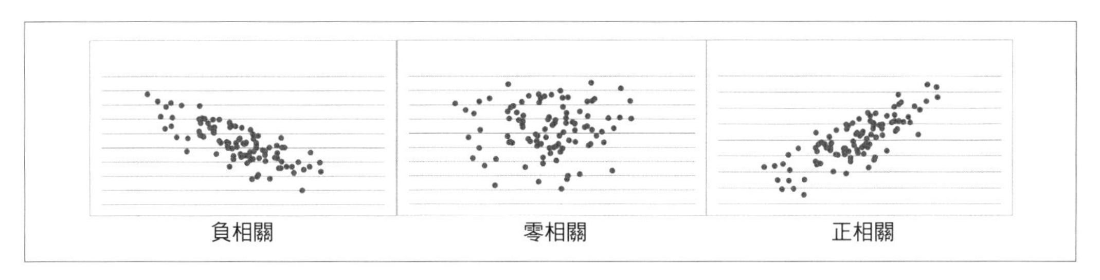

圖 4-3　負相關、零相關和正相關

一旦確定了資料具有線性關係，我們就能計算相關係數。相關係數的值永遠介於 -1 ～ 1 之間，-1 表示完美的負線性關係，1 表示完美的正線性關係，0 表示完全沒有線性關係。表 4-1 列出了解釋相關係數強度的經驗法則。這並不是放諸四海皆準的檢驗標準，但適合做為詮釋相關性強弱的切入點。

表 4-1　對相關係數的解釋

相關係數	解釋
–1.0	完美負相關的線性關係
–0.7	強負相關
–0.5	中負相關
–0.3	弱負相關
0	零相關的線性關係

相關係數	解釋
+0.3	弱正相關
+0.5	中正相關
+0.7	強正相關
+1.0	完美正相關的線性關係

掌握基本相關性概念後，在 Excel 中做點練習。我們要使用一份關於汽車里程數的資料集；你可以在本書範例檔的 *datasets* 資料夾下的 *mpg* 子資料夾找到 *mpg.xlsx* 檔案。這是一份全新的檔案，請花點時間了解它：我們要處理哪種類型的變數？請使用第 1 章學到的知識，進行摘要統計與視覺化。為了方便後續分析，別忘了新增一個 id 索引欄位，並將資料夾轉換成表格，我將表格命名為 *mpg*。

Excel 的 `CORREL()` 函數可以計算兩個陣列的相關係數：

```
CORREL(array1, array2)
```

我們來用這個函數找出資料集中 `weight` 和 `mpg` 之間的相關性：

```
=CORREL(mpg[weight], mpg[mpg])
```

我們的確得到了一個介於 –1 和 1 之間的值：–0.832。（還記得如何解釋這個值嗎？）

相關矩陣（*correlation matrix*）可以呈現各個變數組合的相關性。現在，我們要透過統計分析工具箱建立一個相關矩陣。請選取功能區的 [資料] → [資料分析] → [相關係數]。

請記住，這是兩個**連續**變數的線性關係之衡量尺度，因此我們要排除如 `origin` 這類的類別變數，並公正地納入 `cylinders` 和 `model.year` 等離散變數。分析工具箱堅持將所有變數納入一個連續的範圍中，因此我小心地納入了 `cylinders`。圖 4-4 展示了此時分析工具箱的選單頁面。

圖 4-4　在 Excel 中插入相關矩陣

經過分析，相關矩陣如圖 4-5 所示。

	A	B	C	D	E	F	G
1		*mpg*	*cylinders*	*displacement*	*horsepower*	*weight*	*acceleration*
2	mpg	1					
3	cylinders	-0.777617508	1				
4	displacement	-0.805126947	0.950823301	1			
5	horsepower	-0.778426784	0.842983357	0.897257002	1		
6	weight	-0.832244215	0.89752734	0.932994404	0.864537738	1	
7	acceleration	0.423328537	-0.504683379	-0.543800497	-0.68919551	-0.416839202	1
8							
9							
10							

圖 4-5　Excel 中的相關矩陣

`B6` 儲存格顯示 –0.83：這是 `weight` 和 `mpg` 的交集（相關係數）。我們同樣可以在 `F2` 儲存格看見相同的值，但 Excel 會將矩陣的這半部留白，因為這是重複的資訊。對角線上的值都是 1，因為任何變數和自身都是完美相關的。

只有當兩個變數呈線性關係時，才適用皮爾森相關係數。

透過分析變數的相關性，我們做了一個跳躍性的假設。你知道這個假設是什麼嗎？**我們假設了變數具有線性關係**。現在，我們要用散布圖檢驗這個假設是否合理。遺憾的是，在 Excel 中無法一口氣產生每一對變數組合的散布圖。如果你想累積練習經驗，不妨將它們全都繪製出來。我們先試著繪出 *weight* 和 *mpg* 這組變數吧。反亮選取這組資料，然後在功能區選取 [插入] → [散布圖]。

為了方便閱讀，我會加上一個自訂的圖表標題，並重新命名 X 軸與 Y 軸的標籤。在圖表標題處點兩下以加上名稱。如欲重新命名座標軸，請點擊圖表並選擇「＋」記號，開啟 [圖表項目] 選單。選取 [座標軸標題] 並輸入相應名稱（在 mac 系統中，請在圖表內按一下，然後選擇 [圖表設計] → [新增圖表項目]）。圖 4-6 展示了完成變更的散布圖。你還可以在座標軸標題附上測量單位，更有助於外行人理解資料。

基本上，圖 4-6 看起來呈現負相關的線性關係，車輛重量越輕，里程數越大。在預設情況下，Excel 會在 X 軸上繪製所選資料中的第一個變數，在 Y 軸上繪製第二個變數。那如果將順序反過來呢？請試著在工作表中切換這些欄位的順序，將 *weight* 放在 E 欄，*mpg* 放在 F 欄，然後插入新的散布圖。

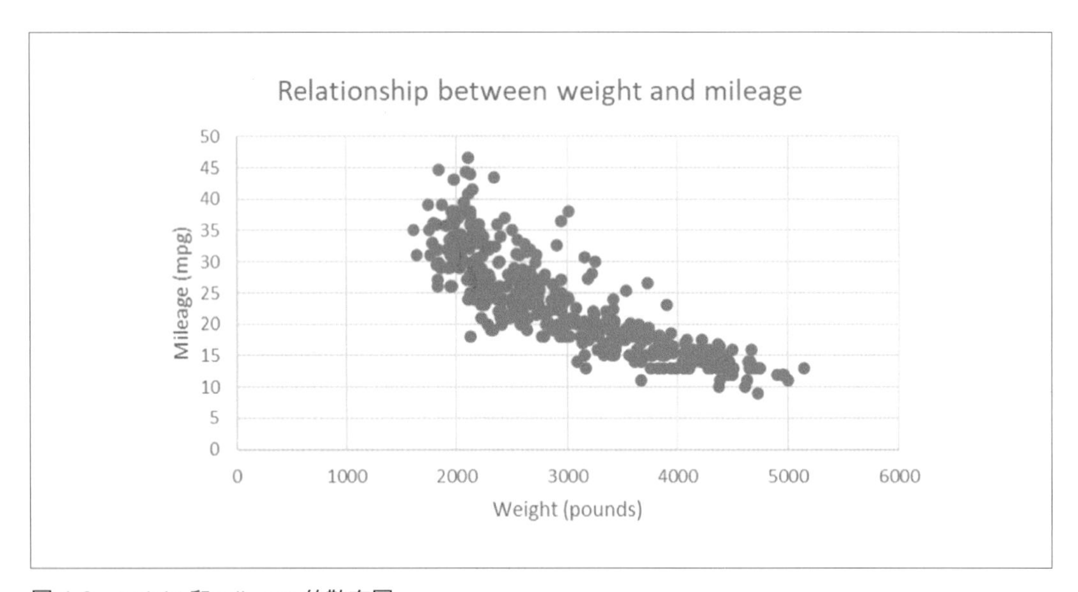

圖 4-6　weight 和 mileage 的散布圖

圖 4-7 則展示了和圖 4-6 呈現鏡像的線性關係。Excel 是一個很好的工具，但就像任何工具一樣，你是對工具發號施令的人。無論變數之間是否為線性關係，Excel 都會計算它們的相關性。Excel 不會考慮哪個變數應該放在 X 軸或 Y 軸，也能為你畫出一個散布圖。

所以，哪一張散布圖才是「對的」？按照慣例，我們會將獨立變數放在 X 軸，將因變數放在 Y 軸。想一想，*weight* 和 *mpg* 這兩個變數，哪一個是獨立變數？哪一個是因變數？如果你不確定答案，請記得，獨立變數通常是先被測量的變數。

此時的獨立變數是 *weight*，因為車體設計和建造決定了車輛的重量。*mpg* 是因變數，因為我們假設里程數長短會受車輛重量影響。因此，*weight* 會放在 X 軸，*mpg* 放在 Y 軸上。

在商務分析情境中，僅僅為了統計分析而蒐集資料的情形實屬罕見。舉例來說，*mpg* 資料集中的車輛，它們的存在目的是為了幫助企業創造收入，而不單單是為了研究車輛重量對於里程數的影響。明確清楚的獨立變數和因變數並不總是存在，因此我們更加需要了解這些變數所測量的**東西**，以及它們是被**如何測量**的。具備你正在研究的領域知識，或者至少清楚理解關於變數的定義與描述，以及觀察值是如何被蒐集的，掌握這些重要前提是如此具有價值。

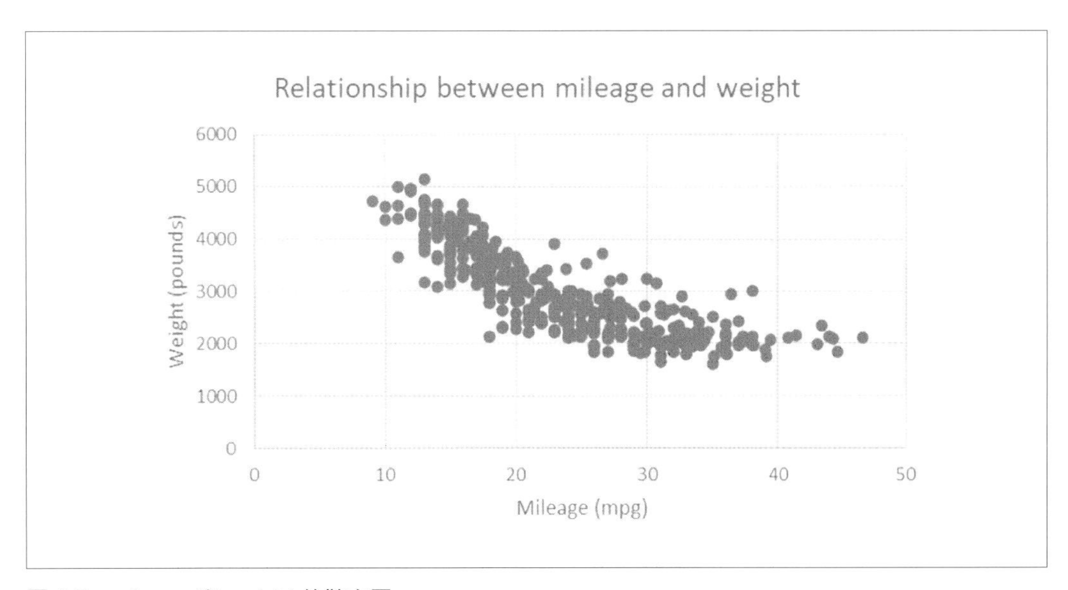

圖 4-7　mileage 和 weight 的散布圖

從相關到迴歸

雖說將獨立變數放在 X 軸是慣例作法，但這對相關係數並無影響。現在，我們要從相關到迴歸，不過，此處隱含了一個陷阱，和我們一開始以直線畫出散布圖中資料規律的想法有關。你可能聽過：**線性迴歸**（*linear regression*）。

無論你將哪個變數視作獨立變數，哪個變數視作因變數，這兩個變數的相關性皆不受影響。因為相關性不會考量「兩個變數以線性移動的程度」。

另一方面，線性迴歸在本質上會受到這種關係的影響，因為「當獨立變數 *X* 發生單位變化，因變數 *Y* 會隨之發生可預估的變化」。

我們在散布圖中對資料進行擬合的直線，可以用一個公式表達。不同於相關係數，這則公式取決於我們如何定義獨立變數和因變數。

線性迴歸和線性模型

你可能經常聽到，線性迴歸又被稱作**線性模型**（*linear model*），就如其他許多統計模型一樣。統計模型好比你所打造的火車模型，它是一種對真實生活中某個實體的可行近似值。我們經常運用統計模型來理解獨立變數和因變數之間的關係。模型無法解釋它們所代表的**一切**，但這並不意味著它們就一無是處。英國數學家 George Box 的名言：「所有模型都是錯誤的，但有些模型是有用的。」

與相關性一樣，線性迴歸假設兩個變數之間存在線性關係。在建立資料模型時，當然還必須考慮其他重要的假設。比方說，我們不希望極端的觀察值不成比例地影響線性關係的整體趨勢。

為了方便說明，我們在此暫且忽略這些假設前提。這些假設通常很難使用 Excel 進行測試；當你更加深入地研究線性迴歸，統計程式設計知識將非常有用。

深呼吸一下，我們來看看這個公式：

公式 *4-1*　線性迴歸公式

$$Y = \beta_0 + \beta_1 \times X + \epsilon$$

公式 4-1 的終極目標是為了預測因變數 Y 的值。Y 位於等號的左側。你應該還記得，一條直線可以被拆解為**截距**（*intercept*）和**斜率**（*slope*）。這分別是線性迴歸公式中的 β_0 和 $\beta_1 \times X_i$。在第二項中，我們將獨立變數乘以一個**斜率係數**（*coefficient*）。

最後，由於獨立變數和因變數之間存在一部分受到外部影響，無法由模型解釋的關係，因此我們要加上以 ε_i 表示的模型「誤差」（error）。

我們先前使用獨立樣本 t 檢定來檢驗兩組平均數的顯著差異。在這裡，我們要測量一個連續變數對另一個連續變數的線性影響。我們的目標是檢驗擬合迴歸線的斜率在統計上是否不為零。此時，假說檢定如下所示：

H0：獨立變數對因變數沒有線性的影響（迴歸線的斜率等於零）。

Ha：獨立變數對因變數存在線性的影響（迴歸線的斜率不等於零）。

圖 4-8 分別展示了具有統計顯著性的斜率和不具顯著性的斜率。

請記住，我們不可能成功收集*所有*資料，因此永遠無法知道「真正」代表母體的斜率。能夠做的，是根據樣本進行推論，判斷這個斜率在統計上是否不等於零。我們可以使用 p 值的統計方法來估計斜率的統計顯著性，就像我們先前為了找出兩組平均數的差異所做的步驟一樣。接下來，繼續以 95% 信賴區間進行雙尾檢定。我們要使用 Excel 來找出統計結果。

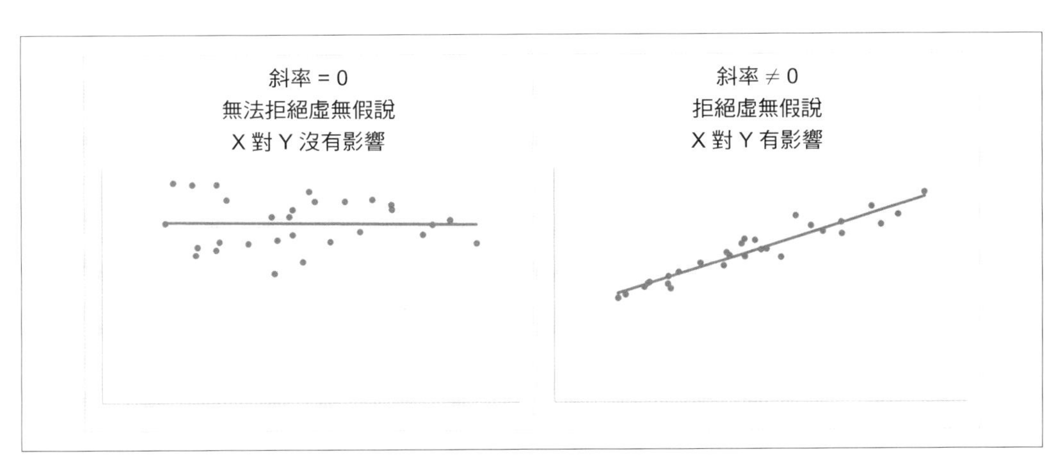

圖 4-8　線性模型：具有統計顯著的斜率 vs 不顯著的斜率

Excel 中的線性迴歸

在 Excel 中對 *mpg* 資料集進行線性迴歸分析，我們想要檢驗車輛的重量（*weight*）是否對於里程數（*mpg*）有顯著影響。此時，虛無假說和對立假說應如下所示：

H0: 車輛重量對於里程數沒有線性影響。

Ha: 車輛重量對於里程數有線性影響。

在開始分析之前，不妨將我們想檢驗的變數寫入迴歸方程式，如公式 4-2 所示：

公式 *4-2*　估計里程數的迴歸方程式

$$mpg = \beta_0 + \beta_1 \times weight + \epsilon$$

從視覺化迴歸結果開始：我們已經得到圖 4-6 的散布圖，現在只要將迴歸線「擬合」到圖中即可。請點選圖表，開啟 [圖表項目] 選單。點選 [趨勢線]，並選擇側邊的 [更多選項]。點選 [趨勢線格式] 介面的 [圖表上顯示公式]。

現在，請點選圖表上的公式，加上粗體，並將字體調整為 14。請按一下圖表，開啟 [趨勢線格式] 選單，將趨勢線設定為 2.5 pt 寬的黑色實線。如此一來，線性迴歸作業就完成了。加上趨勢線的散布圖如圖 4-9 所示。Excel 還幫我們計算出迴歸方程式，也就是我們之前寫下的公式 4-2，根據車輛重量估計里程數。

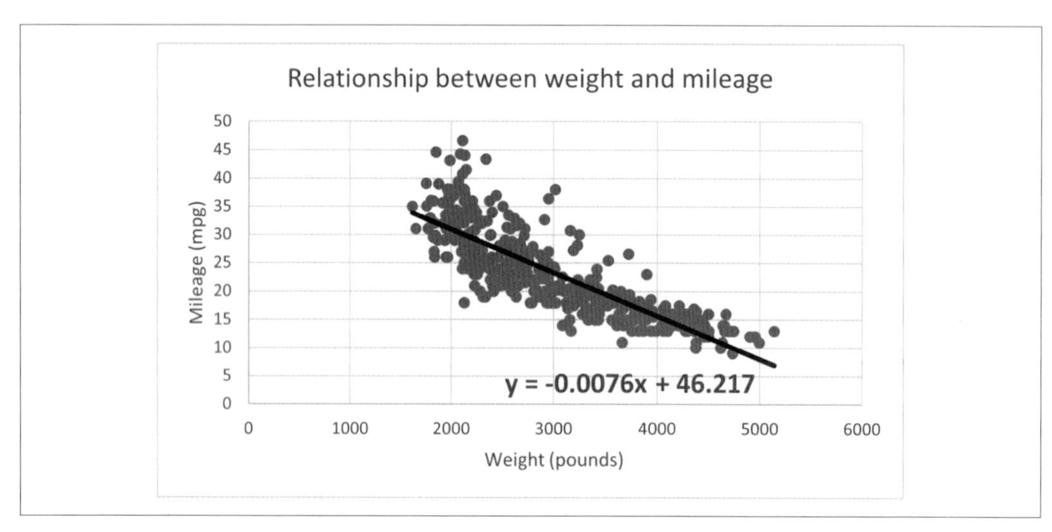

圖 4-9　加上趨勢線和迴歸方程式的散布圖，預估車輛重量對里程數的影響

微調這個公式，將截距放在斜率之前，得到新的公式 4-3。

公式 *4-3*　估計里程數的擬合迴歸線

$$mpg = 46.217 - 0.0076 \times weight$$

有沒有發現，Excel 並沒有在方程式中納入誤差項。現在，擬合好迴歸線之後，我們對期望從方程式中得到的值與在資料中找到的值之間的差異進行量化。這個差異被稱為**殘差**（*residual*），我們會在本章後文繼續探討。首先，回到我們初始目標：建立統計顯著性。

Excel 直接擬合了這條線，還計算出迴歸方程式，為我們省下不少時間。然而，它無法提供充足資訊來進行假設檢定：我們仍然不知道直線的斜率是否在統計上不等於零。為了獲得這個資訊，分析工具箱要再次登場。請在功能區選取 [資料] → [資料分析] → [迴歸]。你需要輸入 Y 範圍和 X 範圍；分別是因變數和獨立變數。記得要勾選 [標記]，如圖 4-10 所示。

迴歸
?
X
輸入
輸入 Y 範圍(Y): $E$1:$E$393
輸入 X 範圍(X): $F$1:$F$393
標記(L)
常數為零(Z)
信賴度(O) 95 %
確定
取消
說明(H)
輸出選項
輸出範圍(O):
新工作表(P):
新活頁簿(W)
殘差
殘差(R)
殘差圖(D)
標準化殘差(T)
樣本迴歸線圖(I)
常態機率
常態機率圖(N)

圖 4-10　使用分析工具箱執行迴歸統計的選單頁面

分析摘要中包含許多資訊，如圖 4-11 所示。我們依序一探究竟。

	A	B	C	D	E	F	G	H	I
1	SUMMARY OUTPUT								
2									
3	*Regression Statistics*								
4	Multiple R	0.832244215							
5	R Square	0.692630433							
6	Adjusted R Square	0.691842306							
7	Standard Error	4.332712097							
8	Observations	392							
9									
10	ANOVA								
11		*df*	*SS*	*MS*	*F*	*Significance F*			
12	Regression	1	16497.75976	16497.75976	878.8308864	6.0153E-102			
13	Residual	390	7321.233706	18.77239412					
14	Total	391	23818.99347						
15									
16		*Coefficients*	*Standard Error*	*t Stat*	*P-value*	*Lower 95%*	*Upper 95%*	*Lower 95.0%*	*Upper 95.0%*
17	Intercept	46.21652455	0.798672463	57.86668086	1.6231E-193	44.64628231	47.78676679	44.64628231	47.78676679
18	weight	-0.007647343	0.000257963	-29.64508199	6.0153E-102	-0.008154515	-0.00714017	-0.008154515	-0.00714017
19									

圖 4-11　迴歸分析結果

請先忽略 `A3:B8` 儲存格範圍的第一部分內容，我們稍後再回顧。位於 `A10:F14` 範圍的第二部分內容是 ANOVA（**變異數分析**）。這裡的資訊可以告訴我們，包含斜率係數的迴歸線之表現，是否比只包含截距的迴歸線還要更好。

表 4-2 列出了兩條可供比對的方程式。

表 4-2　只包含截距 vs. 完整的迴歸模型

只包含截距的模型	包含斜率係數的模型
mpg = 46.217	*mpg* = 46.217 – 0.0076 x *weight*

具有統計顯著性的結果指出，我們的斜率係數的確改善了模型效能。我們可以根據圖 4-11 中 `F12` 儲存格的 p 值來確定檢定結果。請記住，這是科學記數法，請將 p 值解讀為 6.01 乘以 10 的 –102 次方，這個數值遠小於 0.05。因此，可以得出結論，*weight* 值得作為迴歸模型的係數。

這個結論將我們帶到位於 `A16:I18` 範圍的第三部分內容：我們在此找到最初的分析目標。由於這部分包含了大量資訊，我們一個個逐列分析，就從 `B17:B18` 中的係數開始。這些數值對你來說應該不陌生，因為這正是公式 4-3 中給出的直線截距和斜率。

接著是 `C17:C18` 的標準誤。第 3 章曾經提過，標準誤用來衡量重複樣本的變異性，在這個例子中，你可以將標準誤視為衡量係數精確與否的指標。

D17:D18 儲存格範圍的值，是 Excel 稱為「t 統計」的分析結果，又被稱為「t 統計量」或「檢驗統計量」，計算方法是將係數除以標準誤。將 t 統計得值與臨界值 1.96 進行比較，在 95% 的信心水準下建立統計顯著性。

然而，更常見的做法是解釋和報告 p 值，因為它提供了相同的分析結果。在這裡，我們有兩個 p 值需要解釋。首先是 E17 儲存格的截距係數。這個值告訴我們，截距是否顯著不等於零。截距的顯著性**不是**我們這次假說檢定的重點，因此這是一則不相關的資訊（這件事也恰好證明了我們不能對 Excel 的輸出結果照單全收）。

雖然大多數統計軟體（包括 Excel）會計算截距的 p 值，但這個數值通常不是對報告有幫助的訊息。

我們真正需要的資訊是 E18 儲存格中 *weight* 的 p 值：這和該直線的斜率有關。此 p 值遠小於 0.05，因此我們無法拒絕虛無假說，得出「weight 確實對 mileage 有影響」的結論。換句話說，該直線的斜率顯著不等於零。正如之前做過的假說檢定，我們會避免做出「我們已經證明了某個關係」，或者說我們無法直接斷言「更多的重量（weight）導致更少的里程數（mileage）」。此外，由於我們是根據一組樣本對整個群體做出推論，因此存在固有的不確定性。

輸出結果還給出了 F17:I18 儲存格範圍中 95% 信賴水準下的截距和斜率。根據預設，這被記錄了兩次：如果我們在輸入選單中要求不同的信賴水準，會在此得到兩種結果。

現在，逐漸掌握解讀迴歸分析結果的要領後，我們來試著根據方程式進行點估計：如果一台車子重量為 3,021 磅，請問我們期望的里程數為多少？將這個數值插入公式 4-4 的迴歸方程式中：

公式 *4-4* 根據方程式進行點估計

$$mpg = 46.217 - 0.0076 \times 3021$$

將 3,021 磅帶入公式 4-4，我們預期這輛車子的里程數為 23.26 英里 / 加侖。回顧一下原始資料集：有一個觀察值正好是 3,021 磅（福特 Maverick，位於資料集的 101 列），它的里程數為 18 英里 / 加侖，而不是 23.26 英里 / 加侖。**為什麼？**

兩個數值之間的差異正是我們先前提及的**殘差**（*residual*）：這是在迴歸方程中估計的值和實際資料中發現的值之間的差異。我在圖 4-12 中展示了這個和其他的觀察值。散布點代表資料集中實際發現的值，而直線代表我們用迴歸方程式預測的值。

顯而易見，我們盡可能最小化這些值之間的差異。Excel 和大多數迴歸應用程序使用**普通最小二乘法**（*ordinary least squares*, OLS）。使用 OLS 的目標是，將殘差最小化，特別是**殘差平方和**（*sum of squared residuals*），讓負殘差和正殘差的測量都是相等的。殘差平方和越小，我們的實際值和期望值之間的差異就越小，我們的迴歸方程式的估計能力就越完善。

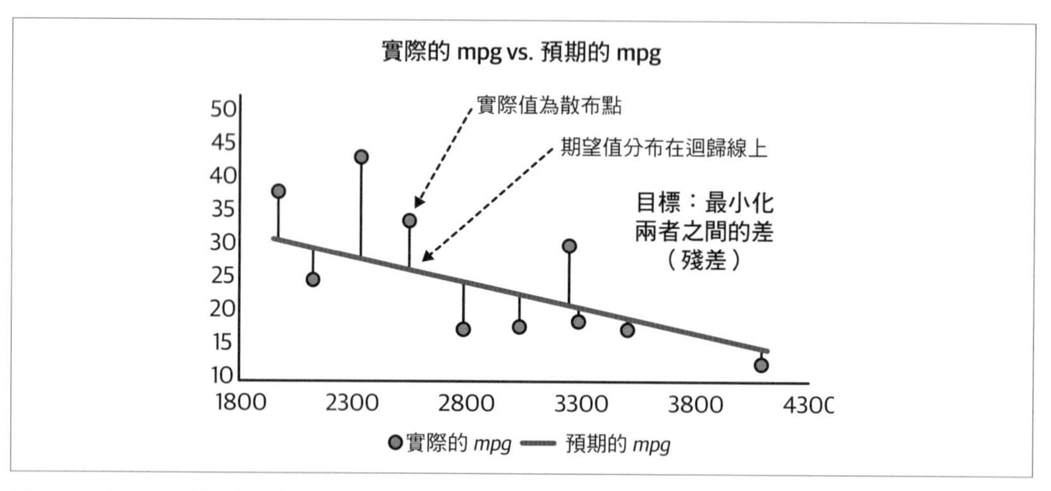

圖 4-12　殘差是實際值和期望值之間的差

我們從斜率的 p 值中了解到，獨立變數和因變數之間存在顯著的關係。但這並沒有告訴我們因變數中有多少變異性是由獨立變數解釋的。

記住，變異性是身為分析師的我們所研究的核心；變數發生變化，而我們想研究為什麼它們發生變化。透過實驗，我們得以理解獨立變數和因變數之間的關係。但是我們無法用獨立變數解釋因變數的所有內容。總會有一些無法解釋的錯誤。

***R* 平方**，又稱為決定係數，以百分比表示我們的迴歸模型解釋了因變數具有多少變異性。比方說，0.4 的 R 平方表示 Y 中 40% 的變異性可以用模型來解釋。這表示，1 減去 R 平方後的值就是模型無法解釋的變異性。如果 R 的平方是 0.4，那麼 Y 的 60% 的變異性是無法解釋的。

Excel 在迴歸分析結果的第一部分中記錄了 R 平方；請回顧一下圖 4-11 中的 B5 儲存格。R 平方的平方根是「多重迴歸 R」（multiple R），這也可以在 B4 儲存格中看到。對於具有多個獨立變數的模型，會使用「調整後 R 平方」（B6 儲存格）替代 R 平方，進行更保守的估計。當進行**多元**線性迴歸時，大多使用調整後 R 平方作為衡量尺度，不過這不在本書探討範圍。

> **多元線性迴歸**
>
> 本章重點聚焦在**單變量**線性迴歸，探討某個獨立變數對一個因變數的影響。當然，人們也可以建立雙變量或**多變量**迴歸模型來估計幾個獨立變數對因變數的影響。這些獨立變數可以包括類別變數（不僅僅是連續變數）、變數，甚至是變數之間的相互作用，等等。如欲深入了解在 Excel 中如何執行更複雜的線性迴歸，請參考 Conrad Carlberg 所著的《*Regression Analysis Microsoft Excel*》（Que）。

除了 R 平方之外，還有其他方法可以衡量迴歸分析的效能：Excel 的分析結果中包含了其中一種方法，也就是迴歸的標準誤差（圖 4-11 的 B7 儲存格）。這個衡量尺度告訴我們的是，觀測值偏離迴歸線的平均距離。一些分析師更喜歡用這個或其他方法來評估迴歸模型，儘管 R 平方仍然是一個主流選擇。無論偏好如何，最佳評估往往源自適當背景脈絡下針對多個數值的評估，因此沒有必要拘泥於任何一個衡量標準。

恭喜！你成功執行並解讀了一個完整的迴歸分析。

重新思考結果：偽關係

根據時間先後順序和正常邏輯，在這個里程數的範例中，我們幾乎可以確信，車輛重量（*weight*）為獨立變數，而 *mpg* 是因變數。但是如果我們把這些變數反過來擬合一條迴歸線，會發生什麼結果呢？讓我們繼續使用分析工具箱試一試。此時得到的迴歸方程式如公式 4-5。

公式 *4-5* 根據 *mileage* 估計 *weight* 的迴歸方程式

$$weight = 5101.1 - 90.571 \times mpg$$

我們可以調換獨立變數和因變數，並得到相同的相關係數。但是當我們改變它們以進行迴歸時，則相關係數會隨之改變。

如果我們發現 *mpg* 和 *weight* 同時受到一些外部變數的影響，那麼這兩個模型都是不正確的。這和「冰淇淋的消費量和鯊魚攻擊的頻率有相關」所面臨的情況是一樣的。宣稱大吃冰淇淋對鯊魚攻擊人的頻率有影響顯然是愚蠢的，因為這兩者都會受到氣溫的影響，如圖 4-13 所示。

圖 4-13　冰淇淋消費量與鯊魚攻擊：偽關係

這被稱為**偽關係**（*spurious relationship*）。它經常出現在資料中，儘管沒有上述這個例子那麼明顯。對於正在研究的資料具備相當程度的領域知識，非常有益於發現偽關係。

變數之間可能存在相關性，甚至可能存在能證明因果關係的證據。但這種關係很可能是由一些你未曾考慮過的變數所驅動的。

本章小結

還記得這句老話嗎？

「相關不代表因果。」

分析工作是一步一腳印的：我們通常會在一個概念上疊加另一個概念，構建出愈加複雜的分析。例如，在試圖推斷母體參數之前，我們總是會從樣本的敘述統計開始。雖然相關性並不暗示著因果關係，但因果關係會建立在相關性的基礎上。

總結這種關係的更好說法可能是：

「相關性是因果關係的必要條件，但不是充分條件。」

在這一章和前幾章中，我們僅僅觸及了推理統計學的冰山一角。這個世界上還有無盡的測試、檢定存在，而所有的檢定都源自於我們在此處所學習到的，相同的假說檢定框架。學會這個假說檢定的程序，你就能測試各式各樣的資料關係。

邁向程式設計

我希望你已經見證，並且同意 Excel 是學習統計和分析的絕佳工具。你在這一章親自體驗了推動這項工作的統計原理，並了解了如何在真實資料集上探索和測試關係。話雖如此，當分析工作變得愈加複雜且進階時，使用 Excel 反而可能出現邊際效益遞減的情況。

比方說，我們一直使用視覺化功能，檢視諸如正則性（normality）和線性（linearity）這樣的屬性；儘管視覺化是一個好的開始，但還有更穩健的方法來測試它們（事實上，我們經常使用推論統計推斷）。這些技術通常仰賴矩陣代數和其他運算密集的操作，而這些操作在 Excel 中非常繁瑣，很難推導出來。雖然你也可以使用增益集來彌補這些缺點，但是這些軟體也許所費不貲並且欠缺特定的功能。另一方面，R 和 Python 這類開源工具是可以免費取用的，還具備許多類似應用程式的功能**套件**（*package*），幾乎可以服務於任何用例。這樣的開發環境有助於專注在資料的概念分析，而不是原始的計算過程，但是，第一步，你需要學習如何設計程式。這些工具，以及廣義的分析工具組，將是第 5 章的重點。

實際演練

請在本書範例檔中開啟 *datasets* 資料夾開啟 *ais* 資料集（*https://oreil.ly/hazKQ*），訓練你的相關與迴歸技能。這個資料集包含了各式運動項目中澳洲男性與女性運動員的身高、體重與血液檢驗資料。

請利用這個資料集，試著回答下列問題：

1. 請為資料集的相關變數建立一個相關矩陣。
2. 請視覺化呈現 *ht* 和 *wt* 的關係。這是一種線性關係嗎？如果是，它是負相關還是正相關？
3. 關於 *ht* 和 *wt*，你認為哪一個是獨立變數，哪一個是因變數？
   - 獨立變數對因變數有顯著影響嗎？
   - 擬合迴歸線的斜率是多少？
   - 因變數中有多少百分比的變異性可由獨立變數解釋？
4. 這個資料集包含了一個變數：身體質量指數（*bmi*）。如果你不熟悉這個指標，請花點時間研究一下它如何計算。接著，不妨分析一下 *ht* 和 *bmi* 的關係。你不需要完全仰賴統計推理，相信你的常識與直覺吧！

第五章

資料分析堆疊

到了這裡，你已經精通了分析的關鍵原理和方法，並在 Excel 中活用它們。這一章可以看作是本書後續內容的間奏部分，我們將目前習得的知識用到 R 和 Python 上。

本章將進一步介紹統計學、資料分析和資料科學等領域，深入探討 Excel、R 和 Python 在我稱之為**資料分析堆疊**（*data analytic stack*）所扮演的角色。

統計 vs. 資料分析 vs. 資料科學

本書目標是幫助你掌握資料分析的原理。但是正如你所看到的，統計是分析的核心，所以通常很難明確區隔這兩個領域的。更讓人目不暇給的是，你可能還會對資料科學與這兩者的關聯感興趣。現在，讓我們花點時間來認識各自的特點。

統計

統計學最關心的是蒐集、分析和呈現資料的方法。我們從該領域借鑒了很多東西：比方說我們利用給定樣本來推算母體，並使用長條圖和散布圖等圖表來描述了資料分布情形和關係。

到目前為止，我們使用的大多數檢定和技法皆來自統計學，例如線性迴歸和獨立樣本 t 檢定。資料分析與統計的區別不一定在於**手段**，而是在於**目的**。

資料分析

在資料分析這個領域中，我們不太關心分析資料的方法，而更加關注於以分析結果滿足一些外部目標。這些分析結果不一定相同：例如，你已經看到，雖然某些關係可能具有統計意義，但它們可能對業務沒有實質意義。

資料分析還會關注用以實現這些洞察所需的技術。舉例來說，我們可能需要清理資料集、設計儀表板，並快速高效地將這些工具擴散到組織之中。雖然本書重點是資料分析的統計基礎，我們也需要留意其他的運算基礎和技術基礎，本章後面將會討論。

商業分析

資料分析特別被用來指導和滿足商業目標，幫助利益相關者作出更好的決策；分析專業人員除了了解商業營運領域之外，也必須跨足資訊科技領域。**商業分析**（*business analytics*）一詞經常被用來描述這類職務。

分析電影租借資料是資料或業務分析專案的一種例子。根據探索式資料分析的結果，分析師可能會假設喜劇在節假日的週末賣得特別好。他們可能會與產品經理或其他業務上的利益相關者合作，進行小型實驗來收集和進一步測試這一假設。根據你從本書前幾章認識到的內容來看，這個工作流程聽起來應該不陌生。

資料科學

最後，還有資料科學：這是另一個和統計有著緊密連結的領域，但它專注於獨特的結果。

資料科學家通常也會將業務目標納入工作考量，但其範圍與資料分析大不相同。回到電影租借的例子，資料科學家會構建一個由演算法驅動的推薦系統，向用戶推薦與他們租借的影片相似的電影。構建和部署這樣一個系統需要相當程度的軟體工程技能。「資料科學家與業務沒有真正的聯繫」這種說法是不公允的，不過，他們的工作內容通常比資料分析師更側重於軟體工程或資訊科技。

機器學習

總結這一區別，我們可以這麼說，資料分析涉及**描述**和**解釋**資料關係，而資料科學涉及構建**預測**系統和產品，並且通常會運用機器學習技術。

機器學習（*machine learning*）是打造演算法的具體實踐，這些演算法透過加入更多的資料來改善預測的準確性。例如，銀行可能部署機器學習來檢測客戶是否會拖欠貸款。隨著越來越多的資料被加入到演算法中，演算法可望在資料中找到潛在的模式和關係，並利用它們來更好地預測違約的可能性。機器學習模型可以提供令人難以置信的預測準確性，並可用於各種使用情境。也就是說，假如一個簡單的演算法就足夠時，構建一個複雜的機器學習演算法是充滿誘惑力的，但這可能會導致難以解釋和過於依賴演算模型。

機器學習超出了本書探討範圍；不妨翻閱 Aurélien Géron 所著的《*Hands-On Machine Learning with Scikit-Learn, Keras, and TensorFlow*, 2/e》（O'Reilly）來認識機器學習（繁體中文版《精通機器學習｜使用 *Scikit-Learn, Keras* 與 *TensorFlow* 第二版》由碁峰資訊出版）。這本書大量使用 Python，因此我建議讀者最好先完成閱讀本書的第三部。

各有區別，但不互斥

雖然統計、資料分析和資料科學擁有各自的特殊之處，但彼此之間不應產生不必要的隔閡。在這些學科中，類別因變數和連續因變數之間的區別是有意義的。這些領域都運用假說檢定來框定問題。感謝統計學為資料處理提供了通用作法。

資料分析和資料科學的角色也經常混在一起。事實上，你已經在這本書中學習到了奠定資料科學核心技法的基礎：線性迴歸。簡而言之，有許多要素將這幾個領域聯繫在一起，而不是分割它們。雖然這本書側重於資料分析，但你也會做好一起探索它們的準備；學會 R 和 Python 了，你會更加如虎添翼。

現在，將資料分析與統計和資料科學聯繫起來後，我們也來認識 Excel、R、Python 和其他可能在分析中學習到的工具。

資料分析堆疊的重要性

在掌握任何工具的技術訣竅之前，分析專業人士應該掌握各式工具的優缺點，根據需求選擇和搭配不同工具。

web 開發人員或資料庫管理員經常以「堆疊」（stack）一詞表達他們在工作中所使用到的工具組合。我們可以將同樣概念套用在資料分析中。當堆疊中的某一個「拼圖」（也就是某個工具）出現問題時，我們應該關注的重點不應該是怪罪於它的缺點，而是選擇不同的拼圖。也就是說，我們應該把這些不同的拼圖視為彼此互補的工具，而不是替代產品。

在圖 5-1 中，我將「分析堆疊」分成四個部分。這個概念圖極大地簡化了企業組織所使用的資料工具；將分析管線所有節點一個一個畫出來相當耗時費力。在這個堆疊中，拼圖依序排列：從資訊技術部門儲存和維護資料的位置（資料庫），到業務最終用戶使用和探索資料的位置（電子試算表）。這些拼圖可以互相搭配，一起用來製作解決方案。

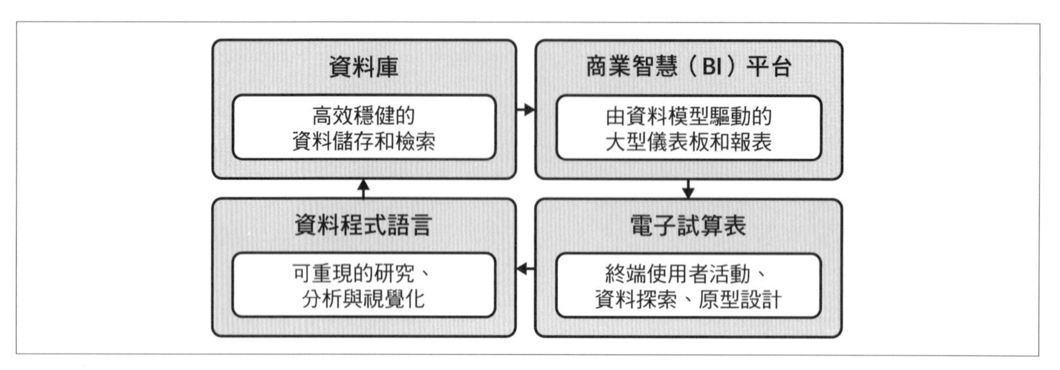

圖 5-1　資料分析堆疊

讓我們花一些時間來探索分析堆疊的每個部分。我將從我個人認為對典型讀者來說最熟悉到最不熟悉的部分來講述這些拼圖。

試算表

我不會花太多時間介紹什麼是電子試算表以及其運作原理；你應該已經很習慣類似 Excel 的試算表軟體了。這些原則同樣適用於其他電子試算表應用程式，例如 Google 表單、LibreOffice 等等。你已經見證，電子試算表軟體將分析帶入生活，同時是執行探索式分析的優秀工具。這種易用性和靈活性使得電子試算表非常適合作為將資料發布給最終使用者的媒介。

但是這種靈活性既是優點也是缺點。你有沒有過這樣的經驗？建立了一個電子試算表模型後，經過運算後得到某個數字，結果電腦當機，幾個小時後才能重新打開檔案，然後莫名其妙地得到一個截然不同的數字？有時這感覺像是對著電子試算表玩打地鼠遊戲；電子試算表的資料分析牽一髮而動全身，很難隔離出某個特定部分。

一個設計良好的資料產品看起來類似圖 5-2：

- 原始資料是唯一且不重複的，不會受到某個分析的影響。
- 資料被處理，進行任何相關的清理和分析步驟。
- 任何產生的圖表或表格都是獨立的輸出結果。

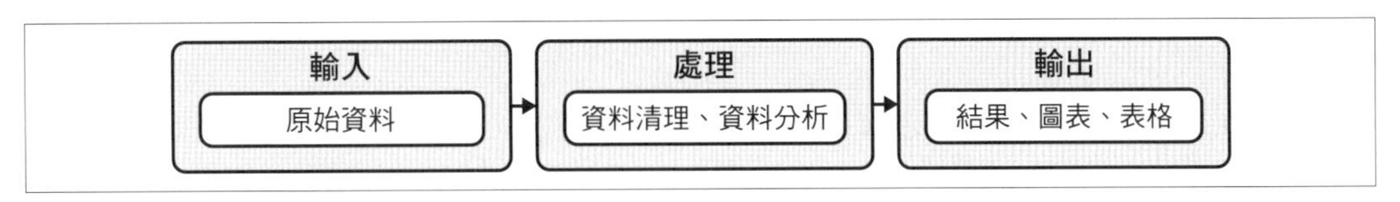

圖 5-2 輸入、處理、輸出

儘管在電子試算表軟體中運用上述方法時，有一些原則可以依循，但最後往往會變成一團亂麻：使用者可能會直接編輯原始資料，或者在某個公式之上再套入新的公式，以致於很難追蹤指向某個儲存格的所有參照。即使有一個可靠的工作簿設計，仍然很難實現「輸入－處理－輸出」模型的終極目標，也就是**可重現性**（*reproducibility*）。所謂的「可重現性」，意旨給定相同的輸入值，經過相同的處理過程，將一次又一次地實現相同的輸出結果。顯然，當容易出錯的步驟、笨拙的計算或更多神秘原因發生，你無法保證每次打開文件都能得到相同的結果時，這時，工作簿是不可重現的。

亂成一團或不可重現的工作簿，從飲食服務到金融監管等各個領域都催生了無數恐怖故事：如果想嚇嚇自己，讀者不妨閱讀 European Spreadsheet Risks Interest Group 所整理的這篇文章（*https://oreil.ly/gWWw3*）。也許你負責的分析工作之風險層級並不像交易債券或發表開創性學術研究那麼高。但是沒有人會喜歡一個遲緩且容易出錯的運算過程，甚至產生不可靠的分析結果。好了，末日宣言到此為止；正如我屢次強調過的，Excel 和其他電子試算表在分析工作中佔有不可輕視的一席之地。讓我們來認識一些工具，它們有助於在 Excel 中打造乾淨、可重現的工作流。

VBA

一般來說，透過將分析過程的每個步驟記錄為程式碼，可以在運算中實現可再現性，這些程式碼可被儲存下來，並在日後快速重新執行。在 Visual Basic for Applications（VBA）中，Excel 確實具備一種內建的程式設計語言。

儘管 VBA 允許將某個處理過程記錄為程式碼，但它著實欠缺一個完整的統計程式語言的許多功能，尤其是可用於特定分析的大量免費套件。此外，Microsoft 幾乎不再更新 VBA，他們將研發資源轉移到新的 Office Scripts（作為 Excel 內建的自動化工具），以及 JavaScript 和 Python（如果傳言可信的話）。

現代 Excel

我將用「現代 Excel」一詞表示 Microsoft 在 Excel 2010 版本所發布的一系列以商業智慧（business Intelligence, BI）為中心的分析工具。這些工具不僅功能強大，使用起來還非常有趣，它們打破了許多關於 Excel 能力範圍的迷思。讓我們來看看組成現代 Excel 的三個應用程序：

- Power Query 是用於從各種資料來源提取資料、轉換資料，然後將資料載入到 Excel 的工具。這些資料來源可以是 *.csv* 檔案或是關聯式資料庫，可以包含數百萬筆資料：雖然 Excel 活頁簿本身也許只能包含大約一百萬行資料，但如果透過 Power Query 讀取，資料量可以是此限制的好幾倍。

  更棒的是，Microsoft 的 M 語言讓 Power Query 的結果可以**完全重現**。使用者可以透過選單新增和編輯處理步驟來產生 M 程式碼，或者自行編寫。Power Query 是 Excel 的實力展現；它不僅突破了過去活頁簿可經手多少資料量的限制，還讓這些資料的檢索和操作過程得以完整重現。

- Power Pivot 是 Excel 的關聯式資料模型工具。在討論資料庫時，我們將在本章後面更深入地討論關聯式資料模型。

- 最後，Power View 是在 Excel 中建立互動式圖表和視覺化的工具。這對於打造儀表板特別有幫助。

我強烈建議你花一些時間來學習現代 Excel，尤其是假如你的工作必須高度依賴這些工具來進行分析和報告。許多關於 Excel 的負面評價，例如無法處理超過一百萬筆資料，或者無法使用不同的資料來源，在這些現代 Excel 版本中都不再是個問題。

也就是說，這些工具不全然是為了進行統計分析而構建的，而是為了輔助其他分析角色，例如構建報告和發布資料。幸運的是，我們得以將 Power Query 和 Power Pivot 與像 R 和 Python 這樣的工具結合，共同打造卓越的資料產品。

儘管現代化 Excel 加入了許多優勢，Excel 在分析領域仍舊受到許多人詬病，因為過度使用將會導致不幸。這讓我們不禁問：**首先，為什麼 *Excel* 會被過度使用**？這是因為市面上缺乏更好的替代方案和資源，商務使用者將 Excel 視為處理儲存和分析資料需求時的最直觀、最靈活的選擇。

我想說，「如果打不過他們，就加入他們吧」：Excel 是探索和與資料互動的優秀工具。憑借其最新功能，Excel 甚至搖身成為了打造可重現的資料清理工作流和關聯式資料模型的絕佳工具。不過，Excel 並不擅長某些分析功能，例如儲存關鍵資料、跨多個平台發布儀表板和報告，以及執行進階統計分析等。對於這些分析需求，我們來看看其他替代方案。

資料庫

資料庫，尤其是**關聯式資料庫**（*relational database*），在分析領域是一項相對古老的技術，其起源可以追溯到 1970 年代初期。關聯式資料庫的組成要件就是你見過無數次的**表格**。圖 5-3 就是一個例子：我們一直使用**變數**和**觀察值**這兩個統計名詞，分別表示表格中的欄位（column）和資料列（row）。在資料庫語言中，它們的對應分別是**欄位**（*field*）和記錄（*record*）。

Dept_no	Dept_name	Loc_no
1	Finance	5
2	Marketing	5
3	Information technology	6
4	Human resources	5

欄位、變數、資料欄位

資料列、觀察值、紀錄

圖 5-3　標籤化的資料庫表格

如果你被要求將圖 5-4 的資料連結在一起，此時你可以使用 Excel 的 `VLOOKUP()` 函數，利用共通欄位作為「查找欄位」，將資料從一個表傳輸到另一個表格中。除此之外還有很多方法，但這是關聯式資料模型的核心關鍵：運用跨表格資料之間的關係，高效地儲存和管理資料。我喜歡將 `VLOOKUP()` 稱為 ***Excel* 的膠帶**，因為它能連結不同的資料集。如果說 `VLOOKUP()` 是一捲膠帶，那麼關聯式資料模型就是負責黏上膠帶的工人。

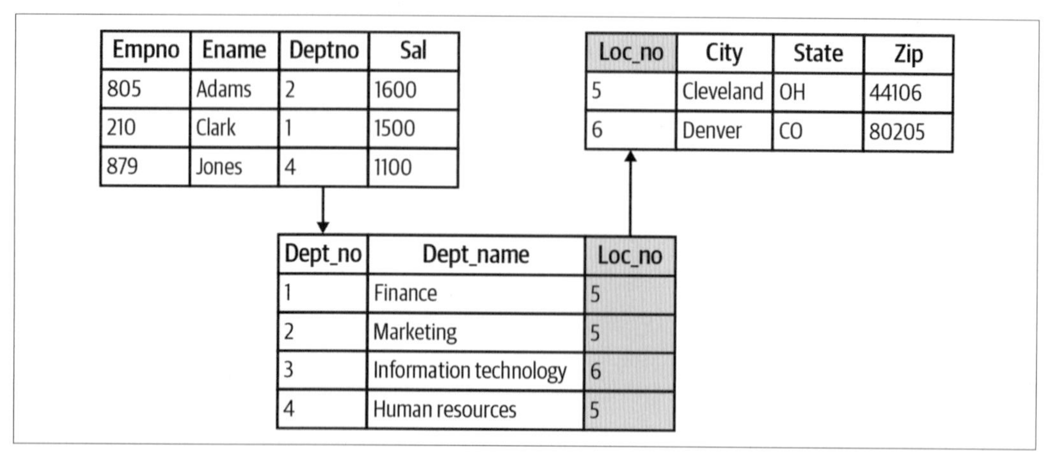

Empno	Ename	Deptno	Sal
805	Adams	2	1600
210	Clark	1	1500
879	Jones	4	1100

Loc_no	City	State	Zip
5	Cleveland	OH	44106
6	Denver	CO	80205

Dept_no	Dept_name	Loc_no
1	Finance	5
2	Marketing	5
3	Information technology	6
4	Human resources	5

圖 5-4　關聯式資料庫中欄位和表格的關係

關聯式資料庫管理系統（*relational database management system*, RDBMS）的設計理念是運用「關聯」這個基本概念，進行大規模的資料儲存和檢索。當您在網路商店下訂單或訂閱電子報時，這些資料可能就是透過關聯式資料庫管理系統來傳遞。雖然 Power Pivot 也是基於相同概念，其用例大多是為了滿足商業智慧分析和報表需求，而且它並不是一個全服務的 RDMBS。

結構化查詢語言，又稱 SQL，傳統上被用來和資料庫進行互動。這是分析領域中另一個關鍵主題，但超出了本書探討範圍，讀者可以翻閱 Alan Beaulieu 所著的《*Learning SQL*, 3rd edition》（O'Reilly）獲得深入淺出的介紹。請留心，雖然「SQL」（或「sequel」）經常被籠統地理解為其程式語言的名稱，但不同的關聯式資料庫管理系統也存在著幾種「方言」。其中一些系統是專有的，如 Microsoft 或 Oracle 的系統，而像 PostgreSQL 或 SQLite 等系統則是開源的。

SQL 可執行的幾個經典操作，其首字母的縮寫組合是 *CRUD*，即 Create、Read、Update 和 Delete（建立、讀取、更新、刪除）。身為一名資料分析師，你通常會從資料庫中讀取資料，而不是更改資料。對於這些操作，不同平台之間的 SQL 方言差異可以忽略不計。

商業智慧平台

所謂的「商業智慧平台」是公認用途及種類最廣泛的工具，同時也可能是分析堆疊中最模糊的一塊。這裡我指的是允許使用者去收集、模擬和顯示資料的企業級工具。像 MicroStrategy 和 SAP BusinessObjects 這樣的資料倉儲工具則跨越了這一界限，因為它們是為自助式資料收集和分析而設計的工具。但是這些工具通常僅含括了小部分視覺化和互動式儀表板的功能。

這時，正是 Power BI、Tableau 和 Looker 等工具發揮所長的時候了。這些平台幾乎都是需要付費的，使用者得以編寫最少量的程式碼，打造資料模型、儀表板和報表。更重要的是，這些平台的存在，讓整個組織內的資訊流通和更新變得更加容易；它們甚至經常以各種形式部署到平板電腦和智慧型手機上。許多組織已經將建立每日報表和儀表板的工作，從電子試算表轉移到這些商業智慧工具中。

儘管商業智慧平台有很多好處，但它們處理和視覺化資料的方式往往不夠靈活，缺乏彈性。這些平台是針對組織內的的業務工作而設計，然而，對資料分析師而言，它們通常欠缺一些功能，需要經驗老道的資料分析師為手頭任務「想點辦法」。這些平台服務也可能價格高昂，單用戶的訂閱年費可能高達數百甚至數千美元。

值得注意的是，現代 Excel 的主要角色，諸如 Power Query、Power Pivot、Power View，也適用於 Power BI 服務。此外，還可以使用 R 和 Python 程式碼在 Power BI 中進行資料視覺化。其他商業智慧平台系統也具備類似能力；由於本書聚焦 Excel，因此我個人側重使用 Power BI。

資料程式語言

此時，我們來到最後一塊拼圖：資料程式語言。這裡，我指的是完全腳本化的軟體應用程序，專門用於資料分析。許多分析領域的專業人士，儘管他們的分析堆疊中不見得擁有這一塊拼圖，也做出了非凡的工作成果。此外，許多軟體供應商正在開發只需少量程式碼或無程式碼的解決方案，幫助用戶進行複雜的分析。

儘管如此，我還是強烈建議你學習程式設計。這將能加深你對資料處理工作原理的理解，比起依賴圖形化使用者介面或點擊式軟體，更有助於你完全掌控自己的工作流程。

有兩種開源程式設計語言非常適合資料分析：R 和 Python，因此，它們是本書後續內容的焦點。這兩個程式語言都擁有大量而令人目不暇給的免費軟體套件，從自動化處理社群媒體，到分析地理空間，套件功能應有盡有。學會使用這些程式語言，為進階分析和資料科學打開了大門。如果你認為 Excel 就是探索和分析資料的強大方法，請等到你掌握了 R 和 Python 之後再做一次評判。

最重要的是，這些工具是可重現研究成果的理想之選。回想一下圖 5-2，以及我們在 Excel 想要分離這些步驟的種種困難。作為程式設計語言，R 和 Python 能記錄分析中採取的所有步驟。這個工作流從外部資料來源讀取原始資料，然後對該資料的副本進行操作，因此得以維持原始資料的完整性。並且利用**版本控制**（*version control*），讓追蹤檔案變更和程式碼貢獻變得更加容易，我們將在第 14 章中再次討論。

R 和 Python 是開源的軟體應用程序，這表示它們的原始碼可以免費提供給任何人進行構建、發布或貢獻。這與 Excel 完全不同，Excel 是一個專有產品。開源和專有系統各有利弊。以 R 和 Python 而言，它們允許任何人在原始程式碼上自由開發，促成了一個充滿活力的生態系統，擁有豐富的套件和應用程序。同時也降低了新手的進入門檻。

儘管如此，開源基礎設施的關鍵部分經常是由開發人員在業餘時間無償維護。在這種沒有商業保障的基礎設施上，期待業餘人士持續開發和維護可能並不理想。有些辦法可以減輕這種風險；事實上，有許多公司的存在僅僅是為了支援、維護和強化開源系統。在我們後面關於 R 和 Python 的討論中，你將會親眼看到這種關係；你可能會感到驚訝，基於免費程式碼來提供服務是完全可以盈利的。

分析堆疊中的「資料程式語言」部分，可能是所有拼圖中學習曲線最為陡峻的一塊：畢竟，我們事實上是在學習一種新語言。學習一門這樣的語言聽起來已經像是一種額外挑戰，那麼你究竟如何以及為什麼要一次學習兩門語言呢？

首先，正如我們在本書開頭提到的，你不是從零開始的。你對如何編寫程式和如何處理資料具備足夠知識。所以，請安心相信你自己**已經學會了**如何程式設計。

掌握多門資料程式語言是有好處的，就像學習多門外語一樣。以務實層面來說，你的雇主可能會使用其中的任何一種，所以掌握多種程式語言的基礎百利而無一害。但這不僅僅像是在例行任務清單上打勾：每種語言都有自己的獨特之處，你可能會發現在某個用例中使用一種語言更得心應手。就像將分析堆疊的不同拼圖視為互補而不是替代的一塊，同樣的心態也適用於同一塊拼圖裡的不同工具。

本章小結

資料分析師經常想知道他們應該專注於學習哪些工具，或者成為哪些工具的專家。我建議，不要成為任何單一工具的專家，而是從分析堆疊的每一塊拼圖中，學習不同的工具，根據使用脈絡和需求自由選擇。以這個觀點來看，比較分析堆疊的拼圖之間的優劣沒有什麼意義。它們是互補的，而不是替代的。

事實上，許多最強大的分析產品來自不同拼圖的靈活**組合**。比方說，你可以使用 Python 自動產生 Excel 報表，或將資料從關聯式資料庫管理系統拉進商業智慧平台的儀表板。雖然這些用例超出了本書的範圍，這裡的重點是：*不要輕視 Excel*。這是堆疊中具有價值的一部分，運用你學到的 R 和 Python 技能，讓它變得更具有意義。

本書著重介紹了電子試算表（Excel）和資料程式語言（R 和 Python）。這些工具特別適合統計導向的資料分析角色，正如我們所討論的，這些角色與傳統的統計學和資料科學有一些重疊。但是，分析不僅僅涉及純粹的統計，關聯式資料庫和商業智慧工具也有益於完成這些任務。當你熟悉本書主題之後，不妨一讀本章節推薦的參考書籍，強化你對資料分析堆疊的知識。

下一步

對資料分析和資料分析應用的整體認識後，讓我們深入探索新工具吧。

首先，從 R 開始，因為對 Excel 使用者來說，我認為 R 是探索資料程式設計的好起點。你將學習如何使用 R 進行探索式分析與假說檢定，正如我們之前用 Excel 做的一樣。學會使用 R 完成這些任務，讓你在進階分析中更加如魚得水。然後你會學習以 Python 完成同樣任務。在這趟學習旅程中上，我會幫助你把你正在學習的東西連結你已經習得的知識，如此，你會發現有許多概念實際上有多麼令人熟悉。第 6 章見！

實際演練

這一章內容在於講述概念而不是應用，所以沒有附上練習題。我鼓勵你更加認識分析的其他領域後，再回顧本章主題。在工作中或閱讀社群媒體文章或產業相關報導時，如果你接觸到一個新的資料工具，問問自己，這個工具涵蓋了分析堆疊的哪些部分，它是否是開源的等等問題。

第 II 部

從 Excel 到 R

第六章

Excel 使用者開始使用 R 的第一步

第 1 章介紹如何在 Excel 中進行探索式資料分析。你可能還記得那章提過 John Tukey 被公認為提倡 EDA 實踐的指標性人物。他對於資料探索的方法啟發了幾種統計程式語言的發展，包括著名貝爾實驗室的 S 語言。接著，S 語言啟發了 R 語言。R 是由 Ross Ihaka 和 Robert Gentleman 在 1990 年代初開發的，這個名字既表示與 S 語言一脈相承，也得名自這兩位共同創始人的名字首字母。R 是一個開源的程式語言，由 R 統計計算基金會維護。因為 R 語言主要是為統計計算和繪圖而開發的，在研究人員、統計學家和資料科學家中最受歡迎。

R 是專門為統計分析而開發的程式語言。

下載 R

請前往到 R Projoct 網站（*https://r-project.org*）。點選網頁頂部連結來下載 R。你將被要求從 R 綜合典藏網（Comprehensive R Archive Network, CRAN）中選擇一個鏡像檔。這是一個分發 R 原始碼、套件和說明文件的伺服器網路。請選擇你附近的一個鏡像檔，為作業系統下載 R。

開始使用 RStudio

安裝好 R 之後，還需要下載另一個東西，優化我們的程式設計體驗。第 5 章提過，當軟體是開源的，任何人都可以自由地構建、分發或做出貢獻。比方說，軟體供應商可以提供能與程式碼互動的**整合開發環境**（*integrated development environment*, IDE）。RStudio IDE 將程式碼編輯、繪圖、說明文件等工具結合在同一個介面中。它已經成為近十年來市場上 R 程式設計的主流 IDE，使用者得以利用其一系列產品，打造從互動式儀表板（Shiny）到研究報告（R Markdown）的各式成果。

你可能會想，*如果 RStudio 真的這麼棒，為什麼還要費心安裝 R 呢？*其實這是兩件不同的事：我們下載 R，取得 R 的**程式庫**，下載了 RStudio，取得一個**處理程式碼的 *IDE***。身為一名 Excel 使用者，這種應用程式之間的「脫鉤」（decoupling）可能對你來說並不熟悉，卻常見於廣大的開源軟體世界。

RStudio 是一個處理 R 程式碼的平台，本身並不是一個程式庫。首先，請從 CRAN 下載 R，然後下載 RStudio。

要下載 RStudio，請前往其官方網站的下載頁（*https://oreil.ly/rfP1X*）。你將看到 RStudio 的定價方案；請選擇免費的 RStudio Desktop 版（RStudio 是基於開源軟體打造穩健商業模式的絕佳例子）。你將會愛上 RStudio，不過眾多的分割視窗與功能在一開始可能會讓你不太適應。為了克服最初的不適，我們要展開一次使用導覽。

首先，前往主選單，選擇 [檔案] → [新增檔案] → [R 腳本]。你現在應該會看到類似圖 6-1 的畫面。這裡有很多花俏的東西；IDE 的設計初衷是將開發程式碼所需的全部工具集中在同一個地方。我們將介紹四個分割視窗（pane）中的每個功能，帶你認識編寫 R 語言的主要功能。

位於 RStudio 左下角的**控制台**（*console*），是將命令提交給 R 執行的地方。在控制台內，你將看到 `>` 符號，後面跟著一個閃爍的游標。你可以在此輸入運算，然後按 Enter 鍵執行。讓我們從最基本的練習開始，例如 1 + 1，如圖 6-2 所示。

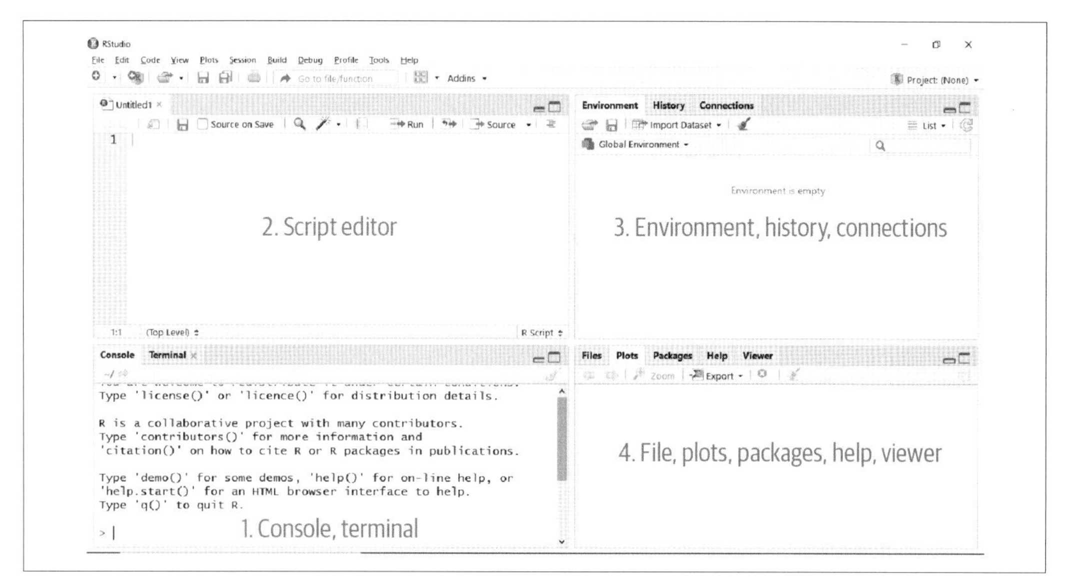

圖 6-1　RStudio IDE

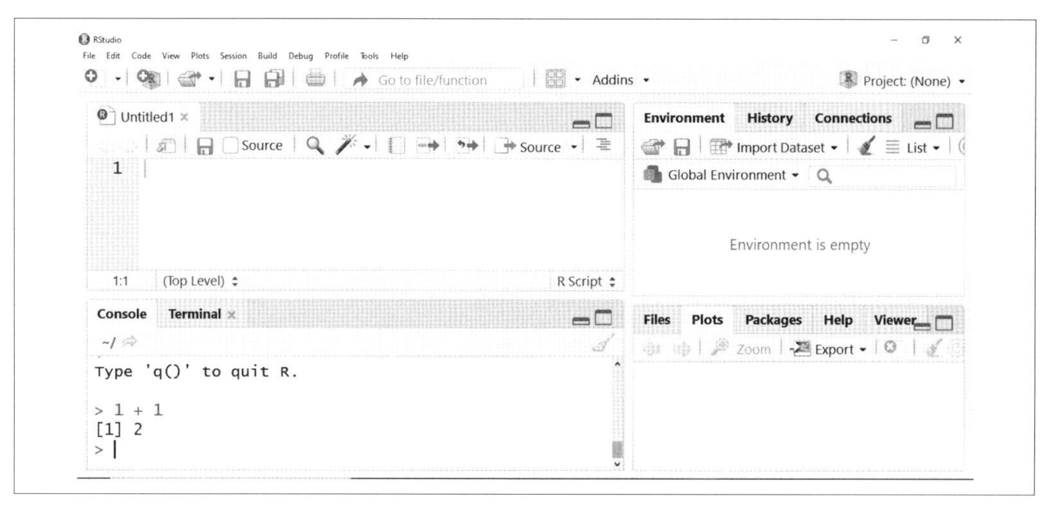

圖 6-2　在 RStudio 編寫程式，從 1 + 1 開始

你可能已經注意到，在 2 這個運算結果之前，出現了一個 `[1]`。想知道這個符號的意義，請在控制台中輸入並執行 `1:50`。R 中的 : 運算子將產生給定範圍內所有以 1 為增值的數字，類似於 Excel 的「填滿控點」（Fill Handle）。你應該會看到類似以下內容：

```
1:50
#> [1]  1  2  3  4  5  6  7  8  9 10 11 12 13 14 15 16 17 18 19 20 21 22 23
#> [24] 24 25 26 27 28 29 30 31 32 33 34 35 36 37 38 39 40 41 42 43 44 45 46
#> [47] 47 48 49 50
```

這些帶著括號的標號資料表示輸出結果中每一行第一個值的數字位置。

雖然你可以從控制台這裡開展工作，但最好先在**腳本**（*script*）中編寫命令，再將命令傳送到控制台。如此，你可以保存一份你執行過的程式碼的長期記錄。腳本編輯器位於控制台正上方的分割視窗中。請在這裡輸入幾行簡單的數學運算，如圖 6-3 所示。

圖 6-3　在 RStudio 的腳本編輯器上工作

請將游標放在第 1 行，然後將鼠標移到腳本編輯器頂部的圖示，直到你找到一個顯示「執行目前所在的行或選擇區」的圖示。點選該圖示，這時會發生兩件事。首先，那一行工作中的程式碼將在控制台中執行。游標也會移到腳本編輯器的下一行。你也可以選取多條程式碼並點擊該圖示，向控制台一次性傳送多條程式碼。這個操作的快捷鍵是 Ctrl + Enter（Windows）或 Cmd + Return（macOS）。身為 Excel 使用者的你可能熱衷於使用鍵盤快捷鍵；RStudio 有很多快捷鍵，可以選擇 [工具] → [快捷鍵查詢] 查看它們。

現在，請儲存剛剛的腳本。在選單中選取 [檔案] → [儲存]。將這個檔案命名為 *ch-6*。R 腳本的副檔名為 *.r*。開啟、儲存和關閉 R 腳本的過程可能會讓你想起在文字處理器中處理檔案的情景；畢竟，這些都是文字記錄。

現在，請將視線轉向右下方的分割視窗。你將在這裡看到五個索引分頁：File（檔案）、Plots（圖形）、Packages（套件）、Help（查詢）、Viewer（預覽）。R 提供了大量說明文件，可以在這個分割視窗中查看。例如，我們可以透過 ? 運算子這個 R 函數。身為 Excel 使用者，你對 `VLOOKUP()` 或 `SUMIF()` 等函數瞭若指掌。有些 R 函數和 Excel 函數很像；例如，我們來認識一下 R 的平方根函數：`sqrt()`。在腳本中另起新行，輸入以下程式碼，並使用選單圖示或鍵盤快捷鍵來執行它：

```
?sqrt
```

一份名為「Miscellaneous Mathematical Functions」的說明文件將出現在「查詢」視窗。這份文件包含了關於 `sqrt()` 函數及其參數的重要資訊。它還包括以下這個函數範例：

```
require(stats) # for spline
require(graphics)
xx <- -9:9
plot(xx, sqrt(abs(xx)),  col = "red")
lines(spline(xx, sqrt(abs(xx)), n=101), col = "pink")
```

現在，先不要煩惱如何理解這段程式碼；你只需將其複製並貼上到你的腳本中，反亮顯示完整的選取範圍，然後執行它。這時會跳出一個圖表，如圖 6-4 所示。我重新調整了 RStudio 分割視窗的大小，讓圖形變得更大。你將在第 8 章學習如何打造 R plot。

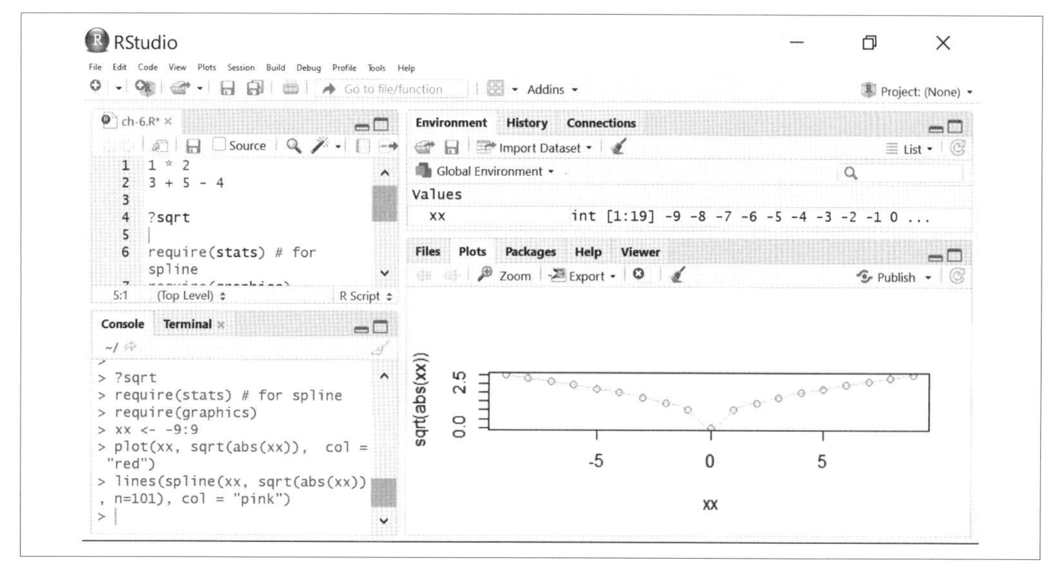

圖 6-4　你的第一個 R plot

現在，請看右上方的分割視窗：Environment（環境）、History（歷史）、Connections（連線）。「環境」索引分頁下列出了 xx，看起來像是一組整數。這是什麼？答案是，這是我剛剛請你以 sqrt() 說明文件內那段程式碼所建立的值。事實上，我們在 R 中所做的大部分工作，都聚焦此處所顯示的：**物件**（*object*）。

正如你可能注意到的，在這趟 RStudio 導覽之旅中，我們跳過了幾個分割視窗、圖示和選單選項。RStudio 是一個功能如此豐富的 IDE：別怕去探索、實驗，甚至是從網路上查找用法，這是你學習更多知識的方法。但是現在，你已經足夠了解如何在 RStudio 中開始學習正確的 R 程式設計。你已經見識到，R 可以是一個很酷的計算機。表 6-1 列出了 R 語言中一些常見的數學運算子。

表 6-1　R 語言的常見數學運算子

運算子	定義
+	加法
-	減法
*	乘法
/	除法
^	指數
%%	餘數
%/%	整數除法

你可能不太熟悉表 6-1 中最後兩個運算子：**餘數**會傳回除法的餘數，而**整數除法**將除法結果向下捨入到最接近的整數。

和 Excel 一樣，R 遵循數學運算的優先順序。

```
# Multiplication before addition
3 * 5 + 6
#> [1] 21

# Division before subtraction
2 / 2 - 7
#> [1] -6
```

包含 # 符號和文字的那幾行是什麼東西？這些是**儲存格註解**（*cell comments*），是關於程式碼的口頭說明和提醒。註解有助於其他使用者——以及日後的我們自己——理解和記憶程式碼的用途。R 不會執行儲存格註解：腳本中這部分內容是留給軟體工程師讀的，而不是電腦。雖然註解也可以放在程式碼右邊，但按照慣例，最好放在程式碼上方：

```
1 * 2 # This comment is possible
#> [1] 2

# This comment is preferred
2 * 1
#> [1] 2
```

你不需要用註解來**鉅細靡遺地**解釋程式碼在做什麼，但是要清楚說明你的理由和假設。你可以將程式碼註解看作是一篇評論。我將會利用本書的程式碼範例，在適當時機放上程式碼註解，幫助你理解程式碼用途。

養成加上程式碼註解的習慣，記錄撰寫程式碼的目標、假設和理由。

如前所述，函數在 R 語言中擁有極大份量，就像在 Excel 中一樣，而且函數通常看起來非常相似。舉個例子，我們可以取 –100 的絕對值：

```
# What is the absolute value of -100?
abs(-100)
#> [1] 100
```

然而，在 R 中使用函數有一些非常重要的區別，以下這些錯誤正是這一點的佐證：

```
# These aren't going to work
ABS(-100)
#> Error in ABS(-100) : could not find function "ABS"
Abs(-100)
#> Error in Abs(-100) : could not find function "Abs"
```

在 Excel 中，你可以毫無問題地將 `ABS()` 函數輸入為小寫的 `abs()` 或符合文法的 `Abs()`。然而，在 R 中，`abs()` 函數**必須**是小寫。這是因為 R 語言必須**區分大小寫**。這是 Excel 和 R 的主要差異之一，也是一個遲早會讓你落入陷阱的差異。

R 是區分大小寫的語言：`sqrt()` 和 `SQRT()` 是不同的函數。

和 Excel 一樣，一些 R 函數用來處理數字，例如 `sqrt()`，另外一些函數則處理字符，如 `toupper()`：

```
# Convert to upper case
toupper('I love R')
#> [1] "I LOVE R"
```

讓我們看看另一個例子：比較運算子，其中 R 的行為類似於 Excel，除了一個例外情況會產生巨大影響。這用於比較兩個值之間的一些關係時，例如我們想比較某一個值是否大於另一個值。

```
# Is 3 greater than 4?
3 > 4
#> [1] FALSE
```

R 將傳回 `True` 或 `False` 作為任何比較運算子的結果，就像 Excel 一樣。表 6-2 列出了 R 的比較運算子。

表 6-2　R 的比較運算子

運算子	意義
`>`	大於
`<`	小於
`>=`	大於等於
`<=`	小於等於
`!=`	不等於
`==`	等於

大部分運算子對你來說一定不陌生，除了……你發現最後一個運算子的異常之處了嗎？沒錯，在 R 中，你必須使用 *2* 個等號（`==`）來檢查兩個值是否相等。這是因為在 R 語言中，1 個等號（`=`）的用途是**指派物件**。

物件 vs 變數

被儲存的物件有時也被稱為**變數**（*variable*），因為它們能夠被覆寫和改變數值。然而，我們在整本書中以**變數**表示統計學意義上的變數。為了避免混淆，我們將繼續使用「物件」表達程式設計中的「變數」。

如果你還不太確定這有什麼大不了的，請讓我再舉一個例子。將 -100 的絕對值指派給一個物件，我們將這個物件稱為 `my_first_object`。

```
# Assigning an object in R
my_first_object = abs(-100)
```

把一個物件想像成一個鞋盒，將一條資訊放進去。我們使用 `=` 運算子，將 `abs(-100)` 的結果儲存在一個名為 `my_first_object` 的鞋盒中。我們可以用**列印**（*printing*）的方式來開啟這個鞋盒。在 R 語言中，你只需要執行物件的名稱就能做到這一點：

```
# Printing an object in R
my_first_object
#> [1] 100
```

在 R 中指派物件的另一種方法是使用 `<-` 運算子。事實上，這通常比使用 `=` 運算子更好，部分原因是可以避免和 `==` 產生混淆。請試著用 `<-` 這個運算子指派另一個物件，然後將其列印出來。這個運算子的鍵盤快捷鍵在 Windows 系統上是 Alt + -（Alt + 減號），在 Mac 上是 Option + -（Option + 減號）。你可以在函數和運算中發揮創意，就像我在這裡做的一樣：

```
my_second_object <- sqrt(abs(-5 ^ 2))
my_second_object
#> [1] 5
```

R 中的物件名稱必須以字母或點（.）開頭，並且只能包含字母、數字、底線和句點，還有幾個碰不得的關鍵字需要注意。這幾個大原則為物件的「創意命名」留下了相當大的空間。但是，好的物件名稱可以表明它們所儲存的資料，就像鞋盒上的標籤能夠告訴人們盒子裡面裝了什麼樣的鞋款。

R 和程式設計風格指南

某些個人貢獻者或組織，會將程式設計慣例整合成「風格指南」（style guides），就像報章雜誌也有自己的寫作風格指南一樣。這些風格指南涵蓋了指派運算子、物件命名方法等內容。Google 就開發了一個像這樣的 R 風格指南，可以在網路上找到（*https://oreil.ly/fAeJi*）。

物件可以包含不同的資料型態或資料模式，就像你可能有不同類型的鞋盒一樣。表 6-3 列出了一些常見的資料類型。

表 6-3　R 的常見資料型態

資料型態	範例
Character（字串）	`'R', 'Mount', 'Hello, world'`
Numeric（實數）	`6.2, 4.13, 3`
Integer（整數）	`3L, -1L, 12L`
Logical（布林代數）	`TRUE, FALSE, T, F`

我們來建立一些不同模式的物件。首先，字串資料通常被包含在單引號（'）中以便閱讀，但也可以使用雙引號（"），尤其是當你想在輸入值中包含單引號時，雙引號會特別有用。

```
my_char <- 'Hello, world'
my_other_char <- "We're able to code R!"
```

數字可以表示為小數或整數：

```
my_num <- 3
my_other_num <- 3.21
```

但是，整數也可以儲存為不同的資料型態：整數（integer）。輸入值中包含的 `L` 代表**文字**（*literal*）；這是一個資料科學的術語，表示固定值（fixed value）的符號：

```
my_int <- 12L
```

`T` 和 `F` 會將布林資料分別判斷為 `TRUE` 和 `FALSE`：

```
my_logical <- FALSE
my_other_logical <- F
```

我們可以使用 `str()` 函數來了解物件的**結構**（*structure*），例如物件的資料型態和它所包含的資訊：

```
str(my_char)
#> chr "Hello, world"
str(my_num)
#> num 3
str(my_int)
#> int 12
str(my_logical)
#> logi FALSE
```

指派物件後，我們可以在其他運算中自由使用這些物件：

```
# Is my_num equal to 5.5?
my_num == 5.5
#> [1] FALSE

# Number of characters in my_char
nchar(my_char)
#> [1] 12
```

我們甚至可以將物件作為輸入值，用來指派其他物件，或者是重新指派它們：

```
my_other_num <- 2.2
my_num <- my_num/my_other_num
my_num
#> [1] 1.363636
```

「那又怎樣？」你可能會問：「我處理大量資料，將每個數字指派給它自己的物件能有什麼好處？」幸運的是，你將在第 7 章看到，我們可以將多個值組合成一個物件，就像在 Excel 中處理儲存格範圍和工作表一樣。但在此之前，讓我們換個話題，先認識一下 R 的套件。

R 的套件

想像一下，如果你不能在智慧型手機上下載應用程式，還是可以打電話、瀏覽網頁、為自己記筆記──仍然十分便利。但是智慧型手機的真正威力源自它的應用程式。R 就像一個「原廠設定」的智慧型手機：它的確非常實用，如果你不得不直接使用它，也幾乎可以用 R 完成任何必要的事情。但通常更有效的做法是為 R 裝上它的應用程式，也就是套件（*packages*）。

R 的「原廠設定」版本被稱為「base R」。套件，也就是 R 的「應用程式」，是可共享的程式碼單位，包括函數、資料集、說明文件等等。這些套件是建立在 base R 的基礎之上，提升 R 的功能性，並增加新的功能。

先前，你從 CRAN 下載了 base R。這個 R 綜合典藏網還託管了超過 10,000 個套件，由 R 的龐大用戶群提供並通過 CRAN 志工的審核。這是你的 R「應用程式商店」，在此呼應一下那句著名口號：「這裡應有盡有」。雖然你當然可以在其他地方下載套件，但作為初學者，最好堅持使用 CRAN 上託管的東西。想從 CRAN 安裝套件，請執行 `install.packages()`。

CRAN Task Views

對於新手來說，找到符合自己需求的 R 套件是個難題。幸運的是，CRAN 團隊建立了 CRAN Task Views（*https://oreil.ly/q31wg*），為給定用例提供了類似「精選播放清單」的套件。這些套件旨在為計量經濟學到遺傳學的一切工作提供幫助，展示 R 套件的強大實用性。持續學習 R 語言，你將更容易找到符合需求的套件，並做出精準調整。

我們將在本書中使用套件，完成資料處理和視覺化等任務。特別是，我們將使用 `tidyverse`，它實際上是一個套件的**集合**（*collect*），設計初衷是讓其中套件被一起使用。想安裝這個集合，請在控制台中執行以下命令：

```
install.packages('tidyverse')
```

完成這一步的你，剛安裝好許多有用的套件；其中之一的 `dplyr`（通常唸法為 *d-plier*）包含了一個函數：`arrange()`。請試著開啟這個函數的說明文件，這時你會收到一個錯誤訊息：

```
?arrange
#> No documentation for 'arrange' in specified packages and libraries:
#> you could try  '??arrange'
```

想理解為什麼 R 找不到 `tidyverse` 的這個函數，讓我們回到智慧型手機的比喻：即使已經安裝好一個 app，你仍然需要打開 app 才能開始使用。R 也一樣：我們用 `install.packages()` 安裝了這個套件，但是現在我們需要用 `library()`，才能將它呼叫到工作階段（session）中：

```
# Call the tidyverse into our session
library(tidyverse)
#> -- Attaching packages ------------------------- tidyverse  1.3.0 --
#> v ggplot2 3.3.2     v purrr   0.3.4
#> v tibble  3.0.3     v dplyr   1.0.2
#> v tidyr   1.1.2     v stringr 1.4.0
#> v readr   1.3.1     v forcats 0.5.0
#> -- Conflicts ---------------------------- tidyverse_conflicts() --
#> x dplyr::filter() masks stats::filter()
#> x dplyr::lag()    masks stats::lag()
```

現在，你可以在 R 工作階段中使用 `tidyverse` 裡的所有套件了；再執行一次上述範例，這次不會出現錯誤訊息。

套件只會被安裝一次，但在每個工作階段中，都必須呼叫（*call*）套件。

更新 R、RStudio 和 R 套件

RStudio、R 的套件和 R 語言本身都在不斷改進，所以偶爾檢查更新不失為一個好主意。如果想要更新 RStudio，請前往選單的 [查詢] → [檢查更新]。如果需要更新，RStudio 將會引導你完成這些步驟。

如果想更新來自 CRAN 的所有套件，可以執行以下函數，並按照提示步驟進行：

```
update.packages()
```

你也可以從 RStudio 選單的 [工具] → [檢查套件更新]，為套件進行更新。這時會跳出一個 [更新套件] 選單；請選擇想更新的所有套件。你也可以透過 [工具] 選單安裝套件。

不幸的是，升級 R 本身更為複雜。如果你使用 Windows 系統，可以借助 `installr` 套件的 `updateR()` 函數，根據其說明進行操作：

```
# Update R for Windows
install.packages('installr')
library(installr)
updateR()
```

如使用 macOS 系統，請前往 CRAN 網站（*https://cran.r-project.org*）安裝 R 的最新版本。

本章小結

在本章中，你學習了如何在 R 中使用物件和套件，並掌握了 RStudio 的使用竅門。你學到了很多；我想是時候休息一下。請選擇 [檔案] → [退出工作階段]，儲存你的腳本並關閉 RStudio。當你這樣做的時候，你會被問到：「是否將工作區圖像保存到 ~/.RData？」通常，**請不要儲存你的工作區圖像**。如果你這樣做，系統將會儲存一個包含所有已儲存對象的副本，以便它們可用於你的下一個工作階段。雖然這**聽起來**是一個好主意，但是儲存這些物件並記錄你最初儲存它們的**原因**可能會很麻煩。

相反地，你可以在下一個工作階段中，根據 R 腳本本身來重新產生這些物件。畢竟，程式設計語言的優勢就在於，它是可重現的：如果我們可以按需求建立物件，就不需要大費周章把它們拖來拖去。

寧可不要「儲存工作區圖像」：你可以透過腳本重新建立上一個工作階段中的任何物件。

如果不想 RStudio 在兩次工作階段之間保留你的工作空間，請到主選單並選擇 [工具] → [Global Options] 在 [General（一般）] 選單下，請變更 [Workspace（工作區）] 底下的兩個設定，如圖 6-5 所示。

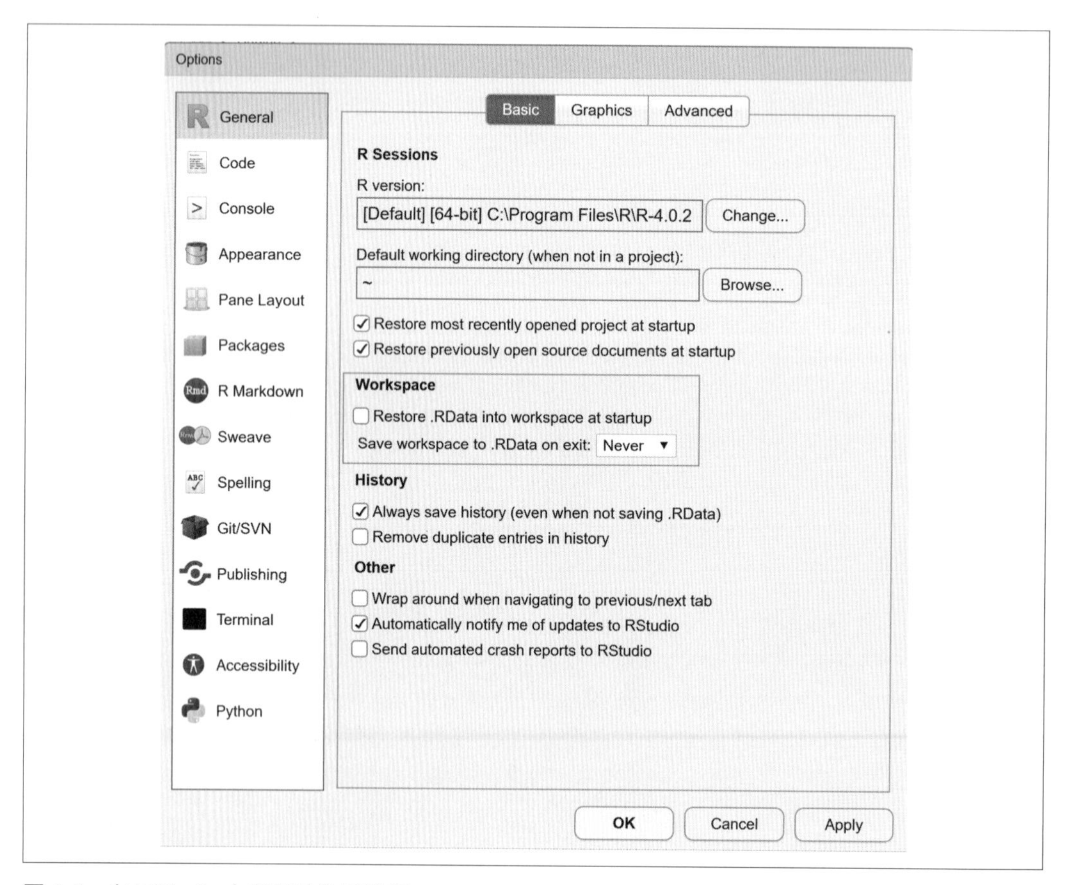

圖 6-5　在 RStudio 中自訂工作區選項

實際演練

以下練習提供了關於物件、套件和 RStudio 的額外實踐和洞察：

1. 除了無數工具，RStudio 還提供了無盡的自訂外觀選項。請在選單中，選擇 [工具] → [Global Options] → [Appearance]，客製化設定你的編輯器字體和主題。比方說，你可能會想使用「深色模式」主題。
2. 使用 RStudio 的腳本區，執行以下運算：
   - 將 1 和 4 的和指定為 a。
   - 將 a 的平方根指定為 b。
   - 將 b 減去 1 並指定為 d。
   - d 所儲存的資料型態是哪一個？
   - d 大於 2 嗎？
3. 從 CRAN 安裝 psych 套件，載入到你的工作階段中。請使用註解來解釋安裝和載入套件的區別。

以這些練習為出發，我鼓勵你立即在日常工作中使用 R。目前，R 對你來說也許只是一個很酷的計算機，即便如此，這麼做也能幫助你盡快適應 R 和 RStudio。

第七章

R 的資料結構

閱讀完第 6 章內容，你學會了如何使用 R 的套件。通常，我們會在腳本的開頭載入工作所需的所有套件，這樣以後就不需要額外下載。基於這個慣例，我們現在要呼叫本章所需的套件。你可能需要安裝其中一些；如果想複習一下這方面的知識，請翻回第 6 章。遇上這些套件時，我將進一步解釋它們。

```
# For importing and exploring data
library(tidyverse)

# For reading in Excel files
library(readxl)

# For descriptive statistics
library(psych)

# For writing data to Excel
library(writexl)
```

向量

在第 6 章，你學到了如何在不同模式的資料上呼叫函數，以及如何將資料指派給物件：

```
my_number <- 8.2
sqrt(my_number)
#> [1] 2.863564

my_char <- 'Hello, world'
toupper(my_char)
#> [1] "HELLO, WORLD"
```

在大多數時候，你通常一次需要處理多筆資料，因此將每筆資料指派給自己的物件聽起來不太實用。在 Excel 中，你可以將資料放入稱為**範圍**（*range*）的連續儲存格中，輕鬆地處理這些資料。圖 7-1 展示了在 Excel 中處理數字和文字範圍的一些簡單例子：

	A	B	C	D	E	F	G	H
1	Billy	BILLY	=UPPER(A1)		5	8	2	7
2	Jack	JACK	=UPPER(A2)		2.236067977	2.828427125	1.414213562	2.645751311
3	Jill	JILL	=UPPER(A3)		=SQRT(E1)	=SQRT(F1)	=SQRT(G1)	=SQRT(H1)
4	Johnny	JOHNNY	=UPPER(A4)					
5	Susie	SUSIE	=UPPER(A5)					
6								

圖 7-1　在 Excel 中處理範圍

之前，我將用鞋盒中一種特定鞋款來形容物件的**模式**。物件的**結構**就像是鞋盒本身的形狀、大小和架構。事實上，你已經使用過 `str()` 函數，來找出了一個 R 物件的結構。

R 包含了幾種物件結構：我們可以將資料放入一個稱為**向量**（*vector*）的特定結構，儲存並處理資料。向量是一個或多個同樣類型的資料元素之集合。我們在程式碼範例中已經使用過向量，現在用 `is.vector()` 函數進行確認：

```
is.vector(my_number)
#> [1] TRUE
```

雖然 `my_number` 是一個向量，但它只包含一個元素——這有點像 Excel 中的單個儲存格。在 R 中，我們會說這個向量的長度是 1：

```
length(my_number)
#> [1] 1
```

我們可以用 `c()` 函數，將多個元素建立成一個向量，這類似於一個 Excel 的儲存格範圍。`c()` 這個函數的名字由來，是因為它將多個元素**合併**（*combine*）成一個向量。我們來試試看：

```
my_numbers <- c(5, 8, 2, 7)
```

這個物件確實是一個向量，它的資料型態是數值（numeric），長度為 4：

```
is.vector(my_numbers)
#> [1] TRUE

str(my_numbers)
#> [1] num [1:4] 5 8 2 7

length(my_numbers)
#> [1] 4
```

現在來看看，當我們對 `my_numbers` 呼叫一個函數會發生什麼：

```
sqrt(my_numbers)
#> [1] 2.236068 2.828427 1.414214 2.645751
```

現在我們得到一些進展了。同理，我們還可以對文字向量進行類似處理：

```
roster_names <- c('Jack', 'Jill', 'Billy', 'Susie', 'Johnny')
toupper(roster_names)
#> [1] "JACK"   "JILL"   "BILLY"  "SUSIE"  "JOHNNY"
```

利用 `c()` 函數將資料元素合併為向量，我們就能在 R 中輕鬆重現圖 7-1 中 Excel 所顯示的內容。如果不同類型的元素被指派給同一個向量，會發生什麼事？且讓我們試試：

```
my_vec <- c('A', 2, 'C')
my_vec
#> [1] "A" "2" "C"

str(my_vec)
#> chr [1:3] "A" "2" "C"
```

R 會強制所有元素屬於同一種資料類型，以便它們被合併成一個向量；比方說，前述例子中的數值元素 `2`，會被強制轉換為一個字元。

對向量進行索引和取子集

在 Excel 中，`INDEX()` 函數用來尋找某個元素在一個範圍內的位置。例如，我將在圖 7-2 使用 `INDEX()` 函數，提取 `roster_names` 這個命名範圍（`A1:A5`）中第三個位置的元素：

圖 7-2　對 Excel 範圍使用 `INDEX()` 函數

同理，我們也可以在物件名稱後的括號內寫上想要查找的索引位置，索引 R 中的向量：

```
# Get third element of roster_names vector
roster_names[3]
#> [1] "Billy"
```

我們可以利用相同的標記法，以索引編號選取多個元素，這個動作被稱為**取子集**（*subsetting*）。讓我們再次使用 **:** 運算子，拉出從位置 1 到位置 3 的所有元素：

```
# Get first through third elements
roster_names[1:3]
#> [1] "Jack"  "Jill"  "Billy"
```

我們也可以使用函數。還記得 `length()` 嗎？用這個函數，我們可以獲得向量中最後一個元素的所有資訊：

```
# Get second through last elements
roster_names[2:length(roster_names)]
#> [1] "Jill"   "Billy"  "Susie"  "Johnny"
```

我們甚至可以使用 `c()` 函數來索引非連續元素的向量：

```
# Get second and fifth elements
roster_names[c(2, 5)]
#> [1] "Jill"   "Johnny"
```

從 Excel 表格到 R 的 Data Frame

「這一切聽來不錯！」你可能會想：「但我可不僅僅處理這麼小的資料範圍。如果現在要處理整個資料表呢？」畢竟，在第 1 章中，你已經了解了將資料排列成變數和觀測值的重要性，例如圖 7-3 的 *star* 資料集。這是一個**二維**（*two-dimensional*）資料結構的例子。

	A	B	C	D	E	F	G	H	I
1	id	tmathssk	treadssk	classk	totexpk	sex	freelunk	race	schidkn
2	1	473	447	small.class	7	girl	no	white	63
3	2	536	450	small.class	21	girl	no	black	20
4	3	463	439	regular.with.aide	0	boy	yes	black	19
5	4	559	448	regular	16	boy	no	white	69
6	5	489	447	small.class	5	boy	yes	white	79
7	6	454	431	regular	8	boy	yes	white	5
8	7	423	395	regular.with.aide	17	girl	yes	black	16
9	8	500	451	regular	3	girl	no	white	56
10	9	439	478	small.class	11	girl	no	black	11
11	10	528	455	small.class	10	girl	no	white	66

圖 7-3　Excel 中的二維資料結構

在 R 語言中，向量是一維的資料結構，而資料框架（*data frame*）允許在資料列和欄位中儲存資料。這使得資料框架相當於一個 Excel 表格。嚴謹來說，資料框架是一種二維資料結構，其中每一列中的記錄具有相同的模式，所有欄位都具有相同的長度。在 R 中，和 Excel 一樣，通常我們會為每一列指定一個標籤或名稱。

我們可以使用 `data.frame()` 函數，從零開始製作一個資料框架。我們來建立並印出一個名為 `roster` 的資料框架：

```
roster <- data.frame(
   name = c('Jack', 'Jill', 'Billy', 'Susie', 'Johnny'),
   height = c(72, 65, 68, 69, 66),
   injured = c(FALSE, TRUE, FALSE, FALSE, TRUE))

roster
#>     name height injured
#> 1   Jack     72   FALSE
#> 2   Jill     65    TRUE
#> 3  Billy     68   FALSE
#> 4  Susie     69   FALSE
#> 5 Johnny     66    TRUE
```

我們之前使用 c() 函數，將多個元素合併成一個向量。事實上，一個資料框架可以被想成是「一個等長**向量的集合**」。roster 這個資料框架具有三個變數和五個觀察值，是一個相當小的資料框架。幸好，我們並不總是需要從零開始建立資料框架。比方說，R 預先安裝了許多資料集。你可以使用以下函數查看這些資料集清單：

```
data()
```

在腳本分割視窗中將會跳出一個標示為「R data sets」的選單。這之中的許多資料集（儘管不是全部）的結構正是資料框架。例如你可能早就碰過的 *iris* 資料集，這個資料集在 R 中是開箱即用的。

就像任何物件一樣，你可以印出 *iris*，但如果你真的這麼做，這會導致你的控制台被 150 筆資料淹沒（想像一下，萬一你印出幾千筆或幾百萬比資料時問題會變得有多複雜）。更常見的做法是，使用 head() 函數，只印出前幾行：

```
head(iris)
#> Sepal.Length Sepal.Width Petal.Length Petal.Width Species
#> 1          5.1         3.5          1.4         0.2  setosa
#> 2          4.9         3.0          1.4         0.2  setosa
#> 3          4.7         3.2          1.3         0.2  setosa
#> 4          4.6         3.1          1.5         0.2  setosa
#> 5          5.0         3.6          1.4         0.2  setosa
#> 6          5.4         3.9          1.7         0.4  setosa
```

我們可以用 is.data.frame() 函數，確認 iris 確實是一個資料框架：

```
is.data.frame(iris)
#> [1] TRUE
```

除了印出資料之外，了解新資料集的另一種方法是使用 str() 函數：

```
str(iris)
#> 'data.frame':       150 obs. of  5 variables:
#> $ Sepal.Length: num  5.1 4.9 4.7 4.6 5 5.4 4.6 5 4.4 4.9 ...
#> $ Sepal.Width : num  3.5 3 3.2 3.1 3.6 3.9 3.4 3.4 2.9 3.1 ...
#> $ Petal.Length: num  1.4 1.4 1.3 1.5 1.4 1.7 1.4 1.5 1.4 1.5 ...
#> $ Petal.Width : num  0.2 0.2 0.2 0.2 0.2 0.4 0.3 0.2 0.2 0.1 ...
#> $ Species     : Factor w/ 3 levels "setosa","versicolor",..: 1 1 1 1 1 1 ...
```

輸出結果會傳回資料框架的大小及其欄位的相關資訊。你可以看到，其中四個欄位的資料型態是數值（numeric）。最後一個欄位 *Species*，則是一個**因子**（*factor*）。因子是一種儲存變數的特殊方式，此時變數所包含的值是有限的。因子特別有助於儲存**類別變數**

（*categorical variables*）：事實上，你會發現，*Species* 被記錄著擁有三個層次（*levels*），這是我們在描述類別變數時出現過的統計術語。

儘管超出本書討論範圍，使用因子處理類別變數有很多好處，例如提供更好的高效儲存能力。如果想更加了解因子，請查看 `factor()` 函數的 R 說明文件（讀者可以使用 ? 運算子查找）。`tidyverse` 程式庫還將 `forcats` 納為核心套件，幫助使用者處理因子。

除了預先安裝於 R 的資料集之外，許多套件也會附加各自資料。可以使用 `data()` 函數，了解這些資料。讓我們看看 `psych` 套件是否包含了任何資料集：

```
data(package = 'psych')
```

「R data sets」選單將在新視窗中再次啟動；這一次，將會跳出一個名為「Data sets in package `psych`」的額外區段。其中有一個資料集叫做 `sat.act`。為了讓這個資料集可用於我們的 R 工作階段，請再次使用 `data()` 函數。現在，它變成了一個指定的 R 物件，你可以在「環境」選單中找到，並像使用其他任何物件一樣使用它；我們來確認這個物件是一個資料框架：

```
data('sat.act')
str(sat.act)
#> 'data.frame':       700 obs. of  6 variables:
#> $ gender   : int  2 2 2 1 1 1 2 1 2 2 ...
#> $ education: int  3 3 3 4 2 5 5 3 4 5 ...
#> $ age      : int  19 23 20 27 33 26 30 19 23 40 ...
#> $ ACT      : int  24 35 21 26 31 28 36 22 22 35 ...
#> $ SATV     : int  500 600 480 550 600 640 610 520 400 730 ...
#> $ SATQ     : int  500 500 470 520 550 640 500 560 600 800 ...
```

在 R 中匯入資料

使用 Excel 工作時，在同一個活頁簿中儲存、分析和呈現資料是很常見的。相比之下，在 R 腳本中儲存資料的做法並不常見。一般來說，我們會從外部來源匯入資料，這些資料來源可能是文字檔案、資料庫、網頁、應用程式介面（APIs）、圖像和音訊。匯入資料後，我們在 R 中進行分析。接著，分析結果通常會被匯出，傳送到其他不同的地方。讓我們從讀取 Excel 活頁簿（副檔名為 *.xlsx*）和以逗號作為分隔符的檔案（副檔名為 *.csv*）開始吧。

> **Base R vs. tidyverse**
>
> 在第 6 章中，你認識了基本 R and R 套件之間的關係。套件可以用來完成 base R 中難以完成的工作，它們有時會提供替代方法來執行同樣動作。例如，base R 確實擁有用於讀取 *.csv* 檔案（但不是 Excel 檔案）的函數。它還包括繪圖選項。我們將使用 `tidyverse` 的功能來滿足這些和其他資料需求。取決於你想做些什麼，可以選擇替代 base R 的功能來完成任務。我決定將重心放在 `tidyverse` 工具，因為它的語法對 Excel 使用者來說更容易理解。

想在 R 中匯入資料，首先要了解檔案路徑和目錄如何運作。每一次，當你使用 R 這個程序時，你都是在電腦上某個**工作目錄**（*working directory*）中工作。從 R 中參照的任何檔案，例如當你匯入一個資料集，其檔案路徑都是指相對於該工作目錄的位置。`getwd()` 函數可以印出工作目錄的檔案路徑。如果你使用 Windows 系統，你將看到類似如下的結果：

```
getwd()
#> [1] "C:/Users/User/Documents"
```

在 Mac 系統上，畫面看起來像這樣：

```
getwd()
#> [1] "/Users/user"
```

R 有一個全域預設的工作目錄，在每一次啟動工作階段時，都會出現這一個工作目錄。我假設你所執行的檔案是本書範例檔的下載副本或複製副本，而且你使用的 R 腳本也位於同一個資料夾。在這種情況下，最好將工作目錄設置到這個資料夾，你可以使用 `setwd()` 函數搞定這件事。如果你不習慣使用檔案路徑，正確填寫路徑名稱可能有些麻煩；幸好，RStudio 提供了一種選單方法。

如果要將工作目錄的位置變更至與目前 R 腳本相同的資料夾，請選擇 [工作階段] → [設置工作目錄] → [至來源檔案位置]。這時，控制台應該會顯示 `setwd()` 函數的結果。請再次執行 `getwd()` 函數；你將會發現，你現在位於一個不同的工作目錄中。

建立好工作目錄後，我們來練習與相對於該目錄的檔案進行互動。我在本書範例檔的主資料夾中放了一個 *test-file.csv* 檔案。我們可以使用 `file.exists()` 函數，檢查一下我們是否可以成功找到這個檔案：

```
file.exists('test-file.csv')
#> [1] TRUE
```

我還將這個檔案的副本放在了程式庫的 *test-folder* 子資料夾中。這一次，我們需要指定想要查找哪個子資料夾：

```
file.exists('test-folder/test-file.csv')
#> [1] TRUE
```

如果我們需要**回到上一層**資料夾呢？請試著將 *test-file* 的一份副本放在目前工作目錄之上的任何一個資料夾中。我們可以用 `..`，告訴 R 查找上一層資料夾：

```
file.exists('../test-file.csv')
#> [1] TRUE
```

RStudio 專案

在本書範例檔中，你會發現一個名為 *aia-book.Rproj* 的檔案，這是一個 RStudio 專案檔案。「專案」是儲存工作進度的好方法；舉個例子，這個專案將會儲存你在 RStudio 中開啟的視窗和檔案之配置。此外，專案還會自動將你的工作目錄設置為 *project* 目錄，這樣你就不需要對每個腳本都套用 `setwd()` 函數來更改位置。當你在這個程式庫中使用 R 時，不妨考慮使用 *.Rproj* 檔案。接著，你可以利用 RStudio 右下方中的 [檔案（Files）] 分割視窗來開啟任何檔案。

現在，掌握了在 R 中定位檔案的竅門後，讓我們實際讀取一些檔案。本書範例檔包含一個 *datasets* 資料夾（*https://oreil.ly/wtneb*），在該資料夾下有一個 *star* 子資料夾，裡面有兩個檔案：*districts.csv* 和 *star.xlsx*。

如果要讀取 *.csv* 檔案，可以使用 `readr` 套件的 `read_csv()` 函數。這個套件是 `tidyverse` 集合的一部分，所以不需要安裝或載入任何新的東西。我們需要將檔案的位置傳遞給函數。（你現在明白掌握工作目錄和檔案路徑的重要性了吧？）

```
read_csv('datasets/star/districts.csv')
#>-- Column specification --------------------------
#> cols(
#>   schidkn = col_double(),
#>   school_name = col_character(),
#>   county = col_character()
#> )
#>
#> # A tibble: 89 x 3
#>   schidkn school_name     county
#>     <dbl> <chr>           <chr>
#> 1       1 Rosalia         New Liberty
#> 2       2 Montgomeryville Topton
#> 3       3 Davy            Wahpeton
#> 4       4 Steelton        Palestine
#> 5       5 Bonifay         Reddell
#> 6       6 Tolchester      Sattley
#> 7       7 Cahokia         Sattley
#> 8       8 Plattsmouth     Sugar Mountain
#> 9       9 Bainbridge      Manteca
#>10      10 Bull Run        Manteca
#> # ... with 79 more rows
```

RStudio 的匯入資料集引導程式

如果你在匯入資料集時遇到困難，請嘗試 RStudio 的資料匯入選單介面，請選擇 [檔案] → [匯入資料集]。你將會看到一系列選項來引導你完成資料匯入過程，包括使用電腦檔案總管找出原始檔案的位置。

讀取檔案後，我們得到了不少輸出結果。首先，我們知道了欄位被指定，也被告知哪些函數被用來將剖析資料到 R。接著，輸出結果將前幾行資料以 *tibble* 的資料型態列出。*tibble* 是一個現代版的資料框架，可以看作是一個更易於處理的進化版資料框架，尤其是在 `tidyverse` 中。

雖然我們能夠將資料讀入 R 中，但除非將它指派給一個物件，否則無法對它執行其他動作：

```
districts <- read_csv('datasets/star/districts.csv')
```

tibble 的其中一項優點是，我們可以將它印出來，不必擔心資料量會淹沒控制台的輸出；它只會印出前 10 行資料：

```
districts
#> # A tibble: 89 x 3
#>   schidkn school_name     county
#>     <dbl> <chr>           <chr>
#> 1       1 Rosalia         New Liberty
#> 2       2 Montgomeryville Topton
#> 3       3 Davy            Wahpeton
#> 4       4 Steelton        Palestine
#> 5       5 Bonifay         Reddell
#> 6       6 Tolchester      Sattley
#> 7       7 Cahokia         Sattley
#> 8       8 Plattsmouth     Sugar Mountain
#> 9       9 Bainbridge      Manteca
#> 10     10 Bull Run        Manteca
#> # ... with 79 more rows
```

`readr` 不包括匯入 Excel 活頁簿的方法；我們將改為使用 `readxl` 套件。雖然它是 `tidyverse` 的一部分，但這個套件並不像 `readr` 核心套件，這就是為什麼我們在本章開頭單獨匯入它的原因。

使用 `read_xlsx()` 函數，將 *star.xlsx* 匯入成一個 tibble：

```
star <- read_xlsx('datasets/star/star.xlsx')
head(star)
#> # A tibble: 6 x 8
#>  tmathssk treadssk classk        totexpk sex   freelunk race  schidkn
#>     <dbl>    <dbl> <chr>           <dbl> <chr> <chr>    <chr>   <dbl>
#> 1     473      447 small.class         7 girl  no       white      63
#> 2     536      450 small.class        21 girl  no       black      20
#> 3     463      439 regular.wit~        0 boy   yes      black      19
#> 4     559      448 regular            16 boy   no       white      69
#> 5     489      447 small.class         5 boy   yes      white      79
#> 6     454      431 regular             8 boy   yes      white       5
```

`readxl` 套件還有其他功能，例如讀取 *.xls* 或 *.xlsm* 檔案、讀取活頁簿的特定工作表或範圍。如果想要了解更多，請參考該套件的說明文件（*https://oreil.ly/kuZPE*）。

探索資料框架

此前，你學會用 head() 和 str() 函數來調整資料框架的大小。這裡要介紹一些更實用的功能。首先，View() 是一個來自 RStudio 的函數，它的輸出結果非常受到 Excel 使用者青睞：

```
View(star)
```

呼叫此函數後，「腳本」分割視窗中將會跳出一個類似試算表的檢視畫面。你可以像在 Excel 中一樣對資料集進行排序、篩選和瀏覽。然而，正如該功能的名字，它**僅用於**檢視。你不能在這個檢視畫面中更改資料框架。

glimpse() 函數是印出資料框架的多筆記錄及其欄位名稱和資料型態的另一種方法。這個函數來自 dplyr 套件，它是 tidyverse 的一部分。在後續章節中，我們將大量借助 dplyr 套件來處理資料。

```
glimpse(star)
#> Rows: 5,748
#> Columns: 8
#> $ tmathssk <dbl> 473, 536, 463, 559, 489,...
#> $ treadssk <dbl> 447, 450, 439, 448, 447,...
#> $ classk   <chr> "small.class", "small.cl...
#> $ totexpk  <dbl> 7, 21, 0, 16, 5, 8, 17, ...
#> $ sex      <chr> "girl", "girl", "boy", "...
#> $ freelunk <chr> "no", "no", "yes", "no",...
#> $ race     <chr> "white", "black", "black...
#> $ schidkn  <dbl> 63, 20, 19, 69, 79, 5, 1...
```

還有來自 base R 的 summary() 函數，產出各種 R 物件的摘要資訊。如果將一個資料框架被傳遞到 summary() 中，就能得到一些基本的敘述統計：

```
summary(star)
#>     tmathssk        treadssk        classk             totexpk
#>  Min.   :320.0   Min.   :315.0   Length:5748        Min.   : 0.000
#>  1st Qu.:454.0   1st Qu.:414.0   Class :character   1st Qu.: 5.000
#>  Median :484.0   Median :433.0   Mode  :character   Median : 9.000
#>  Mean   :485.6   Mean   :436.7                      Mean   : 9.307
#>  3rd Qu.:513.0   3rd Qu.:453.0                      3rd Qu.:13.000
#>  Max.   :626.0   Max.   :627.0                      Max.   :27.000
#>      sex              freelunk             race
#>  Length:5748        Length:5748        Length:5748
#>  Class :character   Class :character   Class :character
```

```
#> Mode  :character   Mode  :character   Mode  :character
#>    schidkn
#> Min.   : 1.00
#> 1st Qu.:20.00
#> Median :39.00
#> Mean   :39.84
#> 3rd Qu.:60.00
#> Max.   :80.00
```

許多其他套件也包含了各自版本的敘述統計；我最喜歡的一個是來自 psych 套件的 describe() 函數：

```
describe(star)
#>             vars    n   mean    sd median trimmed   mad min max range  skew
#> tmathssk       1 5748 485.65 47.77    484  483.20 44.48 320 626   306  0.47
#> treadssk       2 5748 436.74 31.77    433  433.80 28.17 315 627   312  1.34
#> classk*        3 5748   1.95  0.80      2    1.94  1.48   1   3     2  0.08
#> totexpk        4 5748   9.31  5.77      9    9.00  5.93   0  27    27  0.42
#> sex*           5 5748   1.49  0.50      1    1.48  0.00   1   2     1  0.06
#> freelunk*      6 5748   1.48  0.50      1    1.48  0.00   1   2     1  0.07
#> race*          7 5748   2.35  0.93      3    2.44  0.00   1   3     2 -0.75
#> schidkn        8 5748  39.84 22.96     39   39.76 29.65   1  80    79  0.04
#>             kurtosis   se
#> tmathssk        0.29 0.63
#> treadssk        3.83 0.42
#> classk*        -1.45 0.01
#> totexpk        -0.21 0.08
#> sex*           -2.00 0.01
#> freelunk*      -2.00 0.01
#> race*          -1.43 0.01
#> schidkn        -1.23 0.30
```

如果你不熟悉這些敘述統計資料，你知道該怎麼做：**請參考相關函數的說明文件**。

對資料框架進行索引和取子集

此前，我們建立了一個小小的 roster 資料框架，包含了四個人的姓名和身高。以這個物件為例子，展示一些關於資料框架的基本處理技法。

在 Excel 中，你可以使用 INDEX() 函數，參照一個表格的行列位置，如圖 7-4 所示：

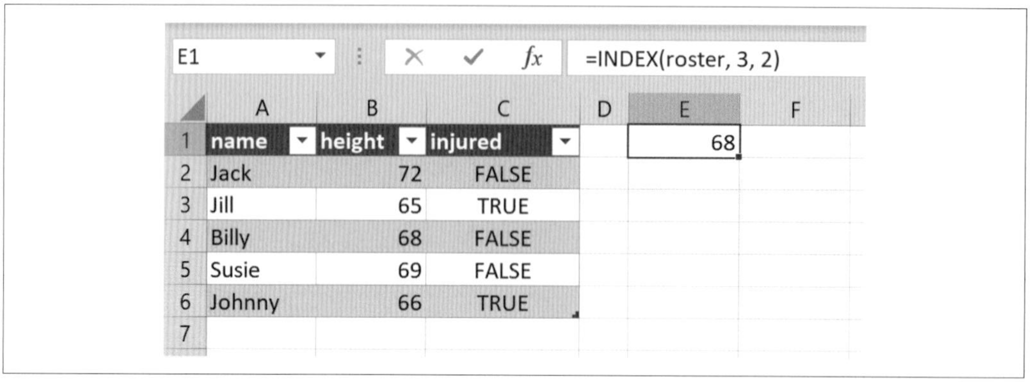

E1 =INDEX(roster, 3, 2)

	A	B	C	D	E	F
1	name	height	injured		68	
2	Jack	72	FALSE			
3	Jill	65	TRUE			
4	Billy	68	FALSE			
5	Susie	69	FALSE			
6	Johnny	66	TRUE			
7						

圖 7-4 對 Excel 表格執行 INDEX() 函數

在 R 中，參照位置的方式也是這樣。如同對向量進行索引的做法，這一次，我們要在括號內同時參照欄位和資料列的位置：

```
# Third row, second column of data frame
roster[3, 2]
#> [1] 68
```

同樣，我們可以使用 : 運算子，檢索給定範圍內的所有元素：

```
# Second through fourth rows, first through third columns
roster[2:4, 1:3]
#>    name height injured
#> 2  Jill     65    TRUE
#> 3 Billy     68   FALSE
#> 4 Susie     69   FALSE
```

你可以將索引位置留白，選擇整個欄位或整個列，或者使用 c() 函數，對非連續元素取子集：

```
# Second and third rows only
roster[2:3,]
#>    name height injured
#> 2  Jill     65    TRUE
#> 3 Billy     68   FALSE

# First and third columns only
roster[, c(1,3)]
#>     name injured
#> 1   Jack   FALSE
```

```
#> 2   Jill    TRUE
#> 3  Billy   FALSE
#> 4  Susie   FALSE
#> 5 Johnny    TRUE
```

如果我們只想存取資料框架中的其中一欄，可以使用 $ 運算子。有趣的是，輸出結果會是一個向量（*vector*）：

```
roster$height
#> [1] 72 65 68 69 66
is.vector(roster$height)
#> [1] TRUE
```

這證實了資料框架確實是一個等長向量的列表。

R 的其他資料結構

我們聚焦在 R 的向量和資料框架這兩個資料結構，因為它們相當於 Excel 的範圍和表格，以及那些在資料分析最常見的結構。然而，在 base R 中當然還存在其他的資料結構，例如「矩陣」和「列表」。如果想要了解這些資料結構，以及它們與向量和資料框架的關係，請參考 Hadley Wickham 的《*Advanced R*, Second Edition》（Chapman & Hall）。

編寫資料框架

如前所述，典型做法是將資料讀入 R，對資料進行處理，然後將輸出結果匯出到其他地方。如果想將資料框架寫成一個 *.csv* 檔案，你可以使用 `readr` 中的 `write_csv()` 函數：

```
# Write roster data frame to csv
write_csv(roster, 'output/roster-output-r.csv')
```

如果你將工作目錄設置到本書的範例檔，你應該會在 *output* 資料夾中找到這個檔案。

很可惜，`readxl` 套件不包含將資料寫入 Excel 活頁簿的函數。我們可以改用 `writexl` 套件及其 `write_xlsx()` 函數：

```
# Write roster data frame to csv
write_xlsx(roster, 'output/roster-output-r.xlsx')
```

本章小結

在本章中，你從單一元素的「物件」出發，認識了更大的「向量」，最後學習了「資料框架」。我們將在本書後續內容主要使用資料框架，請記住，這個資料型態其實是一種向量的集合，其行為和向量大致相同。接下來，你將學習如何在 R 資料框架中分析資料、視覺化呈現，以及測試資料之間的關係。

實際演練

完成以下練習，測試你對 R 資料結構的理解：

1. 請建立一個由五個元素組成的文字向量，然後存取該向量的第一個和第四個元素。
2. 建立兩個長度為 4 的向量 `x` 和 `y`，一個包含數值，另一個包含邏輯值。將兩者相乘，並將結果傳遞給 `z`。請問最後你得到了什麼結果？
3. 請從 CRAN 下載 `nycflights13` 套件。此套件包含多少資料集？
    - 找出 `airports` 資料集，請印出該資料框架的前幾行資料以及敘述統計資料。
    - 找出另一個 `weather` 資料集，查看該資料框架的第 10-12 列以及第 4-7 欄。請將結果分別寫成一個 *.csv* 檔案和一個 Excel 活頁簿。

第八章

在 R 中處理資料和視覺化

美國統計學家 Ronald Thisted 曾戲言：「原始資料，就像剛從土裡挖出來的馬鈴薯一樣，在食用前要清洗」。對資料進行處理需要花不少時間，如果你曾經做過以下事情，一定能對資料處理工作給人的折磨感同身受：

- 選擇、刪除或建立包含計算式的欄位
- 排序或篩選資料列
- 按類別進行分組和匯總
- 利用共通欄位連結多個資料集

也許，你已經在 Excel 中完成了上述工作，而且幾乎是*無數次*，而且為了搞定這些工作，你可能已經挖掘到一些受歡迎的功能，例如 `VLOOKUP()` 和樞紐分析表。在本章中，你將在 `dplyr` 的幫助下，用 R 執行這些資料清理步驟。

資料處理通常與視覺化密不可分：如前所述，人類非常擅長視覺化處理資訊，因此，視覺化處理是一種判斷資料集大小的好方法。你將學習如何使用 `ggplot2` 套件執行資料視覺化，它和 `dplyr` 套件一樣是 `tidyverse` 函式庫的一部分。`ggplot2` 套件將為你打造堅實基礎，協助你使用 R 來探索和測試資料之間的關係，這會是第 9 章的主題。首先，讓我們從呼叫相關套件開始。在本章中，我們還將使用本書範例檔（*https://oreil.ly/lmZb7*）中的 *star* 資料集，利用以下程式碼匯入：

```
library(tidyverse)
library(readxl)

star <- read_excel('datasets/star/star.xlsx')
head(star)
```

```
#> # A tibble: 6 x 8
#>   tmathssk treadssk classk            totexpk sex   freelunk race  schidkn
#>      <dbl>    <dbl> <chr>               <dbl> <chr> <chr>    <chr>   <dbl>
#> 1      473      447 small.class             7 girl  no       white      63
#> 2      536      450 small.class            21 girl  no       black      20
#> 3      463      439 regular.with.aide       0 boy   yes      black      19
#> 4      559      448 regular                16 boy   no       white      69
#> 5      489      447 small.class             5 boy   yes      white      79
#> 6      454      431 regular                 8 boy   yes      white       5
```

使用 dplyr 處理資料

dplyr 是一個非常受歡迎的軟體套件，用於處理表格資料結構。它的許多函數（又稱動詞）具有相似的運作邏輯，適合一起使用。表 8-1 列出了一些常見的 dplyr 函數及其用途；本章將介紹以下所有函數。

表 8-1　dplyr 的常見動詞

函數	用途
select()	選取給定欄位
mutate()	根據現有欄位建立新欄位
rename()	重新命名給定欄位
arrange()	根據給定條件重新排序資料列
filter()	根據給定條件選取資料列
group_by()	按給定欄位進行分組
summarize()	聚合各組的值
left_join()	從表格 B 合併紀錄到表格 A；如果紀錄不符合則顯示為 NA

為了簡潔起見，我不會詳述 dplyr 的所有函數，也不會一一解釋上述函數的各式用法。想要更加了解這個軟體套件，請參閱 Hadley Wickham 和 Garrett Grolemund 的《*R for Data Science*》（O'Reilly）一書（繁體中文版《*R* 資料科學》由碁峰資訊出版）。還有一份歸納了如何使用 dplyr 之諸多函數的備忘清單可以參考，請在 RStudio 中前往 [Help（查詢）] → [Cheatsheets] → [Data Transformation with dplyr]。

按欄位處理

在 Excel 中選擇和刪除欄位，通常我們需要隱藏或刪除它們。這麼做會使得稽核或重現的難度變高，因為被隱藏的欄位很容易被忽略，而且被刪除的欄位無法復原。在 R 中，`select()` 函數可以從資料框架中選擇給定欄位。對 `select()` 和其他函數來說，括號內的第一個參數決定我們要處理哪一個資料框架。接著，我們可以提供額外的參數來處理該資料框架中的資料。比方說，我們可以從 `star` 中選擇 *tmathssk*、*treadssk* 和 *schidkin*，程式碼如下所示：

```
select(star, tmathssk, treadssk, schidkn)
#> # A tibble: 5,748 x 3
#>    tmathssk treadssk schidkn
#>       <dbl>    <dbl>   <dbl>
#>  1      473      447      63
#>  2      536      450      20
#>  3      463      439      19
#>  4      559      448      69
#>  5      489      447      79
#>  6      454      431       5
#>  7      423      395      16
#>  8      500      451      56
#>  9      439      478      11
#> 10      528      455      66
#> # ... with 5,738 more rows
```

我們還可以將 - 運算子與 `select()` 函數一起使用，刪除給定欄位：

```
select(star, -tmathssk, -treadssk, -schidkn)
#> # A tibble: 5,748 x 5
#>    classk            totexpk sex   freelunk race
#>    <chr>               <dbl> <chr> <chr>    <chr>
#>  1 small.class             7 girl  no       white
#>  2 small.class            21 girl  no       black
#>  3 regular.with.aide       0 boy   yes      black
#>  4 regular                16 boy   no       white
#>  5 small.class             5 boy   yes      white
#>  6 regular                 8 boy   yes      white
#>  7 regular.with.aide      17 girl  yes      black
#>  8 regular                 3 girl  no       white
#>  9 small.class            11 girl  no       black
#> 10 small.class            10 girl  no       white
```

另一個更優雅的做法是，將所有不需要的欄位傳遞到一個向量中，接著捨棄這個向量：

```
select(star, -c(tmathssk, treadssk, schidkn))
#> # A tibble: 5,748 x 5
#>    classk            totexpk sex   freelunk race
#>    <chr>               <dbl> <chr> <chr>    <chr>
#>  1 small.class             7 girl  no       white
#>  2 small.class            21 girl  no       black
#>  3 regular.with.aide       0 boy   yes      black
#>  4 regular                16 boy   no       white
#>  5 small.class             5 boy   yes      white
#>  6 regular                 8 boy   yes      white
#>  7 regular.with.aide      17 girl  yes      black
#>  8 regular                 3 girl  no       white
#>  9 small.class            11 girl  no       black
#> 10 small.class            10 girl  no       white
```

請記住，在前面的範例中，我們只是在呼叫函數：實際上，我們並沒有將輸出結果指派給任何物件。

`select()` 還有一個速記方法：使用 `:` 運算子來選擇任兩個欄位之間的所有內容，選取範圍包括這兩個欄位。這一次，我要把從 *tmathssk* 到 *totexpk* 選取的所有內容，指派回 `star`：

```
star <- select(star, tmathssk:totexpk)
head(star)
#> # A tibble: 6 x 4
#>   tmathssk treadssk classk            totexpk
#>      <dbl>    <dbl> <chr>               <dbl>
#> 1      473      447 small.class             7
#> 2      536      450 small.class            21
#> 3      463      439 regular.with.aide       0
#> 4      559      448 regular                16
#> 5      489      447 small.class             5
#> 6      454      431 regular                 8
```

你一定曾經在 Excel 中建立過計算式欄位；`mutate()` 可在 R 中執行同樣操作。現在，我們來建立一個由閱讀和數學成績組合而成的欄位：*new_column*。使用 `mutate()` 函數，首先為新欄位提供名稱，然後輸入一個等號（=），最後輸入計算式。我們可以參照其他欄位，作為此公式的一部分：

```
star <- mutate(star, new_column = tmathssk + treadssk)
head(star)
#> # A tibble: 6 x 5
#>   tmathssk treadssk classk             totexpk new_column
#>      <dbl>    <dbl> <chr>                <dbl>      <dbl>
#> 1      473      447 small.class              7        920
#> 2      536      450 small.class             21        986
#> 3      463      439 regular.with.aide        0        902
#> 4      559      448 regular                 16       1007
#> 5      489      447 small.class              5        936
#> 6      454      431 regular                  8        885
```

`mutate()` 函數讓欄位更容易處理相對複雜的計算，例如對數轉換或落遲變數（lagged variable）；請參考說明文件，了解更多內容。

對於計算總分來說，*new_column* 這個名稱不太有幫助。幸好，我們可以用 `rename()` 函數來更改名稱。利用以下指令，指定新的欄位名稱，取代原本的名稱：

```
star <- rename(star, ttl_score = new_column)
head(star)
#> # A tibble: 6 x 5
#>   tmathssk treadssk classk             totexpk ttl_score
#>      <dbl>    <dbl> <chr>                <dbl>     <dbl>
#> 1      473      447 small.class              7       920
#> 2      536      450 small.class             21       986
#> 3      463      439 regular.with.aide        0       902
#> 4      559      448 regular                 16      1007
#> 5      489      447 small.class              5       936
#> 6      454      431 regular                  8       885
```

按資料列處理

到目前為止，我們一直是對欄位（*columns*）進行處理。現在，讓我們將目光聚焦到資料列（*rows*）上，學習如何排序和篩選資料列。在 Excel 中，可以自訂排序，按多欄位進行排序。比方說，我們想按 *classk* 排序這個資料框架，接著按 *treadssk* 進行排序，這兩個欄位都是由小到大排序。實現此條件的 Excel 選單畫面如圖 8-1 所示。

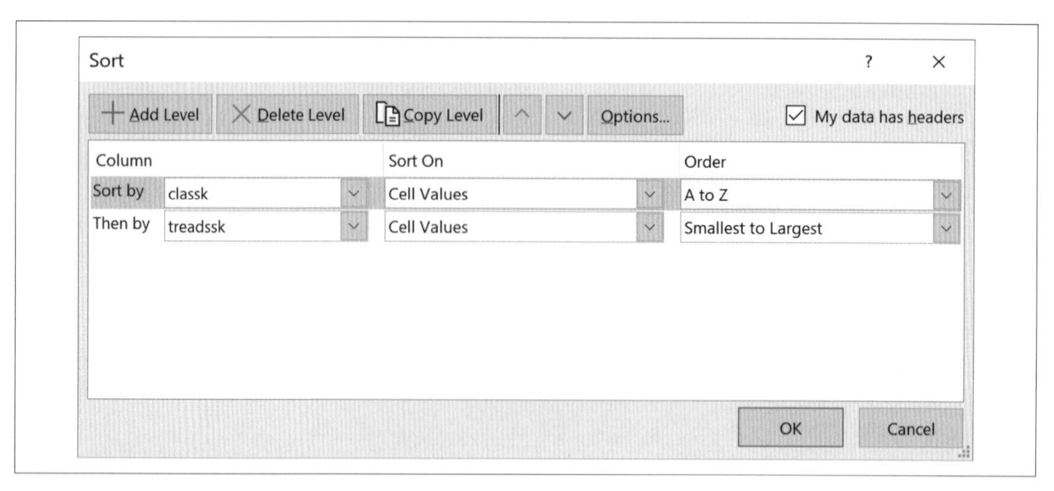

圖 8-1　Excel 自訂排序清單

我們可以在 dplyr 中使用 arrange() 函數以執行上述動作，在資料框架中，按照我們的希望對欄位進行排序：

```
arrange(star, classk, treadssk)
#> # A tibble: 5,748 x 5
#>    tmathssk treadssk classk  totexpk ttl_score
#>       <dbl>    <dbl> <chr>     <dbl>     <dbl>
#>  1      320      315 regular       3       635
#>  2      365      346 regular       0       711
#>  3      384      358 regular      20       742
#>  4      384      358 regular       3       742
#>  5      320      360 regular       6       680
#>  6      423      376 regular      13       799
#>  7      418      378 regular      13       796
#>  8      392      378 regular      13       770
#>  9      392      378 regular       3       770
#> 10      399      380 regular       6       779
#> # ... with 5,738 more rows
```

如果希望讓某個欄位由大到小排序，可以將 desc() 函數傳遞給這個欄位：

```
# Sort by classk descending, treadssk ascending
arrange(star, desc(classk), treadssk)
#> # A tibble: 5,748 x 5
#>    tmathssk treadssk classk      totexpk ttl_score
#>       <dbl>    <dbl> <chr>         <dbl>     <dbl>
#>  1      412      370 small.class      15       782
```

```
#>  2      434      376 small.class      11       810
#>  3      423      378 small.class       6       801
#>  4      405      378 small.class       8       783
#>  5      384      380 small.class      19       764
#>  6      405      380 small.class      15       785
#>  7      439      382 small.class       8       821
#>  8      384      384 small.class      10       768
#>  9      405      384 small.class       8       789
#> 10      423      384 small.class      21       807
```

Excel 表格有一個非常實用的下拉式選單，可以根據給定條件來篩選欄位。想在 R 中對資料框架進行篩選，我們要使用 `filter()` 函數。現在，請對 `star` 進行篩選，只保留 `classk` 欄位中為 `small.class` 的記錄。請記住，因為我們是在檢查紀錄是否相等，而不是指派任何物件，所以必須在這裡使用 `==`，而不是 `=`：

```
filter(star, classk == 'small.class')
#> # A tibble: 1,733 x 5
#>    tmathssk treadssk classk      totexpk ttl_score
#>       <dbl>    <dbl> <chr>         <dbl>     <dbl>
#>  1      473      447 small.class       7       920
#>  2      536      450 small.class      21       986
#>  3      489      447 small.class       5       936
#>  4      439      478 small.class      11       917
#>  5      528      455 small.class      10       983
#>  6      559      474 small.class       0      1033
#>  7      494      424 small.class       6       918
#>  8      478      422 small.class       8       900
#>  9      602      456 small.class      14      1058
#> 10      439      418 small.class       8       857
#> # ... with 1,723 more rows
```

我們可以從 tibble 的輸出結果中看到，`filter()` 函數只影響了資料列的數量，不會影響欄位。現在，我們要找出 `treadssk` 欄位中分數至少為 `500` 的記錄：

```
filter(star, treadssk >= 500)
#> # A tibble: 233 x 5
#>    tmathssk treadssk classk            totexpk ttl_score
#>       <dbl>    <dbl> <chr>               <dbl>     <dbl>
#>  1      559      522 regular                 8      1081
#>  2      536      507 regular.with.aide       3      1043
#>  3      547      565 regular.with.aide       9      1112
#>  4      513      503 small.class             7      1016
#>  5      559      605 regular.with.aide       5      1164
#>  6      559      554 regular                14      1113
#>  7      559      503 regular                10      1062
```

```
#>  8      602      518 regular                12      1120
#>  9      536      580 small.class            12      1116
#> 10      626      510 small.class            14      1136
#> # ... with 223 more rows
```

如果想要以多個條件進行篩選，可以使用代表「和」（and）的 & 運算子，以及代表「或」（or）的 | 運算子。現在，請試著用 &，將上面兩個範例的條件合併起來：

```
# Get records where classk is small.class and
# treadssk is at least 500
filter(star, classk == 'small.class' & treadssk >= 500)
#> # A tibble: 84 x 5
#>    tmathssk treadssk classk      totexpk ttl_score
#>       <dbl>    <dbl> <chr>         <dbl>     <dbl>
#>  1      513      503 small.class       7      1016
#>  2      536      580 small.class      12      1116
#>  3      626      510 small.class      14      1136
#>  4      602      518 small.class       3      1120
#>  5      626      565 small.class      14      1191
#>  6      602      503 small.class      14      1105
#>  7      626      538 small.class      13      1164
#>  8      500      580 small.class       8      1080
#>  9      489      565 small.class      19      1054
#> 10      576      545 small.class      19      1121
#> # ... with 74 more rows
```

聚合和合併資料

我喜歡將樞紐分析表稱為「Excel 的 WD-40 防銹潤滑劑」，因為它允許我們將資料「旋轉」到不同的方向，以便於分析。比方說，我們來重新建立圖 8-2 中的樞紐分析表，對 *star* 資料集的資料，按課程規模（class size）顯示平均數學成績：

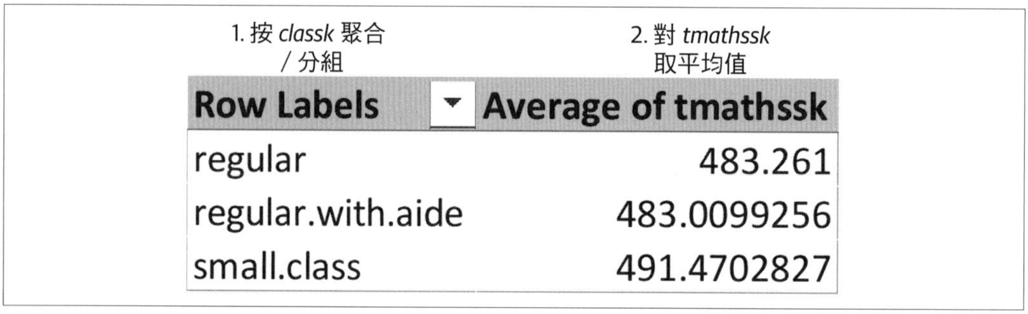

1. 按 *classk* 聚合 / 分組

2. 對 *tmathssk* 取平均值

Row Labels	Average of tmathssk
regular	483.261
regular.with.aide	483.0099256
small.class	491.4702827

圖 8-2　Excel 樞紐分析表

如圖 8-2 所示，這個樞紐分析表中有兩個元素。首先，我透過 *classk* 對資料進行聚合。然後，對 *tmathssk* 取平均值。在 R 中，這是兩個個別步驟，要使用不同的 `dplyr` 函數。第一步，我們要使用 `group_by()` 聚合資料。輸出結果的這一行程式碼：`# Groups:classk[3]`，表示 `star_grouped` 按照 `classk` 變數，被分成三個組：

```
star_grouped <- group_by(star, classk)
head(star_grouped)
#> # A tibble: 6 x 5
#> # Groups:   classk [3]
#>   tmathssk treadssk classk            totexpk ttl_score
#>      <dbl>    <dbl> <chr>               <dbl>     <dbl>
#> 1      473      447 small.class             7       920
#> 2      536      450 small.class            21       986
#> 3      463      439 regular.with.aide       0       902
#> 4      559      448 regular                16      1007
#> 5      489      447 small.class             5       936
#> 6      454      431 regular                 8       885
```

我們按一個變數對資料進行**分組**（*group*）；現在，用另一個 `summarize()` 函數，對資料進行**摘要**（也可以使用 `summarise()`）。在此，我們要指定輸出欄位的名稱，以及該欄位如何被計算。表 8-2 列出了一些常見的聚合函數。

表 8-2　dplyr 的實用聚合函數

函數	聚合類型
sum()	取總和
n()	取個數
mean()	取平均數
max()	取最大值
min()	取最小值
sd()	取標準差

我們可以對已分組的資料框架上套用 `summarize()` 函數，計算出按班級規模的平均數學成績：

```
summarize(star_grouped, avg_math = mean(tmathssk))
#> `summarise()` ungrouping output (override with `.groups` argument)
#> # A tibble: 3 x 2
#>   classk            avg_math
#>   <chr>                <dbl>
#> 1 regular               483.
#> 2 regular.with.aide     483.
#> 3 small.class           491.
```

`summarise()` 解除分組輸出錯誤是一個警告訊息，表示你解除了已分組的 tibble。撇開格式差異不說，我們可以得到與圖 8-2 相同的結果。

如果說樞紐分析表是「Excel 的 WD-40」，那麼 VLOOKUP() 就像「膠帶」，讓我們可以輕鬆組合多個來源的資料。在最一開始的 *star* 資料集中，*schidkin* 是表示學校綜合評分的學區指標。在本章前面已經刪除了這個欄位，現在，讓我們再讀取一次。如果除了學區指標之外，我們還想知道這些學區的各自名稱呢？謝天謝地，本書範例檔中的 *districts.csv* 包含了這些資訊，因此，請讀取這兩份檔案，並想出一個將它們結合起來的策略：

```
star <- read_excel('datasets/star/star.xlsx')
head(star)
#> # A tibble: 6 x 8
#>   tmathssk treadssk classk            totexpk sex   freelunk race  schidkn
#>      <dbl>    <dbl> <chr>               <dbl> <chr> <chr>    <chr>   <dbl>
#> 1      473      447 small.class             7 girl  no       white      63
#> 2      536      450 small.class            21 girl  no       black      20
#> 3      463      439 regular.with.aide       0 boy   yes      black      19
#> 4      559      448 regular                16 boy   no       white      69
#> 5      489      447 small.class             5 boy   yes      white      79
#> 6      454      431 regular                 8 boy   yes      white       5

districts <- read_csv('datasets/star/districts.csv')

#> -- Column specification --------------------------------------------------------
#> cols(
#>   schidkn = col_double(),
#>   school_name = col_character(),
#>   county = col_character()
#> )

head(districts)
#> # A tibble: 6 x 3
#>   schidkn school_name     county
#>     <dbl> <chr>           <chr>
#> 1       1 Rosalia         New Liberty
#> 2       2 Montgomeryville Topton
#> 3       3 Davy            Wahpeton
#> 4       4 Steelton        Palestine
#> 5       6 Tolchester      Sattley
#> 6       7 Cahokia         Sattley
```

看起來，我們需要的就像是 VLOOKUP() 函數：利用兩個資料集都存在的 *schidkn* 變數，將 *districts* 的 *school_name*（可能再加上 *county*）變數「讀入」*star* 中。為了在 R 中完成這個處理，我們要使用來自關聯式資料庫概念的 *joins* 方法，第 5 章曾經提過這個主題。最接近 VLOOKUP() 的是「左外部連接」，使用 dplyr 套件的 left_join() 函數。我們將首先提供「基本」表格（*star*），然後提供「查看」表格（*districts*）。這個函數將為 *star* 中的每一筆紀錄，查看 *districts* 中與其符合的紀錄，如果沒有找到符合紀錄，則傳回 NA。在下面程式碼中，我只會保留部分欄位，以減少控制台輸出的負擔：

```
# Left outer join star on districts
left_join(select(star, schidkn, tmathssk, treadssk), districts)
#> Joining, by = "schidkn"
#> # A tibble: 5,748 x 5
#>    schidkn tmathssk treadssk school_name     county
#>      <dbl>    <dbl>    <dbl> <chr>           <chr>
#>  1      63      473      447 Ridgeville      New Liberty
#>  2      20      536      450 South Heights   Selmont
#>  3      19      463      439 Bunnlevel       Sattley
#>  4      69      559      448 Hokah           Gallipolis
#>  5      79      489      447 Lake Mathews    Sugar Mountain
#>  6       5      454      431 NA              NA
#>  7      16      423      395 Calimesa        Selmont
#>  8      56      500      451 Lincoln Heights Topton
#>  9      11      439      478 Moose Lake      Imbery
#> 10      66      528      455 Siglerville     Summit Hill
#> # ... with 5,738 more rows
```

left_join() 相當聰明：它知道要用 schidkn 連結兩個資料集，而且它不僅「查看」了 *school_name*，也一併「查看」了 *county*。想更加了解如何連結資料，請參考 join 說明文件。

在 R 中，缺漏的觀察值以 NA 表示。舉例來說，我們似乎找不到符合第 5 區的名稱。在 VLOOKUP() 中，這會導致 #N/A 錯誤。NA 不代表觀察值等於零，而是指紀錄中缺少了這個觀測值。在以 R 編寫程式時，你可能會看到其他特殊值，例如 NaN 或 NULL；請參考說明文件，了解關於這些表示資料缺失的值。

dplyr 和 %>% 管線運算子

正如你逐漸認識到，對任何在 Excel 軟體中處理過資料的人來說，dplyr 函數是非常強大而直觀的工具。任何接觸過資料的人都知道，無須花費心神清理，一步到位的資料極其罕見。舉個例子，你可能想對 *star* 資料集執行一個典型的資料分析任務：

> 按課程類別查找平均閱讀分數，將分數由高到低排序。

掌握資料處理的邏輯後，我們可以將這個任務拆分為三個不同步驟：

1. 按課程類別對資料進行分組。
2. 找出每組的平均閱讀分數。
3. 將這些結果從高到低排序。

在 dplyr 中，我們可以這麼做：

```
star_grouped <- group_by(star, classk)
star_avg_reading <- summarize(star_grouped, avg_reading = mean(treadssk))
#> `summarise()` ungrouping output (override with `.groups` argument)
#>
star_avg_reading_sorted <- arrange(star_avg_reading, desc(avg_reading))
star_avg_reading_sorted
#>
#> # A tibble: 3 x 2
#>   classk             avg_reading
#>   <chr>                    <dbl>
#> 1 small.class               441.
#> 2 regular.with.aide         435.
#> 3 regular                   435.
```

我們的確得到了一個答案，但是它花了相當多的步驟，而且一長串的函數和物件名稱，讓理解程式碼變得困難。另一種方法是將這些函數與 %>%，也就是「管線運算子」（pipe operator）連結在一起。這允許我們將一個函數的輸出結果，直接傳遞給另一個函數，變成該函數的輸入值，因而避免不斷對輸入和輸出結果重新命名。這個管線運算子的預設快捷鍵在 Windows 系統中是 Ctrl+Shift+M，在 Mac 系統上是 Cmd-Shift-M。

讓我們重新建立前述步驟，這一次讓管線運算子派上用場。將每個函數放在獨立的行上，然後用 %>% 連結它們。雖然沒有必要將每一步都放在獨立的行上，這個編寫慣例是為了提升程式碼的易讀性。在使用管線運算子時，也沒有必要突出顯示整個程式碼區塊才能執行；你只需要將游標放在以下選擇區的任意位置，然後執行程式碼：

```
star %>%
  group_by(classk) %>%
  summarise(avg_reading = mean(treadssk)) %>%
  arrange(desc(avg_reading))
#> `summarise()` ungrouping output (override with `.groups` argument)
#> # A tibble: 3 x 2
#>   classk            avg_reading
#>   <chr>                   <dbl>
#> 1 small.class              441.
#> 2 regular.with.aide        435.
#> 3 regular                  435.
```

起初，不再將資料來源作為參數直接包含在每個函數中，這樣的變化也許會令人感到不適應。但是將以上兩種版本的程式碼區塊進行比對，你也能親自體會到運用管線運算子的方法擁有多麼出色的效率。此外，管線運算子還可以與非 `dplyr` 函數一起使用。例如，我們在管線末端加上 `head()` 函數，指派處理結果的前幾列資料：

```
# Average math and reading score
# for each school district
star %>%
  group_by(schidkn) %>%
  summarise(avg_read = mean(treadssk), avg_math = mean(tmathssk)) %>%
  arrange(schidkn) %>%
  head()
#> `summarise()` ungrouping output (override with `.groups` argument)
#> # A tibble: 6 x 3
#>   schidkn avg_read avg_math
#>     <dbl>    <dbl>    <dbl>
#> 1       1     444.     492.
#> 2       2     407.     451.
#> 3       3     441      491.
#> 4       4     422.     468.
#> 5       5     428.     460.
#> 6       6     428.     470.
```

使用 tidyr 重塑資料

雖然 `group_by()` 和 `summarize()` 確實在 R 中充當了樞紐分析表的作用，但是這些函數並不能完成 Excel 樞紐分析表能做到的所有事情。如果你不只是聚合資料，而是想要**重塑**資料，或者更改資料欄位和資料列的設置，這時候該怎麼做呢？比方說，*star* 資料框架中有兩個獨立的欄位，分別是數學分數 *tmathssk* 和閱讀分數 *treadssk*。我想將這兩個欄位合併成一個名為 *score* 的欄位，然後用另一個名為 *test_type* 的欄位，表示觀察值是數學分數或閱讀分數。我還想保留 *schidkn* 學區指標，作為分析的一部分。

圖 8-3 顯示了在 Excel 中這項分析可能長什麼樣子；請注意，我將 [值（Values）] 欄位的 *tmathssk* 和 *treadssk* 分別重新標記為 *math* 和 *reading*。如果你想進一步探究此樞紐分析表，可以下載本書範例檔的 *ch-8.xlsx*（*https://oreil.ly/Kq93s*）。我在此處再度加上了索引欄位（id），否則，樞紐分析表將會嘗試按 *schidkn*「加總」所有值。

	A	B	C	D
1				
2				
3	**id**	**schidkn**	**Values**	**Total**
4	**⊟1**	**63**	reading	447
5	1	**63**	math	473
6	**⊟2**	**20**	reading	450
7	2	**20**	math	536
8	**⊟3**	**19**	reading	439
9	3	**19**	math	463
10	**⊟4**	**69**	reading	448
11	4	**69**	math	559
12	**⊟5**	**79**	reading	447

圖 8-3　在 Excel 中重塑 star

我們可以使用 `tidyr` 這個 `tidyverse` 函式庫的核心套件，來重塑 *star*。在 R 中重塑資料框架時，為資料新增索引欄位也相當有幫助，就像我們在 Excel 中所做的一樣。我們可以用 `row_number()` 函數產生一個索引欄位：

```
star_pivot <- star %>%
              select(c(schidkn, treadssk, tmathssk)) %>%
              mutate(id = row_number())
```

為了重塑資料框架，我們將使用 `pivot_longer()` 和 `pivot_wider()`，這兩者都是來自 `tidyr` 的函數。搭配圖 8-3，請在你的腦海中想像一下，如果我們將 *tmathssk* 和 *treadssk* 的分數合併到同一個欄位，資料集會發生些什麼。這個資料集會變長嗎？還是變寬呢？由於我們要新增更多的列，因此這個資料集會變得更長。這時我們要使用 `pivot_longer()` 函數，首先以 `cols` 參數指定哪些欄位會被加長，然後使用 `values_to` 來命名這個新的資料欄位。此外，我們還要使用 `names_to` 參數來命名另一個欄位，該欄位（`test_type`）中的值表示數學分數或閱讀分數：

```
star_long <- star_pivot %>%
               pivot_longer(cols = c(tmathssk, treadssk),
                            values_to = 'score', names_to = 'test_type')
```

```
head(star_long)
#> # A tibble: 6 x 4
#>   schidkn    id test_type score
#>     <dbl> <int> <chr>     <dbl>
#> 1      63     1 tmathssk    473
#> 2      63     1 treadssk    447
#> 3      20     2 tmathssk    536
#> 4      20     2 treadssk    450
#> 5      19     3 tmathssk    463
#> 6      19     3 treadssk    439
```

你做得很好。不過，有辦法將 *tmathssk* 和 *treadssk* 分別改名為 *math* 和 *reading* 嗎？當然，我們可以使用 `dplyr` 的另一個實用函數 `recode()`，搭配 `mutate()` 一起使用。`recode()` 的用法和套件中的其他函數略有不同，我們要在等號前包含了「舊」值的名稱，然後才是新的名稱。`dplyr` 的 `distinct()` 函數將會確認所有資料列都被命名為 *math* 或 *reading*：

```
# Rename tmathssk and treadssk as math and reading
star_long <- star_long %>%
   mutate(test_type = recode(test_type,
                            'tmathssk' = 'math', 'treadssk' = 'reading'))

distinct(star_long, test_type)
#> # A tibble: 2 x 1
#>   test_type
#>   <chr>
#> 1 math
#> 2 reading
```

現在，這個資料框架被加長了，我們可以用 `pivot_wider()` 再將其變寬。這次，我們要決定在哪一個欄位內的資料，必須用 `values_from` 來指定，並以 `names_from` 命名這個輸出欄位：

```
star_wide <- star_long %>%
                pivot_wider(values_from = 'score', names_from = 'test_type')
head(star_wide)
#> # A tibble: 6 x 4
#>   schidkn    id  math reading
#>     <dbl> <int> <dbl>   <dbl>
#> 1      63     1   473     447
#> 2      20     2   536     450
#> 3      19     3   463     439
#> 4      69     4   559     448
#> 5      79     5   489     447
#> 6       5     6   454     431
```

在 R 中，重塑資料是一個相對有難度的處理任務，所以當你不大確定時，先問問自己：**我該讓這個資料框架變得更寬還是更長？如果是樞紐分析表，我會如何操作？**如果能先梳整好資料的處理邏輯，搞懂你需要做些什麼來達到最終目標，編寫程式就會變得簡單許多。

使用 ggplot2 執行資料視覺化

`dplyr` 套件還能辦到更多事情，是處理資料的絕佳工具。不過，我們先將關注焦點轉向資料視覺化。具體而言，我們要認識 `ggplot2`，另一個 `tidyverse` 的套件。`ggplot2` 是將資料視覺化呈現的繪圖套件，它具現了資料科學家 Leland Wilkinson 所著《Grammar of Graphics》（圖形的語法）中將圖形分解為語素（如尺度、圖層）的思想。

我將在這裡介紹 `ggplot2` 的一些基本元素和繪圖類型。如果你想更加了解這個繪圖套件，請參考 `ggplot2` 的原作者 Hadley Wickham 所寫的《*ggplot2: Elegant Graphics for Data Analysis*》（Springer）。你也可以在 RStudio 中前往 [Help（查詢）] → [Cheatsheets] → [Data Visualization with ggplot2]，了解使用該套件的實用技巧。表 8-3 整理了 `ggplot2` 的一些基本元素。關於更多其他元素，請參閱前面提到的參考資料。

表 8-3　`ggplot2` 的基本元素

元素	描述
`data`	資料來源
`aes`	美學對應，為 aesthetic（美感）的縮寫，指定原始資料與圖形之間的對應關係，例如哪一個變數要當作 X 座標變數，而哪一個要當作 Y 座標變數，還有資料繪圖時的樣式等
`geom`	幾何圖案，為 geometry 的縮寫，要用什麼幾何圖形繪製資料，例如點、線條、多邊形等

現在，我們來試著將 *classk* 每一個層次中的觀察值數量，以直條圖呈現。先呼叫一個 `ggplot()` 函數開始，然後指定表 8-3 的三個元素：

```
ggplot(data = star, ❶
          aes(x = classk)) + ❷
  geom_bar() ❸
```

❶ 以 `data` 參數指定資料來源。

❷ 由 `aes()` 函數指定從資料到視覺化圖表的美學對應。這裡我們指定將 *classk* 對應到圖表的 X 軸。

❸ 使用 `geom_bar()` 函數根據指定的資料和美學對應，繪製出一個幾何物件。結果如圖 8-4 所示。

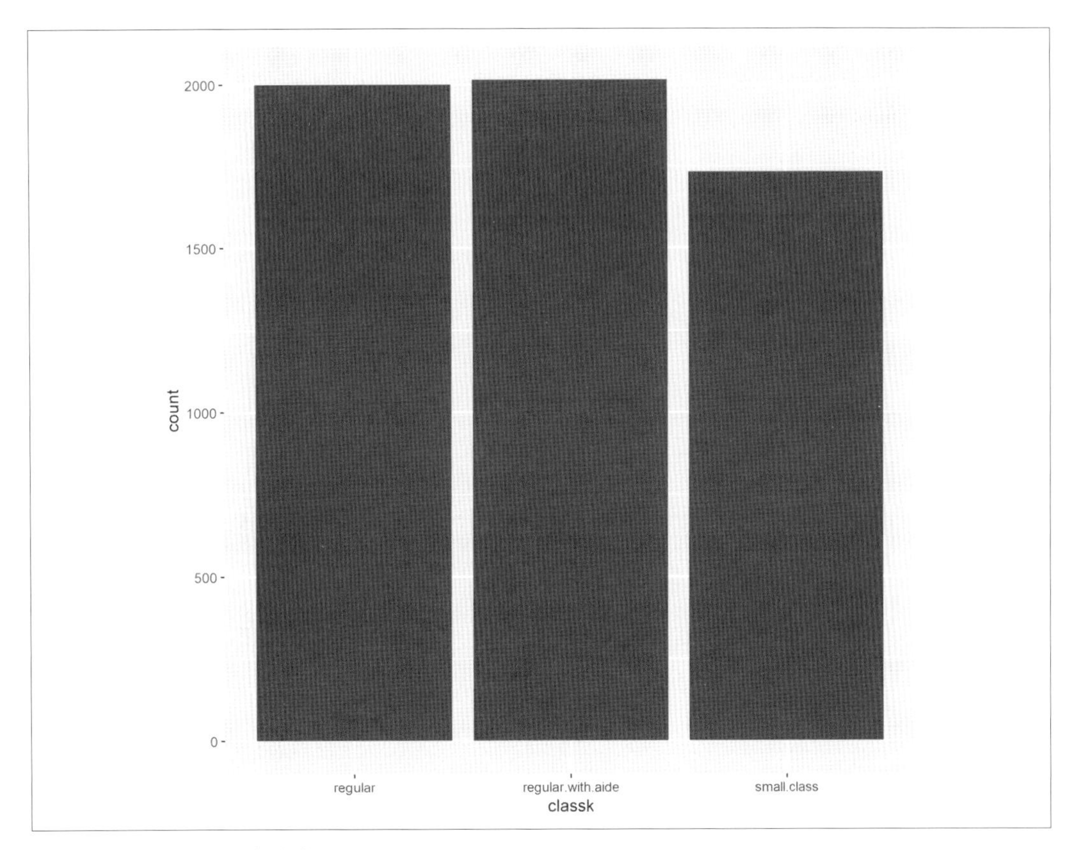

圖 8-4 以 `ggplot2` 繪製直條圖

與管線運算子類似，雖然沒有必要將圖表的每一層都拆開放在獨立的行上，但為了方便閱讀，我們通常會這麼做。同樣地，你也可以將游標放在該程式碼區塊的任何一處，執行整個圖表。

ggplot2 的模組化繪圖方法，讓視覺化的迭代變得很容易。比方說，我們將直條圖切換成表示 treadssk 的長條圖（histogram），只要變更 x 軸的變數，並使用 geom_histogram() 將結果繪製成圖表，結果如圖 8-5 所示：

```
ggplot(data = star, aes(x = treadssk)) +
  geom_histogram()

#> `stat_bin()` using `bins = 30`. Pick better value with `binwidth`.
```

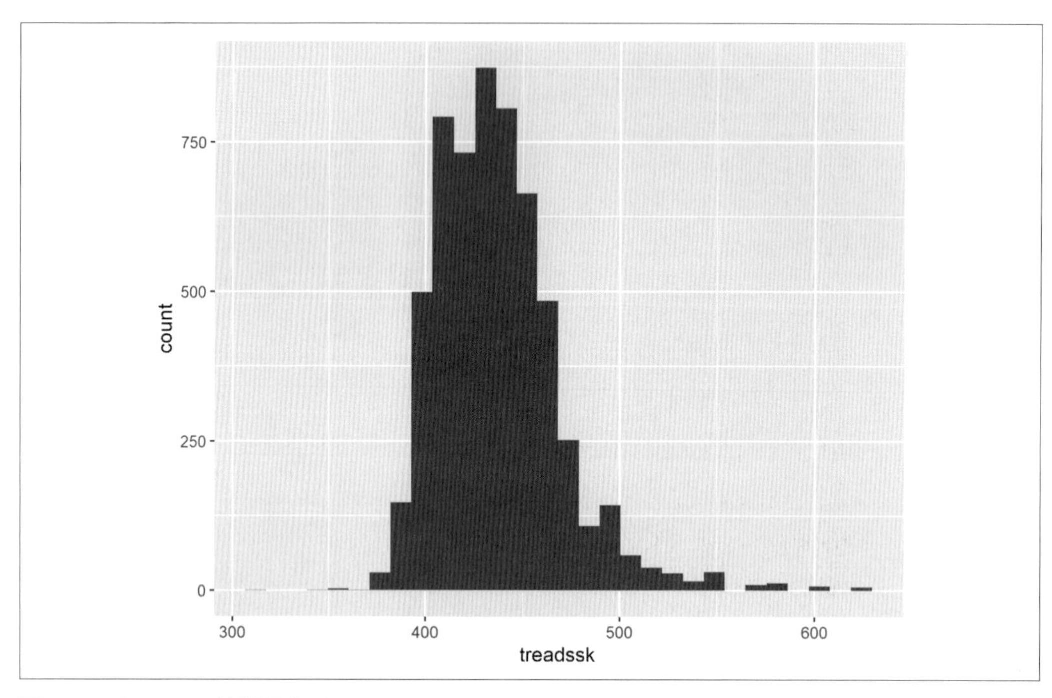

圖 8-5　以 ggplot2 繪製長條圖

還有很多方法可以自定義你的 ggplot2 圖表。比方說，你可能已經注意到，上一個圖表的輸出訊息顯示，這個長條圖使用了 30 個 bin。我們可以在 geom_histogram() 中加入幾個參數，將 bin 的數量改成 25 個，並指定以粉色填滿。結果如圖 8-6 所示：

```
ggplot(data = star, aes(x = treadssk)) +
  geom_histogram(bins = 25, fill = 'pink')
```

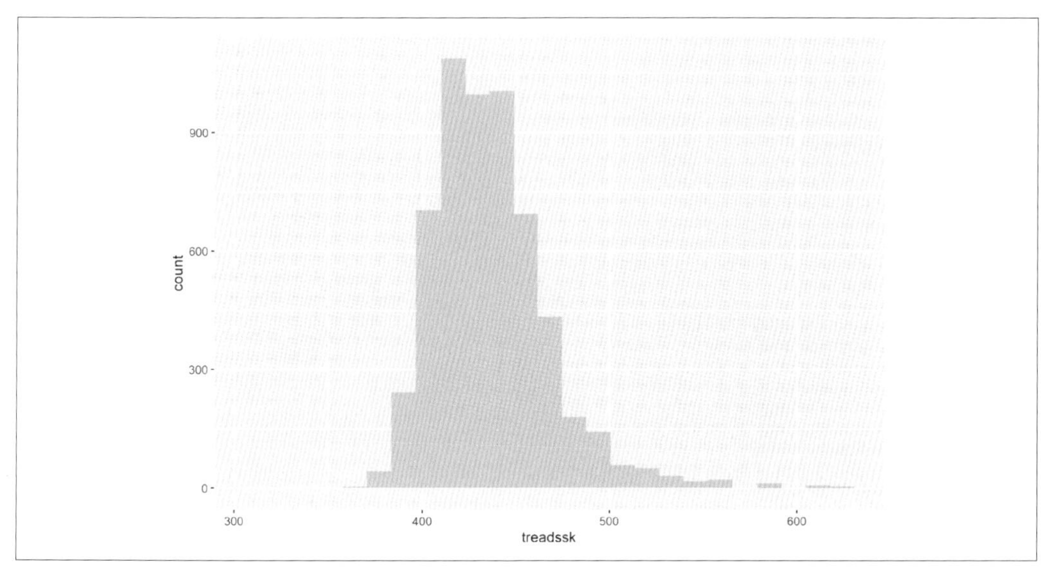

圖 8-6　以 ggplot2 繪製自定義的長條圖

你還使用 geom_boxplot() 建立一個箱形圖（boxplot），如圖 8-7 所示：

```
ggplot(data = star, aes(x = treadssk)) +
  geom_boxplot()
```

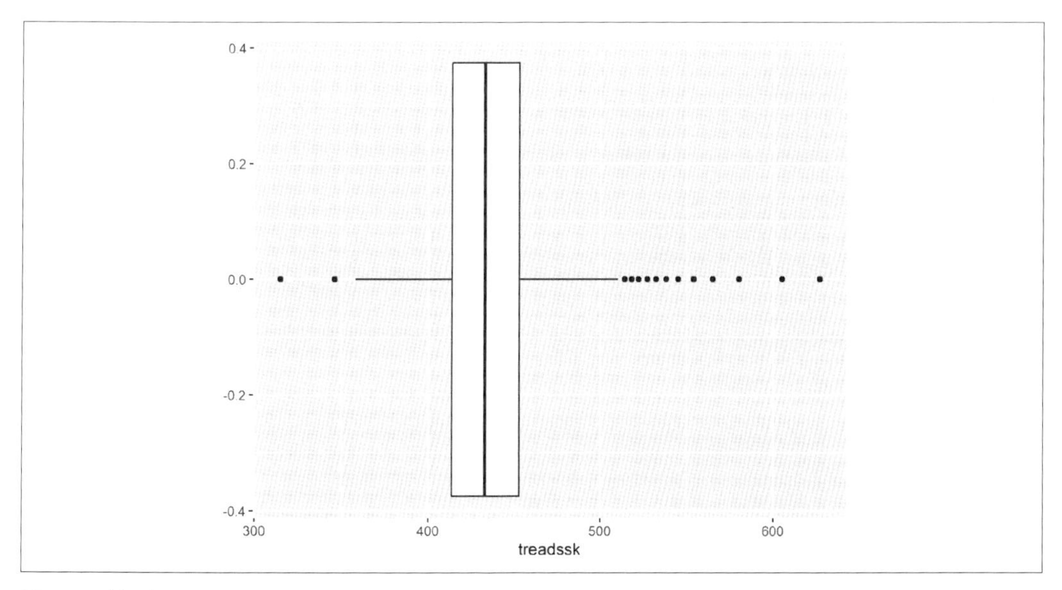

圖 8-7　箱形圖

在目前提到的圖表範例中，都可以將我們感興趣的變數對應到 y 軸來「翻轉」圖表，結果如圖 8-8 所示：

```
ggplot(data = star, aes(y = treadssk)) +
  geom_boxplot()
```

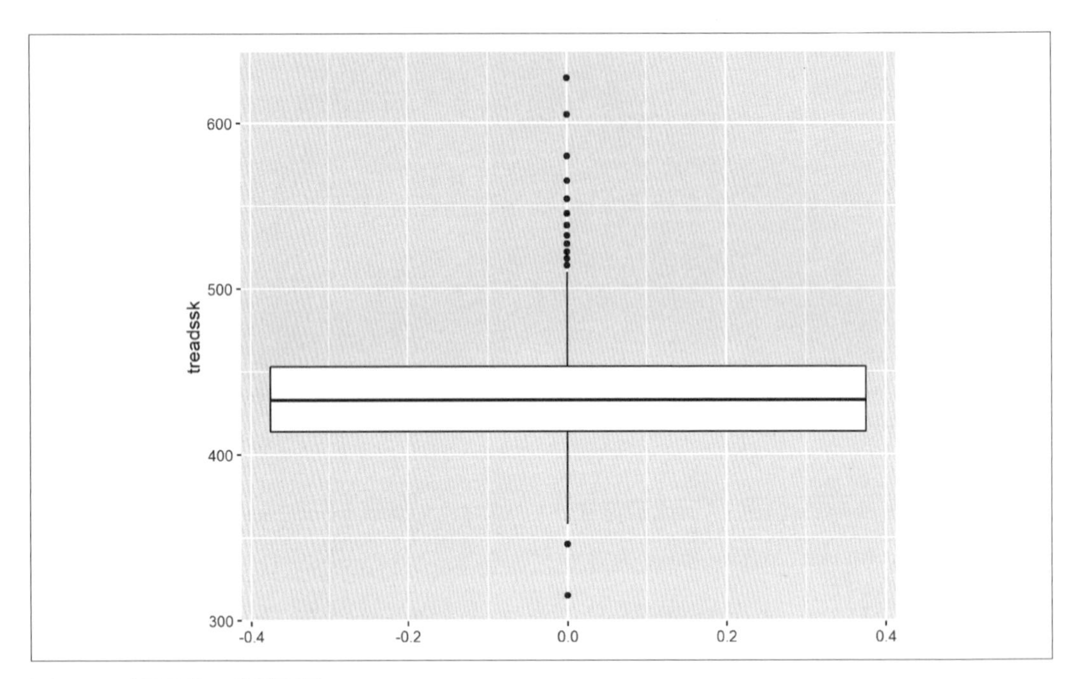

圖 8-8 「翻轉後」的箱形圖

現在，我們來建立一個按每個課程規模的層次表示的箱形圖，將 *classk* 對應到 X 軸，將 *treadssk* 對應到 Y 軸，最後得到的結果如圖 8-9 所示：

```
ggplot(data = star, aes(x = classk, y = treadssk)) +
  geom_boxplot()
```

同理，我們可以使用 `geom_point()` 分別在 X 軸和 Y 軸上繪製 *tmathssk* 和 *treadssk* 的關係，製作一個散布圖（scatterplot），結果如圖 8-10 所示：

```
ggplot(data = star, aes(x = tmathssk, y = treadssk)) +
  geom_point()
```

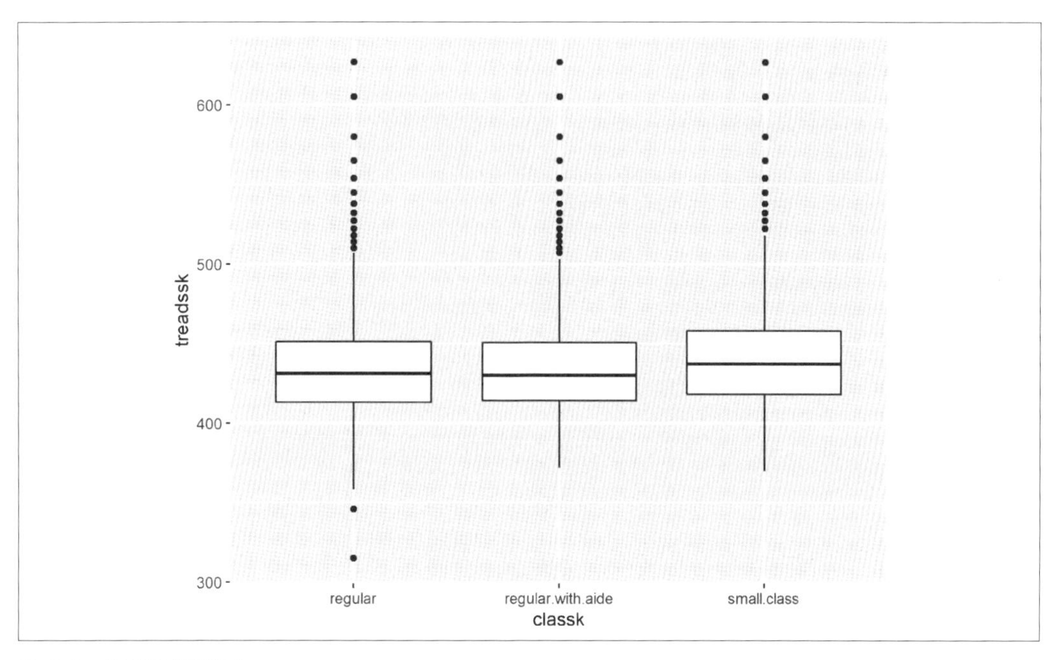

圖 8-9　分組的箱形圖

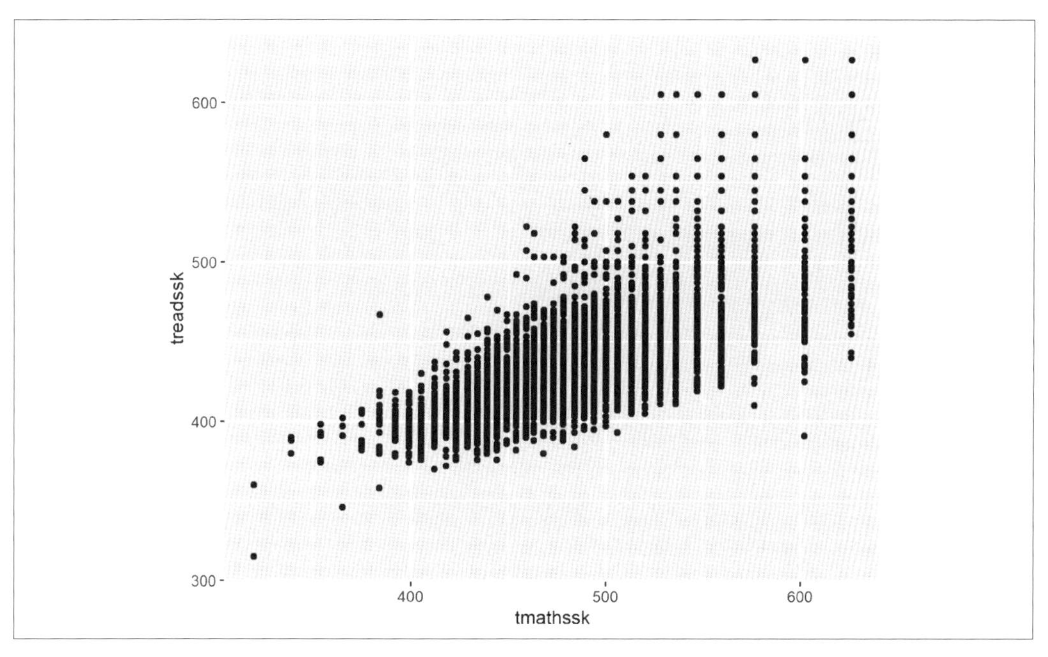

圖 8-10　散布圖

我們可以使用一些額外的 ggplot2 函數，為圖表加上 X 軸和 Y 軸的標籤（labels）和圖表標題。結果如圖 8-11 所示：

```
ggplot(data = star, aes(x = tmathssk, y = treadssk)) +
  geom_point() +
  xlab('Math score') + ylab('Reading score') +
  ggtitle('Math score versus reading score')
```

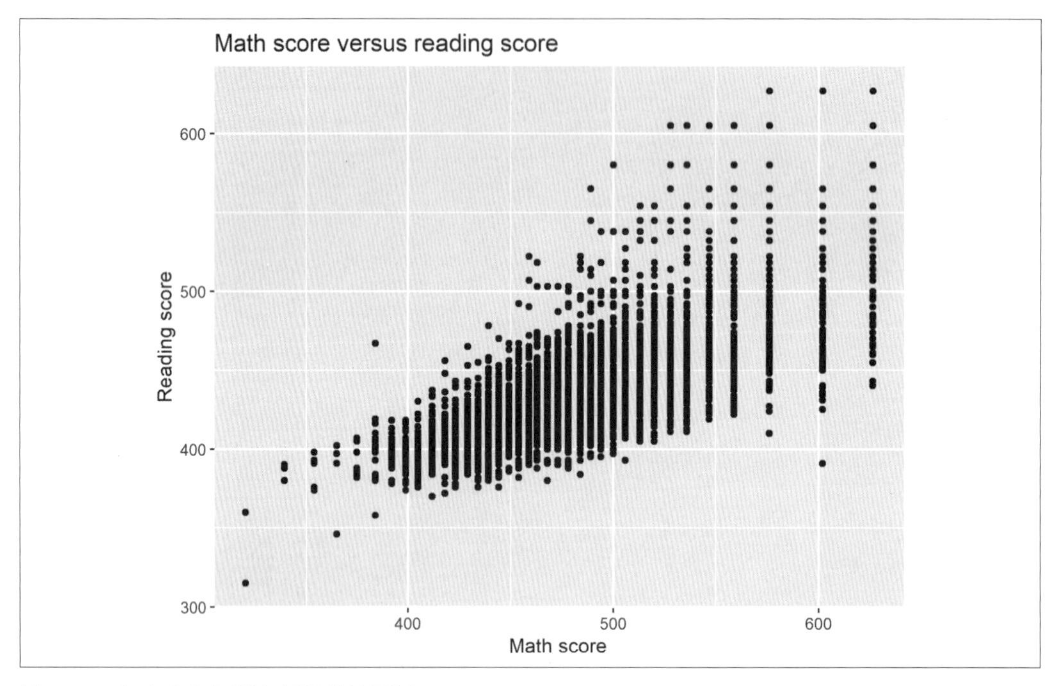

圖 8-11　加上自訂標籤和標題的箱形圖

本章小結

dplyr 和 ggplot2 的能耐絕不僅止於此，不過，本章介紹的內容足以幫助你利用 R 開展真正的任務：探索和測試資料之間的關係。這將是第 9 章的主題。

實際演練

本書範例檔（*https://oreil.ly/kBk3e*）的 *datasets* 資料夾內的 *census* 子資料夾中有兩個檔案：*census.csv* 和 *census-divisions.csv*。請將它們讀取到 R 中，並執行以下操作：

1. 請按地區升序、按部門升序和按人口數降序，對資料進行排序（首先你需要合併資料集）。請將結果輸出為一個 Excel 工作表。
2. 在合併好的資料集中，捨棄郵遞區號（postal code）欄位。
3. 建立一個新欄位：*density*，將人口數量除以土地面積，計算人口密度。
4. 視覺化呈現 2015 年所有觀測值的土地面積和人口之間的關係。
5. 找出 2015 年每個地區的總人口數。
6. 建立一個包含州名和人口數的表格，將 2010 ～ 2015 年的人口數量，分別記錄在獨立的欄位中。

第九章

總體專案：R for Data Analytics

本章要活用 R 語言的資料分析和視覺化知識，再次探索和測試 *mpg* 資料集中的關係。你將在本章中學習到一些新的 R 技法，包括如何執行 t 檢定和線性迴歸。首先，請呼叫必要套件，從本書範例檔的 *datasets* 資料夾的 *mpg* 子資料夾中讀入 *mpg.csv*，並選取我們需要的欄位。到目前為止，我們尚未在本書其他部分使用過 `tidymodels`，請趁現在一併安裝然後呼叫這個套件。

```
library(tidyverse)
library(psych)
library(tidymodels)

# Read in the data, select only the columns we need
mpg <- read_csv('datasets/mpg/mpg.csv') %>%
  select(mpg, weight, horsepower, origin, cylinders)

#> -- Column specification -----------------------------------------------------
#> cols(
#>   mpg = col_double(),
#>   cylinders = col_double(),
#>   displacement = col_double(),
#>   horsepower = col_double(),
#>   weight = col_double(),
#>   acceleration = col_double(),
#>   model.year = col_double(),
#>   origin = col_character(),
#>   car.name = col_character()
```

```
#> )

head(mpg)
#> # A tibble: 6 x 5
#>     mpg weight horsepower origin cylinders
#>   <dbl>  <dbl>      <dbl> <chr>      <dbl>
#> 1    18   3504        130 USA            8
#> 2    15   3693        165 USA            8
#> 3    18   3436        150 USA            8
#> 4    16   3433        150 USA            8
#> 5    17   3449        140 USA            8
#> 6    15   4341        198 USA            8
```

探索式資料分析

敘述統計是開始探索資料的完美起點。使用 `psych` 套件的 `describe()` 函數：

```
describe(mpg)
#>             vars   n    mean     sd  median trimmed    mad  min
#> mpg            1 392   23.45   7.81   22.75   22.99   8.60    9
#> weight         2 392 2977.58 849.40 2803.50 2916.94 948.12 1613
#> horsepower     3 392  104.47  38.49   93.50   99.82  28.91   46
#> origin*        4 392    2.42   0.81    3.00    2.53   0.00    1
#> cylinders      5 392    5.47   1.71    4.00    5.35   0.00    3
#>                max  range  skew kurtosis    se
#> mpg           46.6   37.6  0.45    -0.54  0.39
#> weight      5140.0 3527.0  0.52    -0.83 42.90
#> horsepower   230.0  184.0  1.08     0.65  1.94
#> origin*        3.0    2.0 -0.91    -0.86  0.04
#> cylinders      8.0    5.0  0.50    -1.40  0.09
```

因為 `origin` 是一個類別變數，在解釋它的敘述統計時必須保持謹慎它（`psych` 用 `*` 符號作為警告提示）。不過，分析它的單向次數分配表這件事是安全的，我們將使用一個新的 `dplyr` 函數 `count()`：

```
mpg %>%
  count(origin)
#> # A tibble: 3 x 2
#>   origin     n
#>   <chr>  <int>
#> 1 Asia      79
#> 2 Europe    68
#> 3 USA      245
```

我們從最終的 *n* 計數欄位中了解，雖然大多數觀察值是美國品牌的汽車，但亞洲和歐洲汽車的觀察值也很可能在各個子母體中具有代表性。

進一步將這些計數按 `cylinders` 細分，得出一個雙向次數分配表。我將結合 `count()` 和 `pivot_wider()`，按欄位顯示 `cylinders`：

```
mpg %>%
  count(origin, cylinders) %>%
  pivot_wider(values_from = n, names_from = cylinders)
#> # A tibble: 3 x 6
#>   origin   `3`   `4`   `6`   `5`   `8`
#>   <chr>  <int> <int> <int> <int> <int>
#> 1 Asia       4    69     6    NA    NA
#> 2 Europe    NA    61     4     3    NA
#> 3 USA       NA    69    73    NA   103
```

請記住，在 R 語言中，`NA` 表示缺少資料值，在本章範例中表示某些觀察值缺少了 `cylinders` 的紀錄。

有三氣缸或五氣缸引擎的汽車並不多，而**只有**美國品牌的車擁有八氣缸引擎。在分析資料時，**不平衡**（*imbalanced*）的資料集很常見，在這些資料集的某些層次上有不成比例的觀測值。通常我們需要運用特別技法來模擬這些資料。想更加了解不平衡資料如何處理，請參考 Peter Bruce 等人所著的《*Practical Statistics for Data Scientists*》（O'Reilly）。繁體中文版《資料科學家的實用統計學》由碁峰資訊出版。

我們還可以查看 `origin` 變數每一個層次的敘述統計。首先，使用 `select()` 來選擇我們感興趣的變數，然後使用 `psych` 套件的 `describeBy()` 函數，將 `groupBy` 的參數設置為 `origin`：

```
mpg %>%
  select(mpg, origin) %>%
  describeBy(group = 'origin')

#>  Descriptive statistics by group
#> origin: Asia
        vars  n  mean   sd median trimmed  mad min  max range
#> mpg        1 79 30.45 6.09   31.6   30.47 6.52  18 46.6  28.6
#> origin*    2 79  1.00 0.00    1.0    1.00 0.00   1  1.0   0.0
        skew kurtosis   se
#> mpg     0.01    -0.39 0.69
#> origin*  NaN      NaN 0.00

#> origin: Europe
```

```
        vars  n mean   sd median trimmed  mad  min  max range
#> mpg         1 68 27.6 6.58     26    27.1 5.78 16.2 44.3  28.1
#> origin*     2 68  1.0 0.00      1     1.0 0.00  1.0  1.0   0.0
        skew kurtosis  se
#> mpg     0.73     0.31 0.8
#> origin*  NaN      NaN 0.0

#> origin: USA
        vars   n  mean   sd median trimmed  mad min max range
#> mpg         1 245 20.03 6.44   18.5    19.37 6.67   9  39    30
#> origin*     2 245  1.00 0.00    1.0    1.00 0.00   1   1     0
        skew kurtosis   se
#> mpg     0.83     0.03 0.41
#> origin*  NaN      NaN 0.00
```

讓我們進一步了解 *origin* 和 *mpg* 之間的潛在關係。以長條圖視覺化 *mpg* 的資料分布情形，如圖 9-1 所示：

```
ggplot(data = mpg, aes(x = mpg)) +
  geom_histogram()
#> `stat_bin()` using `bins = 30`. Pick better value with `binwidth`.
```

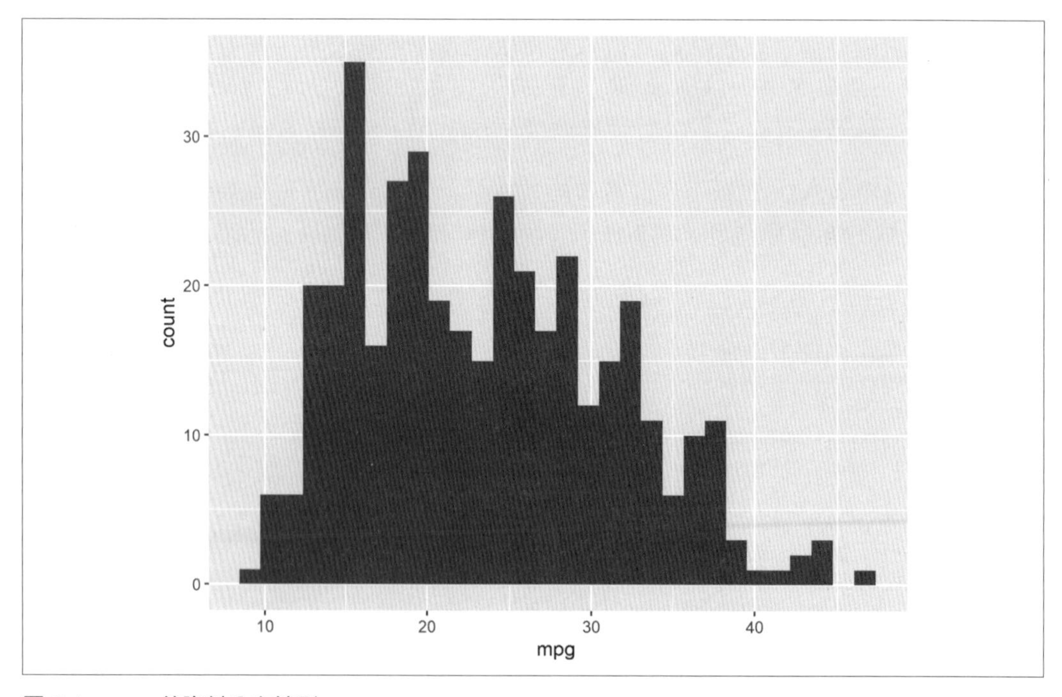

圖 9-1　mpg 的資料分布情形

我們現在可以按 *origin* 對 *mpg* 分組，視覺化呈現其分布情形。將 *origin* 的三個層次疊加到同一個長條圖，在視覺上可能會變得混亂，所以我們改成如圖 9-2 的箱形圖：

```
ggplot(data = mpg, aes(x = origin, y = mpg)) +
  geom_boxplot()
```

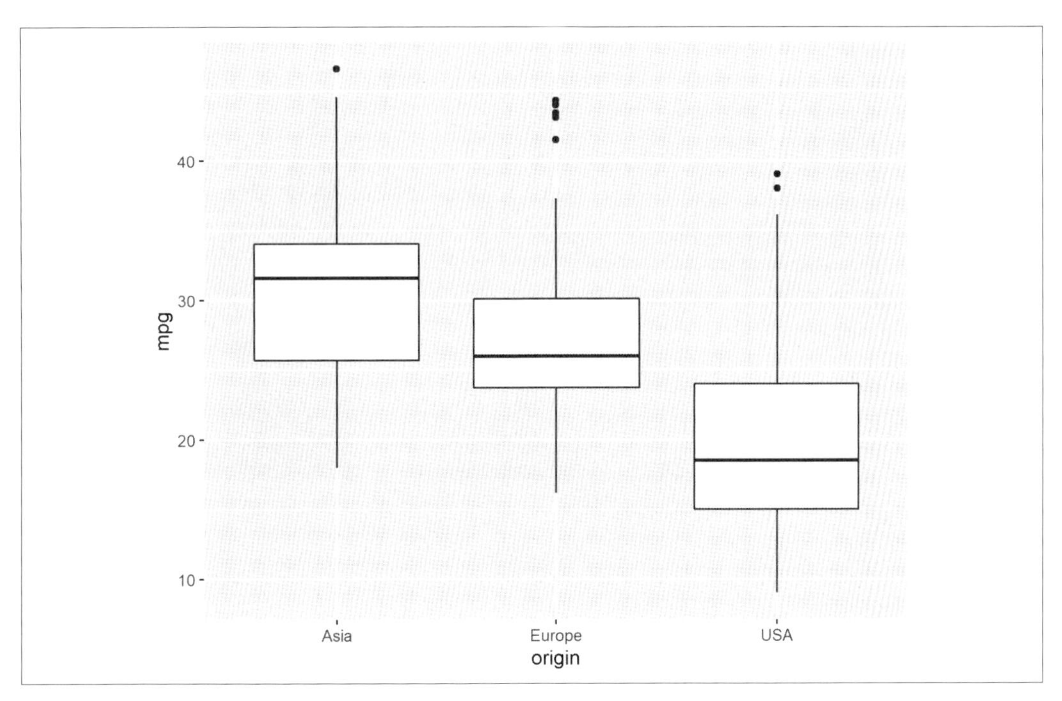

圖 9-2　按 origin 分組的 mpg 資料分布情形

如果你想用長條圖呈現，而且不想將一切搞砸，那麼在 R 中可以使用 *facet* 圖。我們要使用 `facet_wrap()` 函數，將 `ggplot2` 的圖分割為子圖（subplots），又稱為**面**（*facets*）。分割方法是使用一個 ~ 運算子，再加上變數名稱。當你在 R 程式碼中看到波浪號（~）時，請將它解釋為「by」（按照）的意思。比方說，我們在這個範例中，按照 `origin`（by `origin`）對原本的長條圖進行面的分割，最後產生了如圖 9-3 的長條圖：

```
# Histogram of mpg, facted by origin
ggplot(data = mpg, aes(x = mpg)) +
  geom_histogram() +
  facet_grid(~ origin)
#> `stat_bin()` using `bins = 30`. Pick better value with `binwidth`.
```

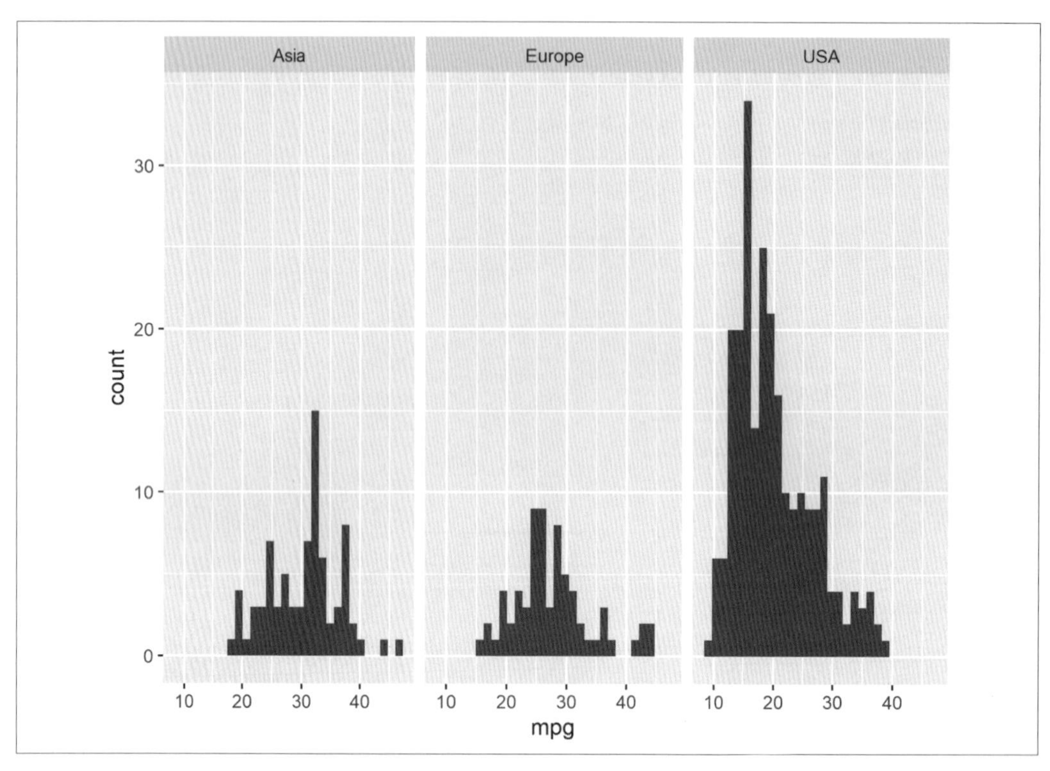

圖 9-3　按 origin 分組的 mpg 資料分布情形

假說檢定

歡迎你繼續使用上述方法探索資料，現在，且讓我們介紹假設檢定。現在，我非常想知道美系車款和歐系車款的里程數是否存在顯著差異。首先，建立一個只包含這些觀察值的新資料框架，我們要用它來執行 t 檢定。

```
mpg_filtered <- filter(mpg, origin=='USA' | origin=='Europe')
```

檢定多組別的資料關係

我們的確可以使用假設檢定來尋找美國、歐洲和亞洲汽車之間的里程數差異；這是一種不同的統計檢定，稱為**變異數分析**（ANOVA）。在你日後的分析之旅中，值得好好探索這個主題。

獨立樣本 t 檢定

R 包含了一個開箱即用的 t.test() 函數：我們要用 data 參數指定資料來源，並指定想要以什麼公式進行檢定。為此，我們將使用 ~ 運算子，設定獨立變數和因變數之間的關係。將因變數放在 ~ 之前，獨立變數在 ~ 之後。你可以將這一行程式碼理解為：「按」origin 分析 mpg 之效果（effect）。

```
# Dependent variable ~ ("by") independent variable
t.test(mpg ~ origin, data = mpg_filtered)
#>  Welch Two Sample t-test
#>
#>     data:  mpg by origin
#>     t = 8.4311, df = 105.32, p-value = 1.93e-13
#>     alternative hypothesis: true difference in means is not equal to 0
#>     95 percent confidence interval:
#>     5.789361 9.349583
#>     sample estimates:
#>     mean in group Europe    mean in group USA
#>                 27.60294             20.03347
```

R 甚至明確點出了我們的替代假設是什麼，還包括了信賴區間和 p 值，這真是太棒了（你可以由此看出 R 確實是為了統計分析而打造的軟體）。根據 p 值判斷，我們可以拒絕虛無假設，似乎確實有證據表明兩者的平均數有所不同。

現在讓我們把注意力轉向連續變數之間的關係。首先，我們將使用 base R 的 cor() 函數，印出一個相關矩陣。我們只會對 *mpg* 中的連續變數執行此處理：

```
select(mpg, mpg:horsepower) %>%
  cor()
#>                   mpg     weight horsepower
#> mpg         1.0000000 -0.8322442 -0.7784268
#> weight     -0.8322442  1.0000000  0.8645377
#> horsepower -0.7784268  0.8645377  1.0000000
```

例如，我們可以使用 ggplot2 來視覺化呈現車輛重量（*weight*）和里程數（*mpg*）之間的關係，如圖 9-4 所示：

```
ggplot(data = mpg, aes(x = weight,y = mpg)) +
  geom_point() + xlab('weight (pounds)') +
  ylab('mileage (mpg)') + ggtitle('Relationship between weight and mileage')
```

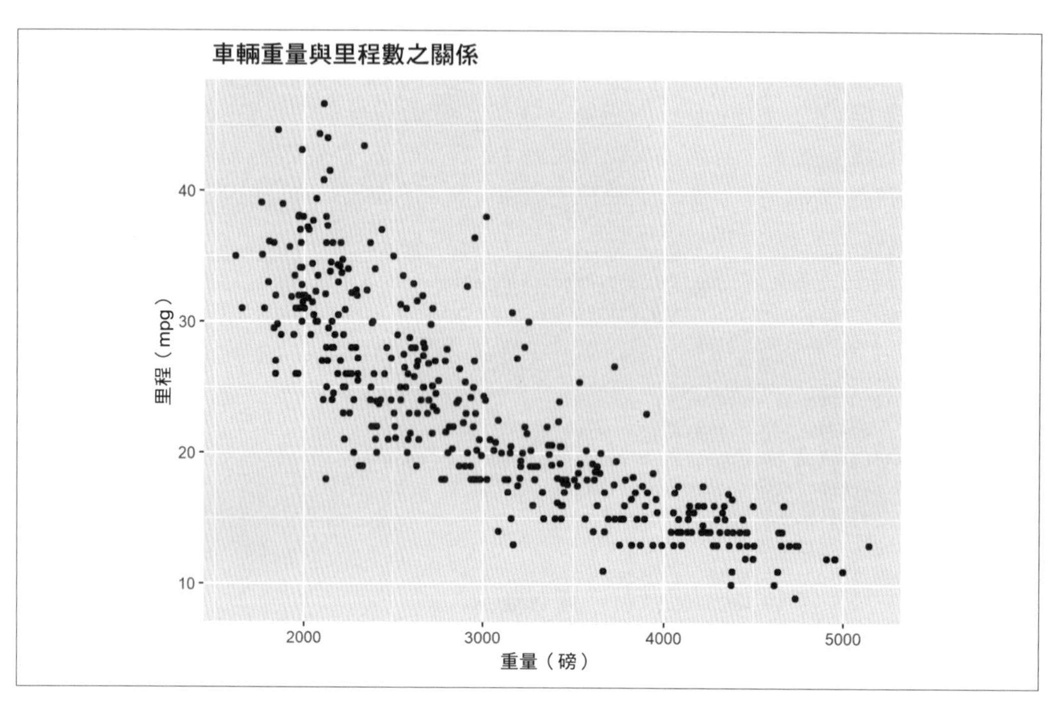

圖 9-4　按 mpg 表示 weight 的散布圖

或者，我們可以使用 base R 的 pairs() 函數，產生一個包含所有變數組合的 pairplot，類似於一個相關矩陣。圖 9-5 是從 *mpg* 選定一些變數後產生的 pairplot：

```
select(mpg, mpg:horsepower) %>%
  pairs()
```

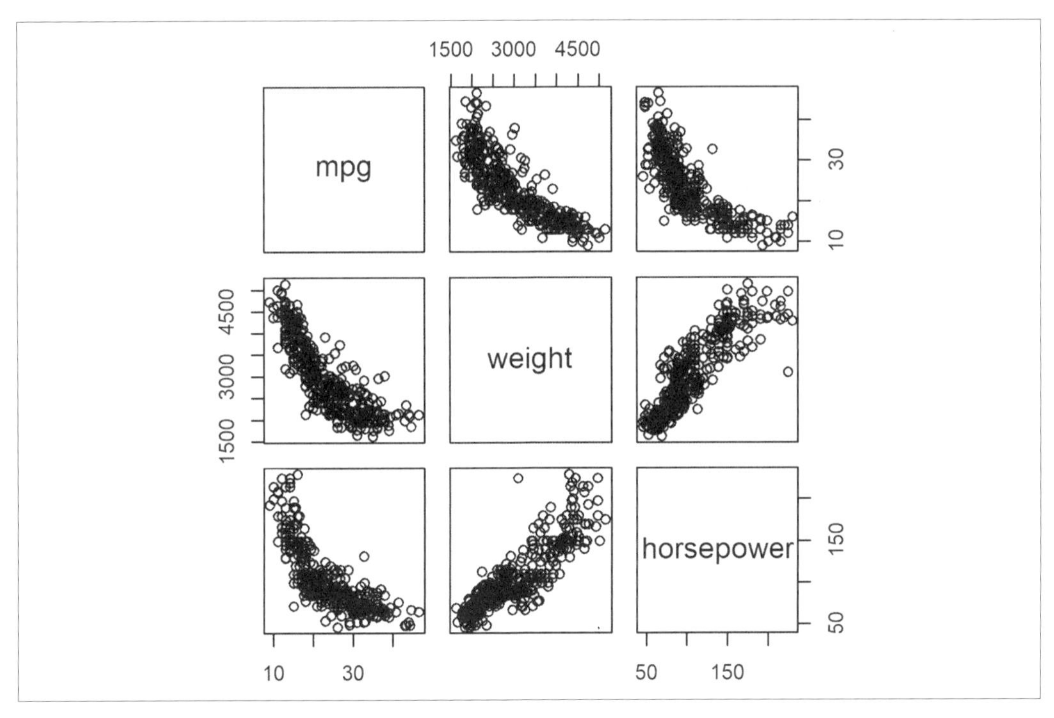

圖 9-5　Pairplot

線性迴歸

現在，我們準備好執行線性迴歸了，要使用 base R 的 `lm()` 函數（這是 *linear model* 的縮寫）。類似 `t.test()` 函數的用法，我們要指定一個資料集和一個公式。線性迴歸比 t 檢定傳回更多的輸出結果，所以我們通常會將結果先指派到 R 中的一個新物件，再分別探索它的各種元素。`summary()` 函數可以提供實用摘要，幫助我們更加了解迴歸模型：

```
mpg_regression <- lm(mpg ~ weight, data = mpg)
summary(mpg_regression)

#>     Call:
#>     lm(formula = mpg ~ weight, data = mpg)
#>
#>     Residuals:
#>         Min       1Q   Median       3Q      Max
#>     -11.9736  -2.7556  -0.3358   2.1379  16.5194
#>
#>     Coefficients:
```

```
#>              Estimate Std. Error t value Pr(>|t|)
#>     (Intercept) 46.216524   0.798673   57.87   <2e-16 ***
#>     weight      -0.007647   0.000258  -29.64   <2e-16 ***
#>     ---
#>     Signif. codes:  0 '***' 0.001 '**' 0.01 '*' 0.05 '.' 0.1 ' ' 1
#>
#>     Residual standard error: 4.333 on 390 degrees of freedom
#>     Multiple R-squared:  0.6926,     Adjusted R-squared:  0.6918
#>     F-statistic: 878.8 on 1 and 390 DF,  p-value: < 2.2e-16
```

這個輸出結果對你來說應該很熟悉。在這裡，你可以看到相關係數、p 值和 R 平方以及其他指標。輸出結果同樣顯示出，車輛重量似乎確實對里程數有很大的影響。

最後，我們可以在 `ggplot()` 函數中包含 `geom_smooth()`，擬合散布圖上的迴歸線，請將 `method` 設置為 `lm`。執行程式碼後，結果如圖 9-6 所示：

```
ggplot(data = mpg, aes(x = weight, y = mpg)) +
  geom_point() + xlab('weight (pounds)') +
  ylab('mileage (mpg)') + ggtitle('Relationship between weight and mileage') +
  geom_smooth(method = lm)
#> `geom_smooth()` using formula 'y ~ x'
```

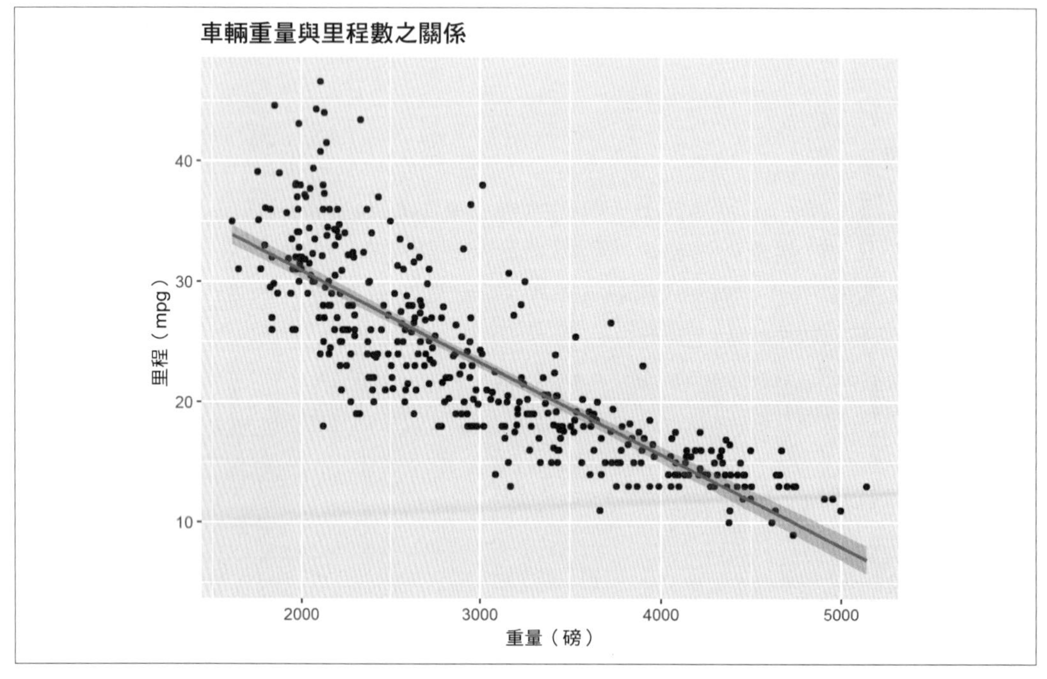

圖 9-6　按 mpg 表示 weight 的散布圖與迴歸線

> **信賴區間和迴歸分析**
>
> 看看圖 9-6 中沿著擬合線的陰影區域。這是迴歸斜率的信賴區間，以 95% 的信賴度表明我們認為 *x* 的每個值的真實總體估計值。

訓練／測試分割與驗證

第 5 章簡單介紹了機器學習之於資料處理的廣泛應用。在資料分析工作中，你可能會遇到的一種技法：**訓練／測試分割**（*train/test split*），這是衍生自機器學習的技術。具體概念是，在資料的一個子集上**訓練**模型，然後在另一個子集上**測試**它。這麼做保證了此模型不僅適用於一個特定的觀察樣本，而是能夠概括到更廣泛的母體中。資料科學家通常熱衷於探究模型在測試資料上的預測效能。

我們可以在 R 中分割 *mpg* 資料集，在部分資料上訓練線性迴歸模型，然後在剩餘資料上進行測試。為此，我們將使用 `tidymodels` 套件。這個套件雖然不是 `tidyverse` 的一部分，但它按照與 `tidyverse` 相同的原則構建的，因此可以搭配使用。

你可能記得，在第 2 章中我們用的都是隨機數字，所以在你的練習工作簿中看到的結果與書中記錄的不同。在這裡，我們將再次隨機拆分資料集，所以可能會遇到同樣的問題。為了避免這種情況，我們可以使用 `set.seed()` 函數，設置 R 的隨機數字產生器的**種子**（*seed*），讓每一次都產生相同的一系列隨機數字。你可以將 seed 設置為任何數字，例如常見的 `1234`：

```
set.seed(1234)
```

要開始拆分，我們可以使用名為 `initial_split()` 的函數；然後，我們將分別使用 `training()` 和 `testing()` 函數，對資料取子集，分成訓練資料集和測試資料集。

```
mpg_split <- initial_split(mpg)
mpg_train <- training(mpg_split)
mpg_test <- testing(mpg_split)
```

在預設情況下，`tidymodels` 套件會將資料中的觀察值，隨機分為兩組：75% 的觀察值進入了訓練組，其餘的 25% 則進入了測試組。我們可以用 base R 的 `dim()` 函數進行確認，執行該程式碼後，分別得到每個資料集中的欄位數和資料列數：

```
dim(mpg_train)
#> [1] 294   5
dim(mpg_test)
#> [1] 98  5
```

訓練組有 294 個觀察值，測試組中有 98 個觀測值，兩組的樣本量足夠大，可以執行反映型推論統計。在使用大量資料集的機器學習中，這通常不會是一個考量因素，但是在分割資料時，擁有足夠的樣本大小可能就是一道門檻。

當然，你可以將資料拆分成 75/25 以外的其他比例，或者使用特別技法來拆分資料等等。關於更多資料拆分的內容，請參考 tidymodels 說明文件；在你更習慣迴歸分析之前，使用預設值就可以了。

為了打造我們的訓練模型，首先，我們要用 linear_reg() 函數，指定（*specify*）它是什麼樣的模型，然後擬合（*fit*）這個模型。fit() 函數的輸入值對你來說一定不陌生，不過這次我們只使用了 *mpg* 的訓練子集。

```
# Specify what kind of model this is
lm_spec <- linear_reg()

# Fit the model to the data
lm_fit <- lm_spec %>%
  fit(mpg ~ weight, data = mpg_train)
#> Warning message:
#> Engine set to `lm`.
```

你將從控制台輸出中看到，base R 的 lm() 函數被用作擬合模型的引擎（*engine*）。

我們可以用 tidy() 函數得到此訓練模型的相關係數和 p 值，用 glance() 得到模型的效能指標（如 R 平方）。

```
tidy(lm_fit)
#> # A tibble: 2 x 5
#>   term        estimate std.error statistic   p.value
#>   <chr>          <dbl>     <dbl>     <dbl>     <dbl>
#> 1 (Intercept) 47.3      0.894         52.9 1.37e-151
#> 2 weight      -0.00795  0.000290     -27.5 6.84e- 83
#>
glance(lm_fit)
#> # A tibble: 1 x 12
```

```
#>   r.squared adj.r.squared sigma statistic  p.value    df logLik   AIC
#>       <dbl>         <dbl> <dbl>     <dbl>    <dbl> <dbl>  <dbl> <dbl>
#> 1     0.721         0.720  4.23      754. 6.84e-83     1  -840. 1687.
#> # ... with 4 more variables: BIC <dbl>, deviance <dbl>,
#> #   df.residual <int>, nobs <int>
```

這當然很棒，但我們**真正關心的是**，當我們將這個模型套用到新的資料集時，此模型的表現如何；此時，正是測試分割集登場的時候。我們要使用 `predict()` 函數，在 `mpg_test` 上進行預測。我還會使用 `bind_cols()` 將預測的 Y 值欄位新增到資料框架中。在預設情況下，這個欄位會被稱為 `.pred`。

```
mpg_results <- predict(lm_fit, new_data = mpg_test) %>%
  bind_cols(mpg_test)

mpg_results
#> # A tibble: 98 x 6
#>     .pred   mpg weight horsepower origin cylinders
#>     <dbl> <dbl>  <dbl>      <dbl> <chr>      <dbl>
#>  1  20.0    16   3433        150 USA            8
#>  2  16.7    15   3850        190 USA            8
#>  3  25.2    18   2774         97 USA            6
#>  4  30.3    27   2130         88 Asia           4
#>  5  28.0    24   2430         90 Europe         4
#>  6  21.0    19   3302         88 USA            6
#>  7  14.2    14   4154        153 USA            8
#>  8  14.7    14   4096        150 USA            8
#>  9  29.6    23   2220         86 USA            4
#> 10  29.2    24   2278         95 Asia           4
#> # ... with 88 more rows
```

將此模型套用到新的資料後，讓我們來評估它的預測效能。比方說，我們可以用 `rsq()` 函數求出它的 R 平方。從我們的 `mpg_results` 資料框架中，需要用 `truth` 參數指定哪一個欄位包含實際的 Y 值，用 `estimate` 欄位指定哪些是預測值。

```
rsq(data = mpg_results, truth = mpg, estimate = .pred)
#> # A tibble: 1 x 3
#>   .metric .estimator .estimate
#>   <chr>   <chr>          <dbl>
#> 1 rsq     standard       0.606
```

在 R 平方為 60.6% 的情況下，從訓練資料集推導出的模型，解釋了測試資料中相當程度的變異性。

另一個常見的評估指標是「均方根誤差」(RMSE)。你在第 4 章中認識了**殘差**的概念，也就是實際值和預測值之間的差異；而 RMSE 是殘差的標準差，被用來衡量預測值和實際值之間的平均差異，藉此估計預測模型預測目標值的準確度。使用 `rmse()` 函數，傳回 RMSE。

```
rmse(data = mpg_results, truth = mpg, estimate = .pred)
#> # A tibble: 1 x 3
#>   .metric .estimator .estimate
#>   <chr>   <chr>          <dbl>
#> 1 rmse    standard        4.65
```

因為 RMSE 的值是相對於因變數的規模進行判斷，沒有一種通用的方法可以評估 RMSE 的優劣，但是在使用相同資料的兩個模型之間，我們會傾向於選擇擁有較小的 RMSE 之模型。

`tidymodels` 提供了豐富技法來擬合和評估 R 中的模型。我們剛剛建立的迴歸模型，採用一個連續的因變數。我們也可以打造一個**分類模型**（*classification model*），其中因變數是類別變數。在 R 語言中，`tidymodels` 是一個新套件，因此說明文件相對少，但是隨著這個套件越來越流行，說明文件將會變得更加充實。

本章小結

請將本章介紹的步驟當作堅實的開端，幫助你踏出第一步，探索更多的資料分析技法，探索和測試各種資料集中的關係。此前，你只知道如何在 Excel 中進行和解釋這項工作，現在，你可以切換成 R 語言。

實際演練

請再花一點時間，在 R 語言中執行熟悉的步驟，分析熟悉的資料集。在第 4 章的「實際演練」一節中，你練習分析本書範例檔的 `ais` 資料集（*https://oreil.ly/egOx1*）。這份資料可在 R 的 `DAAG` 中取得：請試著從這個地方安裝和載入套件（請查找 `ais` 物件）。然後完成以下練習：

1. 請按性別（*sex*）分組，視覺化呈現紅血球數量（*rcc*）的資料分布情形。
2. 兩組性別間的紅血球數量有顯著差異嗎？
3. 請為資料集的相關變數建立一個相關矩陣。
4. 請視覺化呈現身高（*ht*）和體重（*wt*）的關係。
5. 在體重（*wt*）上迴歸身高（*ht*）。請找出擬合迴歸線的公式。兩者存在顯著關係嗎？*ht* 中有多少百分比的變異性可以由 *wt* 解釋？
6. 請將你的迴歸模型分成訓練集和測試集。請計算測試模型的 R 平方和 RMSE 的值。

第 III 部

從 Excel 到 Python

第十章

Excel 使用者開始使用 Python 的第一步

Python 是由吉多·范羅蘇姆（Guido van Rossum）在 1991 年開發的程式設計語言。和 R 一樣，Python 是免費、開源的程式語言。當時，之所以選用 Python 作為程式語言的名字，是因為他是 BBC 電視劇「*Monty Python's Flying Circus*」（蒙提・派森的飛行馬戲團）的劇迷。與專門用於資料分析的 R 不同，Python 的設計理念是讓該語言廣泛通用於各種場景，適合開發與系統互動、處理執行錯誤等工作。這一點對於 Python 語言如何「思考」和處理資料有著重要影響。例如，第 7 章中曾經提過，R 具備一個內建的「表格式」資料結構。在 Python 中並非如此；我們需要更加依賴外部套件來處理資料。

Python 和 R 一樣，擁有成千上萬個套件，由非常活躍的貢獻者社群持續維護。你會發現從 App 開發到嵌入式裝置，再到資料分析，以 Python 編寫的成果無所不在。Python 的使用者群體愈發多元，與日增長茁壯，它已經成為世界上最受歡迎的程式設計語言之一，不僅可在資料分析領域發揮特長，還適用於廣泛的運算目的。

Python 是一種通用的程式設計語言，而 R 是專門為統計分析而生的程式語言。

下載 Python

Python 軟體基金會（*https://python.org*）負責維護「官方」的 Python 原始碼。因為 Python 是開源的，所以任何人都可以取用、新增和重新發布 Python 程式碼。Anaconda 就是一種 Python 的發行版本，也是本書推薦的安裝版本。它由一家同名的營利組織進行維護，並提供付費選項；我們將使用免費的個人版。Python 現在已經有了第三個版本，也就是 Python 3。你可以在 Anaconda 的網站（*https://oreil.ly/3RYeQ*）上下載 Python 3 的最新版本。

Python 2 和 Python 3

2008 年發布的 Python 3 版本，它對語言做了較大修訂而不能完全後向相容。這意味著為 Python 2 編寫的程式碼不一定能在 Python 3 上運行，反之亦然。在本書撰寫時，Python 2 已經正式退役，雖然如此，在你日後的 Python 之旅中，仍可能遇到一些 Python 2 時代的參照和程式碼殘留。

除了 Python 的簡化安裝版本之外，Anaconda 還附帶了額外的東西，包括一些我們將在本書後面使用的主流套件。它還附帶了一個 web 應用程式，我們將使用它來編寫 Python 程式：Jupyter Notebook。

開始使用 Jupyter

如第 6 章所述，R 語言傳承自 S 語言，是一種為執行 EDA（探索式資料分析）而設計的程式語言。由於 EDA 具有迭代性質，R 語言的預期工作流是執行選定的程式碼區段，並對輸出結果進行探索。這使得直接從 R 腳本（*.r* 格式）中進行資料分析變得很容易。RStudio IDE 還為 R 程式的編寫工作提供了額外支援，例如顯示說明文件和環境中物件內容的專用分割視窗。

相比之下，Python 在某些方面更像是一種「低層次」的程式設計語言，程式碼需要先編譯成機器可讀的檔案後才能被執行。這可能會使從 Python 腳本（*.py* 格式）中進行零碎的資料分析變得相對困難。在統計計算或更廣義的科學計算的應用上，這一痛點吸引了物理學家暨軟體開發人員 Fernando Pérez 的注意，他與同事們在 2001 年發起 IPython 專案，旨在為 Python 製作一個更具互動性的編譯器（IPython 是「interactive Python」

的簡稱）。這項專案最後發明了一種新的檔案類型：*IPython Notebook*，其檔案格式為 *.ipynb*。

2014 年，Fernando Pérez 宣布從 IPython 中衍生出一個名為 Jupyter 的專案。這是一個語言無關的專案，透過開發開源軟體，支援所有程式語言之間的互動式資料科學和科學計算。於是，IPython Notebook 成為了 Jupyter Notebook，保留了 *.ipynb* 檔案格式。Jupyter Notebook 是一個互動式 web 應用，使用者可以在這個計算環境中，將程式碼與文字、公式等內容結合起來，設計出媒體豐富的互動式檔案。事實上，Jupyter 專案的名稱是致敬伽利略筆下記錄木星之衛星的筆記本。所謂的**核心**（*kernel*）是 Jupyter 執行筆記本中程式碼的背景執行程式。下載 Anaconda 發行版後，你也同時設置好從 Jupyter Notebook 執行 Python 的所有必要條件：現在，你只需要啟動一個工作階段，就能開始編寫程式。

RStudio、Jupyter Notebook 和其他程式編寫方式

暫時告別 RStudio，學習另一個使用者介面，可能會讓你感到不適應。不過，請記住，在開源世界中，程式碼和應用程式通常是脫鉤的；使用者可以按照喜好「混搭」這些語言和平台。比方說，R 是 Jupyter 的幾十種核心語言之一，你當然可以使用 R 在 Jupyter Notebook 上編寫程式。除了致敬伽利略發現的土星衛星之外，它的名稱還綜合了 Jupyter 支援的三種核心程式語言：Julia、Python 和 R。

在 R 的 `reticulate` 套件的幫助下，使用者也可以從 RStudio 中執行 Python 腳本，也能更廣泛地從 R 執行 Python 程式碼。這意味著，我們可以在 Python 中匯入和處理資料，然後使用 R 將分析結果視覺化呈現。可處理 Python 程式碼的其他主流應用包括 PyCharm 和 Visual Studio Code。RStudio 也有自己的筆記本應用程式：R Notebooks，同樣採用和 Jupyter 相同的將程式碼和文字穿插呈現的概念，它支援包含 R 和 Python 在內的多種程式語言。

正如你所見，這個世界上有一系列可以用 R 和 Python 編寫程式的豐富工具，數量族繁不及備載。本書將焦點放在 RStudio 的 R 腳本和 Jupyter Notebooks 的 Python 腳本，因為這兩者比起其他工具，相對來說更加適合初學者，也更常見。一旦你適應了這些工作流後，不妨在網路上搜尋此處提到的其他開發環境。隨著你持續學習，你將會學到更多與這些語言互動的方法。

啟動 Jupyter Notebook 的步驟，因 Windows 和 Mac 系統而異。在 Windows 上，請開啟「開始」選單，搜尋並啟動 `Anaconda Prompt`。這是一個使用 Anaconda 發行版的命令列工具，也是與 Python 程式碼進行互動的另一種方式。關於從命令列工具執行 Python 的進一步介紹，可以參考 Felix Zumstein 所寫的《*Python for Excel*》（O'Reilly）一書，繁體中文版同名書籍由碁峰資訊出版。在 Anaconda Prompt 中，請在游標處輸入 `jupyter notebook`，然後按下 Enter 鍵。你所輸入的內容會類似於以下命令，但主目錄路徑不同：

```
(base) C:\Users\User> jupyter notebook
```

在 Mac 系統中，請開啟 [終端機（Terminal）]。這是 Mac 系統內建的命令列介面，可用於與 Python 溝通。在 Terminal 介面中，請在游標處輸入 `jupyter notebook`，然後按下 `Enter` 鍵。你所輸入的內容會類似於以下命令，但會是不同的主目錄路徑：

```
user@MacBook-Pro ~ % jupyter notebook
```

在任何作業系統上執行上述步驟之後，接著會發生一些事情：首先，你的電腦會啟動一個類似終端機的新視窗。**請不要關閉這個視窗**。這是與核心（kernel）建立連線的所在。此外，你的預設瀏覽器會自動開啟一個 Jupyter Notebook 介面。如果沒有，在那個類似終端機的視窗中會出現一個超連結，請將該網址複製貼上到瀏覽器中。圖 10-1 展示了瀏覽器中應該會出現的內容。Jupyter 的起始畫面是一個類似「檔案總管」的視窗。現在，你可以前往指定資料夾來儲存筆記本。

圖 10-1　Jupyter 起始畫面

如果想要開啟一份新的筆記本，請前往瀏覽器視窗的右上角，選擇 [新增] → [筆記本] → [Python 3]。這時會跳出一個新的分頁標籤，顯示一個空白的 Jupyter Notebook。和 RStudio 一樣，Jupyter 所提供的豐富功能族繁不及備載，本書將專注介紹幫助你踏出第一步的關鍵元素。圖 10-2 展示了 Jupyter Notebook 的四個主要組件，讓我們依序介紹。

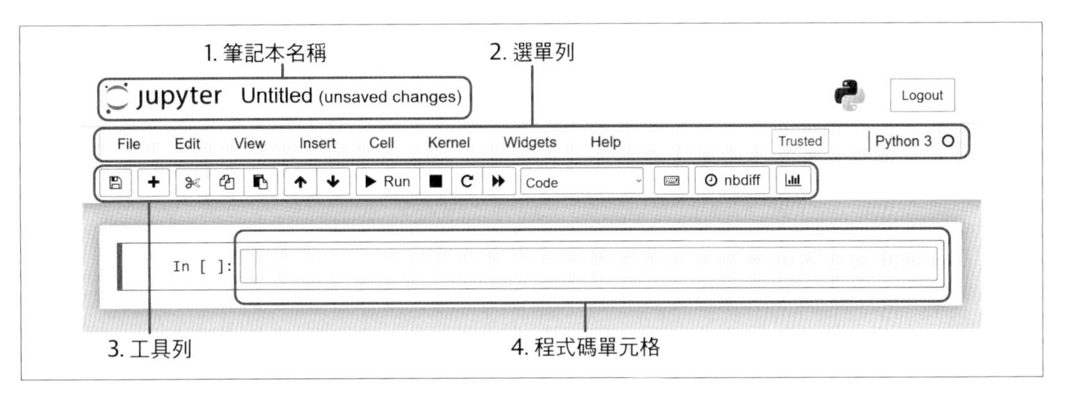

圖 10-2　Jupyter 介面的主要元素

首先是「筆記本名稱」：這是我們的 *.ipynb* 檔案的名稱。你可以點擊目前名稱，為筆記本重新命名。

接下來是「選單列」：這一列包含了處理筆記本的各式操作。例如，你可以點選 [檔案（File）] 選項，開啟或關閉筆記本。由於 Jupyter Notebook 每兩分鐘會自動保存一次，因此不需要擔心儲存筆記本的問題。如果你需要將筆記本轉換為 *.py* 格式的 Python 腳本或其他常見的檔案格式，可以點選 [檔案] → [下載為（Download as）] 選項。這一列最右側還有一個 [幫助（Help）] 選項，其中包含了幾個使用指南和參考文件的網址。你可以透過這個選單，深入了解 Jupyter 的各種鍵盤快捷鍵。

前面我曾提到，**核心**（*kernel*）是 Jupyter 在底層與 Python 進行互動的執行程式。選單列的 [Kernel] 包含了一些實用操作選項。電腦就是這樣，有時候讓 Python 程式碼正常運作的辦法，可能就是重新啟動核心。你可以前往 [Kernel] → [重啟（Restart）] 來完成此步驟。

「工具列」位於選單列的正下方。此處包含了處理筆記本的實用圖示，比前往上方選單列更加方便，比方說這裡就有幾個和核心進行互動的圖示。

你還可以在筆記本中插入和重新定位**單元格**（*cell*），這是你在 Jupyter 中會花上最多時間的地方。首先，讓我們用工具列做最後一件事：你會發現一個設定為 [Code] 的下拉式選單，請將其變更為 [Markdown] 模式。

現在，請前往你的第一個程式碼單元格，然後輸入 `Hello, Jupyter!`，接著回到工具列，選擇 [Run] 圖示。這時，會發生一些事情。首先，你會看到 `Hello, Jupyter!` 單元格變得像常見文字檔案中的文字。接下來，你將看到一個新的程式碼單元格出現在前一個單元格的下面，讓你輸入更多的內容。這時，筆記本畫面應該類似圖 10-3。

圖 10-3 Hello, Jupyter!

現在，請回到工具列，再次選擇「Markdown」。你可能已經發現了，Jupyter Notebook 由不同類型的模組化單元格組成。我們將集中討論兩個最常見的類型：「Markdown」模式和「Code」模式。Markdown 是一種純文本標記式語言，使用鍵盤上的常見字元。

請將以下內容輸入至空白單元格：

```
# Big Header 1
## Smaller Header 2
### Even smaller headers
#### Still more

*Using one asterisk renders italics*

**Using two asterisks renders bold**

- Use dashes to...
- Make bullet lists

Refer to code without running it as `fixed-width text`
```

現在，請執行這個單元格：你可以從工具列中執行，或者使用鍵盤快捷鍵 Alt + Enter（Windows）或 Option + Return（Mac）。此時，輸出結果如圖 10-4 所示。

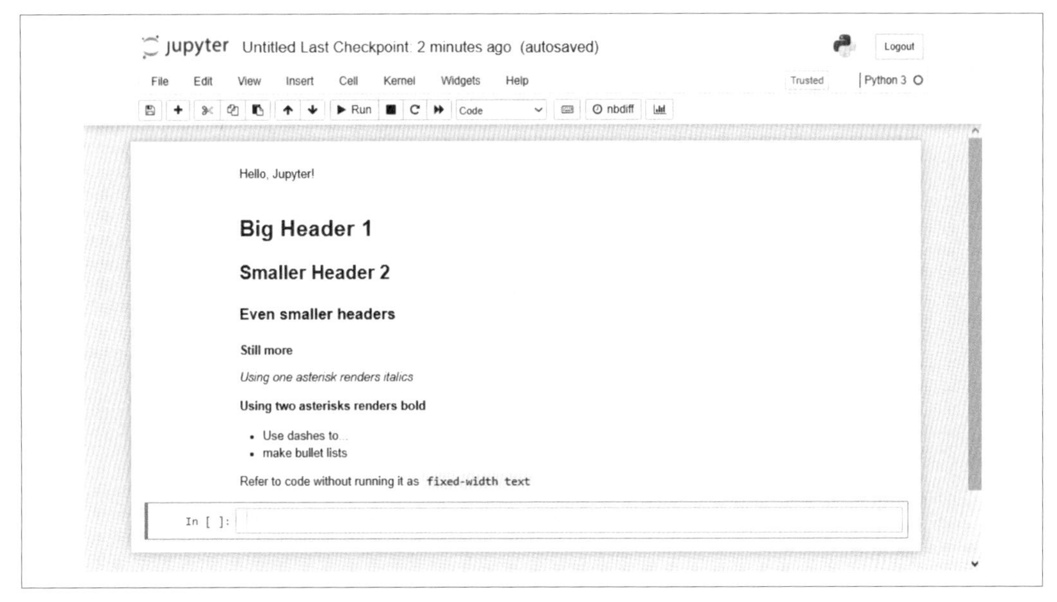

圖 10-4 Jupyter 中 Markdown 格式範例

如果想要了解關於 Markdown 的更多內容，請前往選單列的 [幫助] 查看。學習打造流暢優雅的筆記本是一件很有意義的事，你的筆記本中可以加入圖片、方程式等等多樣化的內容。但是在本書中，我們將重點放在可以執行 Python 程式的**程式碼區塊**（*code block*）。現在，你應該位於第三個程式碼單元格上，你可以將這一行保留為「Code」格式。終於，我們要開始用 Python 編寫程式了。

你可以讓 Python 變成一個很酷的計算機，就像 Excel 和 R 一樣，表 10-1 整理了 Python 中一些常見的數學運算子。

表 10-1 Python 的常見數學運算子

運算子	描述
+	加法
-	減法
*	乘法
/	除法
**	指數
%%	餘數
//	整數除法

請輸入以下數學運算，然後執行單元格：

```
In [1]: 1 + 1
Out[1]: 2

In [2]: 2 * 4
Out[2]: 8
```

當 Jupyter 程式碼區塊被執行時，它們的輸入和輸出分別以 `In []` 和 `Out []` 進行編號。

Python 也遵循數學運算的優先順序；讓我們試著在同一個單元格中執行幾個範例：

```
In [3]: # Multiplication before addition
        3 * 5 + 6
        2 / 2 - 7 # Division before subtraction
Out[3]: -6.0
```

在預設情況下，Jupyter Notebook 只會傳回一個單元格內最後一次執行的程式碼之輸出結果，所以我們要將上面的算式分成兩部分以便理解。你可以使用鍵盤快捷鍵的 Ctrl+Shift+-（減號），在游標處拆分單元格內的內容：

```
In [4]:  # Multiplication before addition
         3 * 5 + 6

Out[4]: 21

In [5]:  2 / 2 - 7 # Division before subtraction

Out[5]: -6.0
```

是的，Python 同樣使用程式碼註解。與 R 類似，註解內容以 # 符號開頭，按照慣例，最好讓註解位於獨立的行。

和 Excel 與 R 一樣，Python 包含了許多函式（functions），可用於處理數值和字元：

```
In [6]: abs(-100)

Out[6]: 100

In [7]: len('Hello, world!')

Out[7]: 13
```

與 Excel 不同，但與 R 一樣，Python 區分大小寫。這表示，**只有** `abs()` 能被正確解讀為取絕對值，而不是 `ABS()` 或 `Abs()`。

```
In [8]:  ABS(-100)

        ---------------------------------------------------------------------------
        NameError                                 Traceback (most recent call last)
        <ipython-input-20-a0f3f8a69d46> in <module>
        ----> 1 print(ABS(-100))
              2 print(Abs(-100))

        NameError: name 'ABS' is not defined
```

Python 和縮排

在 Python 中，「空格」不僅僅是一個建議：它是讓程式碼得以執行的必需品。這是因為 Python 仰賴適當的縮排來編譯和執行程式碼區塊（code block），也就是作為一個單元被執行的程式碼片段。雖然你不會在本書遇到縮排的問題，但是當你繼續探索 Python 的其他功能時，比方說編寫函式或迴圈（loop），你就會發現，空格縮排在這個程式設計語言中有多麼普遍，並且具有關鍵作用。

類似 R 語言，我們可以使用 ? 運算子，得到關於函式、套件等的詳細內容。當你執行該單元格後，會跳出一個如圖 10-5 的新視窗，你可以在一個新視窗中展開查詢的詳細內容。

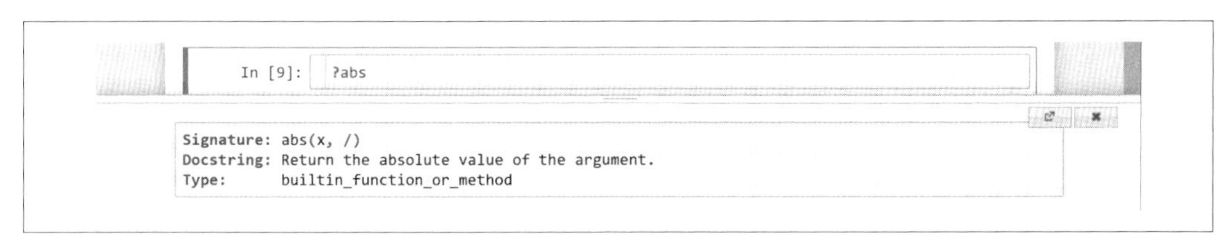

圖 10-5　在 Jupyter Notebook 中開啟說明文件

比較運算子在 Python 中的運作邏輯大多與 R 和 Excel 相同；在 Python 中，傳回的結果要麼是 `True`，要麼是 `False`。

```
In [10]: # Is 3 greater than 4?
         3 > 4

Out[10]: False
```

和 R 一樣，請使用 == 來檢查兩個值是否相等；單個等號（=）的用途是指派物件。我們始終會使用 = 符號，指派 Python 中的物件。

```
In [11]:  # Assigning an object in Python
          my_first_object = abs(-100)
```

你可能已經注意到，第 11 號單元格竟然沒有 Out [] 組件。這是因為我們在這一行中只有指派物件，並沒有印出任何東西。現在，就讓我們開始吧：

```
In [12]: my_first_object

Out[12]: 100
```

Python 中的物件名必須以字母或底線開頭，而且名稱只能包含字母、數字或底線，還有幾個碰不得的關鍵字需要注意。同理，雖然在 Python 中命名物件的自由度很大，也不代表你可以任意命名物件。

Python 和 PEP 8

Python 基金會使用 Python Enhancement Proposals（PEPs）來宣布對該語言的更改或新功能。PEP 8 提供了一個風格指南，是編寫 Python 程式碼的通用標準。它的許多規範和指引也涵蓋了命名物件、程式碼註解等內容。你可以在 Python 基金會的網站（*https://oreil.ly/KdmIf*）上閱讀完整的 PEP 8 風格指南。

就像在 R 中一樣，Python 中的物件可以是不同的資料型態。表 10-2 整理了一些基本的 Python 資料型態。你是否看出了這些 Python 物件與 R 物件有什麼相似或相異的地方？

表 10-2　Python 的常見物件型態

資料型態	範例
String（字串）	'Python', 'G. Mount', 'Hello, world!'
Float（浮點數）	6.2, 4.13, 3.1
Integer（整數）	3, -1, 12
Boolean（布林值）	True, False

我們來指派一些物件，然後利用 `type()` 函式，確認這些物件屬於何種資料型態：

```
In [13]:  my_string = 'Hello, world'
          type(my_string)

Out[13]: str

In [14]: # Double quotes work for strings, too
         my_other_string = "We're able to code Python!"
         type(my_other_string)

Out[14]: str


In [15]: my_float = 6.2
         type(my_float)

Out[15]: float


In [16]: my_integer = 3
         type(my_integer)

Out[16]: int

In [17]: my_bool = True
         type(my_bool)

Out[17]: bool
```

既然你已經在 R 中處理過物件，想必你不會對「物件可以作為 Python 運算的一份子」感到驚訝。

```
In [18]:  # Is my_float equal to 6.1?
          my_float == 6.1

Out[18]: False

In [19]:  # How many characters are in my_string?
          # (Same function as Excel)
          len(my_string)

Out[19]: 12
```

與 Python 函式密切相關的另一個重要概念是**方法**（*methods*）。在某個物件後面加上一個句號（.）然後綴上一個方法，就可以對該物件執行此方法的動作。舉例來說，如果我們想要將字串物件中的所有字母改成大寫，可以使用 `upper()` 方法：

```
In [20]:  my_string.upper()

Out[20]: 'HELLO, WORLD'
```

函式和方法都用於對物件執行特定操作，我們將在本書中同時使用它們。Python 和 R 一樣，可以在同一個物件中儲存多個值。在正式開始之前，讓我們認識一下，模組在 Python 中如何運作。

Python 的模組

Python 是一種廣泛通用的程式設計語言，即使是一些最簡單的資料處理任務，也不見得有現成的函式可供使用。比方說，我們找不到一個可以求某數平方根的函式：

```
In [21]:  sqrt(25)

        ----------------------------------------------------------
        NameError                 Traceback (most recent call last)
        <ipython-input-18-1bf613b64533> in <module>
        ----> 1 sqrt(25)

        NameError: name 'sqrt' is not defined
```

不過，這個函式**確實存在**於 Python 中。但是要存取它，首先需要匯入一個**模組**（*module*），它就像 R 的套件一樣。有幾個模組是 Python 標準庫的一部分，會隨著 Python 一起安裝；例如，`math` 模組就包含了許多數學函式，`sqrt()` 就在其中。我們可以在工作階段中使用 `import` 陳述式來呼叫此模組：

```
In [22]:  import math
```

所謂的「陳述式」（statement）是一種指令，用來告訴編譯器它應該做什麼動作。剛才，我們告訴 Python 去匯入 `math` 模組。現在，理論上我們可以使用 `sqrt()` 函式了，來試一試：

```
In [23]:  sqrt(25)

        ----------------------------------------------------------
        NameError                 Traceback (most recent call last)
        <ipython-input-18-1bf613b64533> in <module>
```

```
----> 1 sqrt(25)

NameError: name 'sqrt' is not defined
```

說真的，我不是在逗各位讀者玩。我們依然得到錯誤訊息的原因是，我們需要明確地告訴 Python 這個函式「來自**哪個**模組」。請在 `sqrt()` 函式前面加上模組名稱，如以下程式碼所示：

```
In [24]:  math.sqrt(25)

Out[24]: 5.0
```

Python 標準庫擁有一系列強大而實用的模組。第三方模組更是數以萬計，這些模組被集合成一個個套件（*packages*），並上傳到 Python Package Index 上。`pip` 是 Python 的標準套件管理系統，它可以安裝來自 Python Package Index 以及外部來源的套件。

Anaconda 發行版為套件處理做了大量的改進。首先，一些最主流的 Python 套件會隨著 Anaconda 發行版一起預先安裝。此外，Anaconda 還具備一些可確保你電腦上的所有軟體套件都能相容的功能。因此，使用者最好直接從 Anaconda 安裝軟體套件，而不是從 `pip` 安裝。Python 套件的安裝工作一般透過命令列介面來完成，也就是你之前碰過的 Anaconda Prompt（Windows）或終端機（Mac）。話雖如此，在 Jupyter 介面中，我們也可以在命令列程式碼前面加上一個感嘆號（!）來執行安裝工作。現在，讓我們從 Anaconda 安裝 `plotly`，這是一個相當受歡迎的資料視覺化軟體套件。我們要使用的陳述式是 `conda install`：

```
In [25]:  !conda install plotly
```

並非所有軟體套件都可以從 Anaconda 下載，在這種情況下，我們可以透過 `pip` 進行安裝。現在，我們來安裝 `pyxlsb` 套件，它可以將 `.xlsb` 格式的二進制 Excel 文件讀取到 Python 中：

```
In [26]:  !pip install pyxlsb
```

雖然直接從 Jupyter 下載軟體套件很方便，但如果其他人試著執行你的筆記本，卻必須先進行冗長或不必要的下載工作，這個體驗可能會令人感到不快。這就是為什麼對安裝命令進行註解說明是很常見的，這也是我在本書函式庫中所遵循的慣例。

如果你用 Anaconda 執行 Python，最好先透過 `conda` 安裝所需套件，如果套件在 `conda` 上找不到的話，再選擇透過 `pip` 安裝。

更新 Python、Anaconda 和 Python 套件

表 10-3 整理了好幾個維護 Python 環境的實用指令。你還可以使用 Anaconda Navigator 來安裝和維護 Anaconda 軟體套件，這個介面隨附於 Anaconda 個人版。如欲開始，請在你的電腦上啟動 Anaconda 應用程式，然後前往 [幫助（Help）] 選單，閱讀相關說明文件。

表 10-3　維護 Python 套件的實用指令

指令	描述
`Conda update anaconda`	更新 Anaconda 發行版
`Conda update python`	更新 Python 版本
`Conda update - all`	更新所有從 conda 下載的套件
`Pip list - outdated`	列出所有從 pip 下載且可更新的套件

本章小結

在本章中，你學習了如何在 Python 中使用物件和套件，並掌握了使用 Jupyter Notebook 的竅門。

實際演練

以下練習提供了關於本章主題的額外實踐和洞察：

1. 請開啟一個新的 Jupyter Notebook，執行以下運算：
    - 將 1 和 -4 的和指定為 `a`。
    - 將 `a` 的絕對值指定為 `b`。
    - 將 `b` 減去 1 並指定為 `d`。
    - `d` 大於 2 嗎？
2. Python 標準庫中有一個 `random` 模組，該模組中包含一個 `randint()` 函式，類似 Excel 的 `RANDBETWEEN()`。舉例來說，`randint(1，6)` 會傳回一個介於 1 和 6 之間的整數。請使用這個函式，查找一個介於 0 ～ 36 之間的隨機數。

3. Python 標準庫還包括一個名為 `this` 的模組。請問匯入該模組後發生了什麼？

4. 請透過 Anaconda 下載 `xlutils` 套件，然後使用 ? 運算子，搜尋可供查看的說明文件。

以這些練習為出發，我鼓勵你立即在日常工作中使用 Python。目前，Python 對你來說也許只是一個很酷的計算機。你也可以同時用 R 和 Python 處理相同的任務，加以比較兩種語言的異同之處。如果你是透過將 R 與 Excel 進行類比來學習編寫 R 語言，那麼你也可以將 R 與 Python 對比，幫助自己更快適應 Python。

第十一章

Python 的資料結構

在第 10 章中，你認識了一些簡單的 Python 物件類型，例如字串、整數和布林值。現在，讓我們看一下將多個值組合在一起的**集合**（*collection*）。在預設情況下，Python 附帶了幾種集合物件類型。我們將從**串列**（*list*）開始介紹。我們可以在中括號內以逗號分隔每個值，建立一個串列：

```
In [1]: my_list = [4, 1, 5, 2]
        my_list

Out[1]: [4, 1, 5, 2]
```

此物件的內容都是整數，但這個物件本身的資料型態**並不是**整數：它是一個**串列**（*list*）。

```
In [2]: type(my_list)

Out[2]: list
```

事實上，我們可以在一個串列中包含各種不同型態的資料……甚至是其他串列。

```
In [3]: my_nested_list = [1, 2, 3, ['Boo!', True]]
        type(my_nested_list)

Out[3]: list
```

基本 Python 中的其他集合類型

除了串列之外，Python 還擁有其他幾個內建的集合物件類型，最著名的是**字典**（*dictionary*），標準庫的 `collections` 模組更提供了無數集合類型。集合的類型依值的儲存方式而異，並且可以進行索引或修改。

正如你所見，串列在儲存資料方面非常通用。不過，我們想要知道的是，有沒有一種物件類似於 Excel 的範圍或 R 的向量，可以轉換成表格式資料。串列可以滿足這個需求嗎？讓我們試著把 `my_list` 乘以 2：

```
In [4]:  my_list * 2

Out[4]: [4, 1, 5, 2, 4, 1, 5, 2]
```

這大概**不是**你想要的答案：Python 真的，嗯，讓你的**串列**翻了一倍，而不是將**串列裡面的數字**乘以 2。有很多方法可以讓我們得到想要的結果：如果你知道怎麼進行迴圈（loop），你可以在這裡加入一個迴圈，將每個元素乘以 2。如果你不認識迴圈也無妨：更好的作法是匯入一個模組，讓我們在 Python 中執行計算變得更容易。為此，我們將使用 Anaconda 隨附的 `numpy` 模組。

NumPy 陣列

```
In [5]:  import numpy
```

`numpy` 是 Python 語言的數值計算模組，支援高階大量的維度陣列與矩陣運算，是讓 Python 搖身成為熱門資料分析工具的幕後功臣。如果想了解更多詳細內容，請前往 Jupyter 介面中選單列的 [幫助] → [NumPy referece]。現在，我們要把焦點放在 `numpy` **陣列**（*array*）這個資料結構上。這是一個多維度、同質並且固定大小的集合，最多可以儲存任意數量或 *n* 個維度的資料。我們先來認識**一維陣列**（*one-dimensional array*），使用 `array()` 函式將串列轉換成我們的第一個陣列：

```
In [6]:  my_array = numpy.array([4, 1, 5, 2])
         my_array

Out[6]: array([4, 1, 5, 2])
```

乍看之下，numpy 陣列很像一個串列（list）；畢竟，我們就是從一個串列中建立一個陣列。但是我們確實看出，陣列是一種不同的資料型態：

```
In [7]: type(my_list)

Out[7]: list

In [8]: type(my_array)

Out[8]: numpy.ndarray
```

具體來說，這是一個 ndarray，也就是**多維陣列**（*n-dimensional array*）。因為它是一種不同的資料結構，所以在對它執行運算時，其行為也會有所不同。例如，當我們乘一個 numpy 陣列，會產生什麼結果？

```
In [9]: my_list * 2

Out[9]: [4, 1, 5, 2, 4, 1, 5, 2]


In [10]: my_array * 2

Out[10]: array([ 8,  2, 10,  4])
```

這個行為應該會讓你想起 Excel 範圍或是 R 向量。事實上，和 R 向量一樣，numpy 陣列會讓資料「強制」屬於同一種資料型態：

```
In [11]: my_coerced_array = numpy.array([1, 2, 3, 'Boo!'])
         my_coerced_array

Out[11]: array(['1', '2', '3', 'Boo!'], dtype='<U11')
```

NumPy 和 Pandas 中的資料類型

你將會發現，numpy 和接下來要介紹的 pandas 中的資料型態，和標準 Python 中的資料型態之運作方式有些不同。這些所謂的 dtypes（資料類型）是為了快速讀寫資料而構建的，也適用於 C 或 Fortran 等低層級程式設計語言。不必過於擔心是否要使用特定的 dtypes，現在，你只需要關注一般的資料型態（如浮點數、字串或布林值）就可以了。

如你所見，numpy 模組是在 Python 中處理資料的救星。可以想像的是，我們將會大量匯入 numpy……也就是說我們需要經常輸入。幸好，你可以利用**別名**（*aliasing*）來減少重複打字。我們將使用 as 關鍵字，為 numpy 賦予其別名 np：

```
In [12]:  import numpy as np
```

這麼做為 numpy 模組提供了一個臨時的、更易於管理的名稱。現在，每當我們想在 Python 工作階段中從 numpy 模組呼叫程式碼時，我們都可以引用它的別名。

```
In [13]: import numpy as np
         # numpy also has a sqrt() function:
         np.sqrt(my_array)

Out[13]: array([2.        , 1.        , 2.23606798, 1.41421356])
```

請記住，別名對於你的 Python 工作階段來說是**臨時的**。如果你重新啟動 kernel 或是開啟一個新的筆記本，則無法存取原來的別名。

對 NumPy 陣列進行索引和取子集

讓我們花一點時間探索如何從 numpy 陣列中提取單個項目，請在物件名稱後的中括號內，放入該項目的索引編號：

```
In [14]: # Get second element... right?
         my_array[2]

Out[14]: 5
```

在上面的例子中，我們從陣列中提取了第二個元素……應該沒錯吧？現在，請重新回顧一下 my_array 中的第二個位置。

```
In [15]: my_array

Out[15]: array([4, 1, 5, 2])
```

看起來 1 位於第二個位置，而 5 實際上位於**第三個**位置。為什麼這樣？這是因為 Python 計算東西的方式與你我的習慣不同。

在學習這個奇特概念之前，請先想像一下，當你費盡千辛萬苦得到一個新的資料集時，你太過興高采烈，結果將同一份資料集下載了好幾次。電腦中出現了一系列檔案，而這些檔案的名稱如下所示：

- *dataset.csv*
- *dataset (1).csv*
- *dataset (2).csv*
- *dataset (3).csv*

身為一般人類，我們的數數習慣是從 1 開始。但是電腦經常「從 0 開始」計數。重複下載的檔案就是其中一種例子：第二個檔案被命名為 `dataset (1)`，而不是 `dataset (2)`。這被稱為**以 *0* 為始的索引**（*zero-based indexing*），這是 Python 採用的索引方式。

以 0 為始和以 1 為始的索引

電腦經常從 0 開始計數，但也不盡然都是如此。事實上，Excel 和 R 都採用**以 *1* 為始的索引**（*one-based indexing*），將第一個元素視為位於位置一。對於兩種索引方式的優劣，軟體開發人員可能會抱持強烈的意見，不過，對你而言，你應該都要能適應這兩種索引邏輯。

總而言之，對於 Python 來說，以編號 `1` 進行索引，會傳回**第二個**位置的值，用 `2` 索引則傳回第三個位置，依此類推。

```
In [16]: # *Now* let's get the second element
         my_array[1]

Out[16]: 1
```

我們也可以對一組連續值的範圍取子集，在 Python 中這個動作被稱為**切片**（*slicing*）。請試著找到第二到第四個元素。既然已經知道 Python 的索引以 0 為始，還能有什麼困難？

```
In [17]: # Get second through fourth elements... right?
         my_array[1:3]

Out[17]: array([1, 5])
```

等等，**這裡還有一個陷阱**。除了以零為始的索引之外，切片**不包括**結束元素。這意味著，我們必須在第二個數字上「加 1」，才能得到我們想要的範圍：

```
In [18]: # *Now* get second through fourth elements
         my_array[1:4]

Out[18]: array([1, 5, 2])
```

在 Python 中，切片方式相當多樣，例如你可以從物件的**尾端**開始切片，或者從開始到給定位置選擇所有元素。目前，你需要牢記腦海的重點是：***Python* 的索引以 *0* 為始**。

二維的 numpy 陣列可以作為一種表格式 Python 資料結構，且所有元素必須是相同的資料類型。當我們在實務工作分析資料時，很少能碰到如此理想的情況，因此為了滿足分析表格式資料的需求，我們要改為使用 pandas。

Pandas DataFrame 簡介

pandas 這個名字衍生自計量經濟學的**面板資料**（*panel data*），它是一個用於 Python 語言的軟體庫，特別適合處理和分析表格資料。和 numpy 一樣，它隨附於 Anaconda 發行版中，其典型別名是 pd：

```
In [19]: import pandas as pd
```

pandas 模組在其原始碼庫中借用了 numpy 模組的概念，因此你將會看到兩者具有相似之處。在 pandas 的資料結構中，還包括一個叫做 *Series* 的一維資料結構。但是 pandas 中最被廣泛使用的資料結構是二維的 *DataFrame*（這聽起來是否很熟悉呢？）我們可以利用 DataFrame 函式，從其他資料類型（包括 numpy 陣列）建立一個 DataFrame：

```
In [20]: record_1 = np.array(['Jack', 72, False])
         record_2 = np.array(['Jill', 65, True])
         record_3 = np.array(['Billy', 68, False])
         record_4 = np.array(['Susie', 69, False])
         record_5 = np.array(['Johnny', 66, False])

         roster = pd.DataFrame(data = [record_1,
             record_2, record_3, record_4, record_5],
               columns = ['name', 'height', 'injury'])

         roster

Out[20]:
              name height injury
```

```
0    Jack    72  False
1    Jill    65   True
2   Billy    68  False
3   Susie    69  False
4  Johnny    66  False
```

DataFrame 通常會包含每個欄位的命名標籤（*labels*），以及每一列的**索引編號**（*indexing*），在預設情況下從 0 開始（你猜得沒錯）。以上範例是一個很小的資料集，我們來看看其他例子。很可惜，Python 不包含現成的 DataFrame，不過我們可以在 `seaborn` 程式庫中找到一些。`seaborn` 套件隨附於 Anaconda 發行版，其典型別名為 `sns`。請利用 `get_dataset_names()` 函式，它會傳回一個串列，為我們整理出可用的 DataFrame：

```
In [21]: import seaborn as sns
         sns.get_dataset_names()

Out[21]:
        ['anagrams', 'anscombe', 'attention', 'brain_networks', 'car_crashes',
        'diamonds', 'dots', 'exercise', 'flights', 'fmri', 'gammas',
        'geyser', 'iris', 'mpg', 'penguins', 'planets', 'tips', 'titanic']
```

還記得 *iris* 嗎？我們可以用 `load_data set()` 函式，將它載入到 Python 工作階段中，並用 `head()` 方法印出前五列資料。

```
In [22]: iris = sns.load_dataset('iris')
         iris.head()

Out[22]:
           sepal_length  sepal_width  petal_length  petal_width species
        0           5.1          3.5           1.4          0.2  setosa
        1           4.9          3.0           1.4          0.2  setosa
        2           4.7          3.2           1.3          0.2  setosa
        3           4.6          3.1           1.5          0.2  setosa
        4           5.0          3.6           1.4          0.2  setosa
```

在 Python 中匯入資料

和 R 一樣，從外部檔案讀入資料到 Python 是最常見的作法，而我們需要處理目錄。Python 標準庫包括用於處理檔案路徑和目錄的 `os` 模組：

```
In [23]: import os
```

要進行下一步，請先將你的筆記本儲存在本書範例檔的主資料夾中。在預設情況下，Python 會將目前的工作目錄設置為工作中檔案的所在位置，因此我們無須像在 R 一樣擔心是否要更改目錄位置。你仍然可以分別使用 `os` 模組的 `getcwd()` 和 `chdir()` 函式來檢查或是更改目錄。

關於相對和絕對檔案路徑，Python 遵循與 R 相同的一般規則。讓我們試著使用 `isfile()` 函式，在程式庫中定位 *test-file.csv*，該函式位於 `os` 的 `path` 子模組中：

```
In [24]: os.path.isfile('test-file.csv')

Out[24]: True
```

現在，我們想要找出 *test-folder* 子資料夾中所包含的 *test-file.csv* 檔案。

```
In [25]: os.path.isfile('test-folder/test-file.csv')

Out[25]: True
```

接下來，請試著把這個檔案的一個副本，放到你目前所在位置的上一層資料夾。你可以使用以下程式碼定位檔案：

```
In [26]:  os.path.isfile('../test-file.csv')

Out[26]: True
```

與 R 一樣，你通常會從外部來源讀入資料，並在 Python 中對資料進行處理，而資料來源幾乎可以是任何你想像得到的東西。`pandas` 包括從 *.xlsx* 和 *.csv* 兩種檔案讀取資料，並將其轉換成 DataFrame 結構的函式。我們來試著從本書範例檔中讀入 *star.xlsx* 和 *districts.csv* 這兩個資料集。`read_excel()` 函式可以用來讀取 Excel 工作簿：

```
In [27]: star = pd.read_excel('datasets/star/star.xlsx')
         star.head()

Out[27]:
   tmathssk  treadssk             classk  totexpk   sex freelunk   race
0       473       447        small.class        7  girl       no  white
```

```
1       536       450         small.class       21  girl       no  black
2       463       439  regular.with.aide         0   boy      yes  black
3       559       448            regular        16   boy       no  white
4       489       447        small.class         5   boy      yes  white

   schidkn
0       63
1       20
2       19
3       69
4       79
```

同樣地，我們還可以用 pandas 的 read_csv() 函式來讀取 *.csv* 檔案：

```
In [28]: districts = pd.read_csv('datasets/star/districts.csv')
         districts.head()

Out[28]:
            schidkn     school_name        county
         0        1         Rosalia  New Liberty
         1        2  Montgomeryville       Topton
         2        3            Davy      Wahpeton
         3        4        Steelton     Palestine
         4        6      Tolchester       Sattley
```

如果你想讀取其他 Excel 檔案格式，或者是匯入特定的範圍和工作表，請參考 pandas 說明文件。

探索 DataFrame

現在，我們來估算看看 *star* DataFrame 的大小。info() 方法將會告訴我們一些重要的資訊，例如它的維度和欄位類型：

```
In [29]: star.info()

    <class 'pandas.core.frame.DataFrame'>
    RangeIndex: 5748 entries, 0 to 5747
    Data columns (total 8 columns):
    #   Column    Non-Null Count  Dtype
    ---  ------    --------------  -----
    0   tmathssk  5748 non-null   int64
    1   treadssk  5748 non-null   int64
    2   classk    5748 non-null   object
    3   totexpk   5748 non-null   int64
```

```
4   sex       5748 non-null   object
5   freelunk  5748 non-null   object
6   race      5748 non-null   object
7   schidkn   5748 non-null   int64
dtypes: int64(4), object(4)
memory usage: 359.4+ KB
```

我們可以使用 describe() 方法，檢索關於此 DataFrame 的敘述統計：

```
In [30]: star.describe()

Out[30]:
          tmathssk     treadssk     totexpk      schidkn
count  5748.000000  5748.000000  5748.000000  5748.000000
mean    485.648051   436.742345     9.307411    39.836639
std      47.771531    31.772857     5.767700    22.957552
min     320.000000   315.000000     0.000000     1.000000
25%     454.000000   414.000000     5.000000    20.000000
50%     484.000000   433.000000     9.000000    39.000000
75%     513.000000   453.000000    13.000000    60.000000
max     626.000000   627.000000    27.000000    80.000000
```

在預設情況下，pandas 只會紀錄數值（numeric）變數的敘述統計。我們可以在 describe() 方法後面的括號中加上 include = 'all'，顯示所有變數。

```
In [31]: star.describe(include = 'all')

Out[31]:
           tmathssk     treadssk             classk      totexpk   sex  \
count   5748.000000  5748.000000               5748  5748.000000  5748
unique          NaN          NaN                  3          NaN     2
top             NaN          NaN  regular.with.aide          NaN   boy
freq            NaN          NaN               2015          NaN  2954
mean     485.648051   436.742345                NaN     9.307411   NaN
std       47.771531    31.772857                NaN     5.767700   NaN
min      320.000000   315.000000                NaN     0.000000   NaN
25%      454.000000   414.000000                NaN     5.000000   NaN
50%      484.000000   433.000000                NaN     9.000000   NaN
75%      513.000000   453.000000                NaN    13.000000   NaN
max      626.000000   627.000000                NaN    27.000000   NaN

       freelunk   race      schidkn
count      5748   5748  5748.000000
unique        2      3          NaN
top          no  white          NaN
freq       2973   3869          NaN
```

```
mean        NaN    NaN    39.836639
std         NaN    NaN    22.957552
min         NaN    NaN     1.000000
25%         NaN    NaN    20.000000
50%         NaN    NaN    39.000000
75%         NaN    NaN    60.000000
max         NaN    NaN    80.000000
```

`NaN` 是 pandas 中一個特別的值，表示缺失或不可用的資料，例如我們無法取得類別變數的標準差，因此以 `NaN` 表示。

對 DataFrame 進行索引和取子集

讓我們重新回顧 *roster* 這個小 DataFrame，按照資料列和欄位的位置存取各種元素。如果想要對 DataFrame 進行索引，我們可以使用 `iloc` 方法，這是 *integer locaiton*（整數位置）的簡稱。`iloc[]` 的中括號對你來說應該很熟悉，但是這次我們需要按資料列和欄位進行索引（老樣子，索引都要從 0 開始）。讓我們用 *roster* DataFrame 演示一下。

```
In [32]:  # First row, first column of DataFrame
          roster.iloc[0, 0]

Out[32]: 'Jack'
```

我們也可以使用切片，一次性擷取多個資料列與多個欄位：

```
In [33]: # Second through fourth rows, first through third columns
         roster.iloc[1:4, 0:3]

Out[33]:
     name height injury
 1   Jill     65   True
 2  Billy     68  False
 3  Susie     69  False
```

如果想按名稱索引整個欄位，我們可以使用 `loc` 方法。在第一個索引位置留空，來擷取所有資料列，然後在第二個索引位置輸入我們想要的欄位名稱：

```
In [34]:  # Select all rows in the name column
          roster.loc[:, 'name']

Out[34]:
        0      Jack
        1      Jill
        2     Billy
```

```
3     Susie
4    Johnny
Name: name, dtype: object
```

編寫 DataFrame

pandas 還擁有將 DataFrame 編寫成 *.csv* 檔案和 *.xlsx* 檔案的函式。想要寫成 *.csv* 格式，請使用 `to_csv()`；想要寫成 *.xlsx* 格式，請使用 `to_excel()`：

```
In [35]: roster.to_csv('output/roster-output-python.csv')
         roster.to_excel('output/roster-output-python.xlsx')
```

本章小結

在短短時間內，你已經掌握了單元素物件、串列、numpy 陣列，以及 pandas DataFrame。希望你能夠看出這些資料結構之間的演變和關聯，並親身體會本章介紹過的套件優點。在後續章節中，我們會大量依賴 pandas 軟體庫，在本章中你也認識到了 pandas 本身依賴 numpy 程式庫和 Python 的基本規則，例如以 0 為始的索引邏輯。

實際演練

在本章中，你學習了如何在 Python 中處理不同的資料結構和集合類型。以下練習提供了關於本章主題的額外實踐和洞察：

1. 請對以下陣列進行切片，留下第三個到第五個元素。

   ```
   practice_array = ['I', 'am', 'having', 'fun', 'with', 'Python']
   ```

2. 請從 seaborn 套件載入 tips 這個 DataFrame。

   - 請印出關於此 DataFrame 的資訊，例如觀察值的數量和每個欄位的類型。
   - 請印出此 DataFrame 的敘述統計。

3. 本書範例檔（*https://oreil.ly/RKmg0*）在 *datasets* 資料夾的 *ais* 子資料夾中有一個 *ais.xlsx* 檔案。請將它讀取為 DataFrame，匯入 Python 中。

   - 印出該 DataFrame 的前幾列。
   - 請將此 DataFrame 的 *sport* 欄位，匯出為 *sport.xlsx*。

第十二章

在 Python 中處理資料和視覺化

在第 8 章中，你學到如何運用 tidyverse 軟體套件處理資料並且視覺化呈現。在這個章節中，我們要在同一份 *star* 資料集上做類似的處理，不過這次使用的工具是 Python。我們將分別使用 pandas 和 seaborn 模組來處理和視覺化資料。雖然無法全面涵蓋這些模組在資料分析領用的完整應用，但本章介紹的內容足以為你奠定探索資料的基礎。

在接下來的資料分析中，我會盡可能地模仿第 8 章出現過的所有步驟。由於資料內容對你來說已經不算陌生，我會把焦點放在以 Python 處理和視覺化資料的「方法」，而不是過多著墨於處理和視覺化資料的「原因」。現在，我們先來載入必要模組，並且載入 *star* 資料集。程式碼中出現的第三個模組 matplotlib 對你來說是一個新的模組，它可以補足我們在 seaborn 模組上的工作。matplotlib 也隨附於 Anaconda 發行版。更具體一點，我們將使用此模組中的 pyplot 子模組，其別名為 plt。

```
In [1]:  import pandas as pd
         import seaborn as sns
         import matplotlib.pyplot as plt

         star = pd.read_excel('datasets/star/star.xlsx')
         star.head()
Out[1]:
   tmathssk  treadssk             classk  totexpk   sex freelunk   race  \
0       473       447        small.class        7  girl       no  white
1       536       450        small.class       21  girl       no  black
2       463       439  regular.with.aide        0   boy      yes  black
```

```
3       559     448          regular      16   boy       no  white
4       489     447      small.class       5   boy      yes  white

   schidkn
0       63
1       20
2       19
3       69
4       79
```

按欄位處理

在第 11 章中，你學到了 pandas 會嘗試將一維的資料結構轉換為 Series（序列）。在選取欄位時，這個看似微不足道的一點其實至關重要。以一個例子來說明：假設我們只想從 DataFrame 中保留 *tmathssk* 欄位。我們可以利用熟悉的中括號（[]）來完成這則處理，但實際的輸出結果會是一個 Series，而不是一個 DataFrame：

```
In [2]:  math_scores = star['tmathssk']
         type(math_scores)

Out[2]: pandas.core.series.Series
```

如果我們不希望 *math_scores* 是一個一維的資料結構，那麼最好將它的資料類型保留為 DataFrame。為此，我們需要使用兩組括號：

```
In [3]: math_scores = star[['tmathssk']]
        type(math_scores)

Out[3]: pandas.core.frame.DataFrame
```

按照這個方法，現在我們可以在 *star* 資料集中保留所需欄位。我將使用 columns 屬性進行確認。

```
In [4]:  star = star[['tmathssk','treadssk','classk','totexpk','schidkn']]
         star.columns

Out[4]: Index(['tmathssk', 'treadssk', 'classk',
             'totexpk', 'schidkn'], dtype='object')
```

Python 的物件導向程式設計

到目前為止，你已經認識了 Python 的「方法」和「函式」。這些是物件**可以執行的動作**。另一方面，「屬性」（attributes）是物件本身的某種**狀態**。屬性的記法是：在物件名稱後加上一個句點（.），再加上其屬性，不使用括號。屬性、函式和方法都是**物件導向程式設計**（*object-oriented programming*, OOP）的元素，這個程式設計範式將「物件」作為程式的基本單元，將程式和資料封裝其中，以提高軟體的重用性、靈活性和擴充性。如果想要了解更多關於 OOP 在 Python 中如何運作，請參考 Alex Martelli 等人所著的《*Python in a Nutshell*》（O'Reilly），繁體中文版《*Python* 技術手冊》由碁峰資訊出版。

請使用 `drop()` 方法來刪除特定欄位。`drop()` 可用來刪除欄位**或**資料列，因此我們需要使用 `axis` 參數加以指定。在 `pandas` 中，資料列的 axis（軸）是 `0`，欄位的軸是 `1`，如圖 12-1 所示。

軸 = 1

軸 = 0

tmathssk	treadssk	classk	totexpk	sex	freelunk	race	schidkn
320	315	regular	3	boy	yes	white	56
365	346	regular	0	girl	yes	black	27
384	358	regular	20	boy	yes	white	64
384	358	regular	3	boy	yes	black	32
320	360	regular	6	girl	yes	black	33
423	376	regular	13	boy	no	white	75
418	378	regular	13	boy	yes	white	60
392	378	regular	13	boy	yes	black	56
392	378	regular	3	boy	yes	white	53
399	380	regular	6	boy	yes	black	33
439	380	regular	12	boy	yes	black	45
392	380	regular	3	girl	yes	black	32
434	380	regular	3	girl	no	white	56
468	380	regular	1	boy	yes	black	22
405	380	regular	6	girl	yes	black	33
399	380	regular	3	boy	yes	black	32

圖 12-1　pandas DataFrame 的兩軸

以下是刪除 *schidkn* 欄位的程式碼：

```
In [5]: star = star.drop('schidkn', axis=1)
        star.columns

Out[5]: Index(['tmathssk', 'treadssk',
            'classk', 'totexpk'], dtype='object')
```

現在讓我們來看看如何導出 DataFrame 的新欄位。我們可以使用括號進行實作——這一次，我**確實**希望輸出結果是一個 Series，因為 DataFrame 中的每一欄，實際上都是一個 Series（正如 R 資料框架中的每一欄位，實際上都是一個向量）。在此處，我要計算數學和閱讀測驗的綜合分數：

```
In [6]: star['new_column'] = star['tmathssk'] + star['treadssk']
        star.head()

Out[6]:
   tmathssk  treadssk             classk  totexpk  new_column
0       473       447        small.class        7         920
1       536       450        small.class       21         986
2       463       439  regular.with.aide        0         902
3       559       448            regular       16        1007
4       489       447        small.class        5         936
```

同樣，*new_column* 不是一個有意義的變數名稱。讓我們用 `rename()` 函式為它重新命名。我們在此使用 `columns` 參數，並將新的名稱（`ttl_score`）傳遞給它，這個格式對你來說可能不太熟悉：

```
In [7]: star = star.rename(columns = {'new_column':'ttl_score'})
        star.columns

Out[7]: Index(['tmathssk', 'treadssk', 'classk', 'totexpk', 'ttl_score'],
           dtype='object')
```

上面例子中出現的大括號（`{}`）是一個 Python **字典**（*dictionary*）。字典是**鍵 - 值對**（*key-value pairs*）的集合，每個元素的鍵和值以冒號（`:`）分隔。這是 Python 的核心資料結構之一，當你繼續學習這門程式語言，你會經常看到它。

按資料列處理

現在，我們來學習常見的按資料列處理。如果想對資料進行排序（sorting），我們可以使用 pandas 的 sort_values() 方法。首先，把包含欄位的一份串列傳遞給 by 參數，我們希望這些欄位按照它們各自的順序進行排序：

```
In [8]: star.sort_values(by=['classk', 'tmathssk']).head()

Out[8]:
     tmathssk  treadssk   classk  totexpk  ttl_score
309       320       360  regular        6        680
1470      320       315  regular        3        635
2326      339       388  regular        6        727
2820      354       398  regular        6        752
4925      354       391  regular        8        745
```

在預設情況下，所有欄位內的資料會以升序排序，也就是由小到大排序。如果想要修改這個行為，我們可以再加入另一個參數，ascending，它包含一個 True/False 標記的串列。現在，我們想對 *star* DataFrame 進行排序，讓班級規模（*classk*）升序，而數學成績（*treadssk*）以降序顯示資料。因為我們沒有將這個輸出結果指派回 *star*，所以這個排序對於該資料集來說不是永久的。

```
In [9]: # Sort by class size ascending and math score descending
        star.sort_values(by=['classk', 'tmathssk'],
         ascending=[True, False]).head()

Out[9]:
      tmathssk  treadssk   classk  totexpk  ttl_score
724        626       474  regular       15       1100
1466       626       554  regular       11       1180
1634       626       580  regular       15       1206
2476       626       538  regular       20       1164
2495       626       522  regular        7       1148
```

如果想要篩選 DataFrame 中的資料，首先要使用條件邏輯，建立一個 True/False 標記的 Series，表明每一個資料列（每一筆資料）是否滿足某些條件。然後，我們只會將在 Series 中被標記為 True 的紀錄（資料列）保留在 DataFrame 中。舉例來說，現在我們只想保留 classk 為 small.class 的紀錄。

```
In [10]: small_class = star['classk'] == 'small.class'
         small_class.head()

Out[10]:
```

```
0     True
1     True
2    False
3    False
4     True
Name: classk, dtype: bool
```

利用括號按這個 Series 進行篩選。我們可以使用 shape 屬性確認新 DataFrame 中的資料欄位數和資料列數：

```
In [11]: star_filtered = star[small_class]
         star_filtered.shape

Out[11]: (1733, 5)
```

star_filtered 包含的資料列比 *star* 少，但欄位數量相同：

```
In [12]: star.shape

Out[12]: (5748, 5)
```

再來一個練習：這次，我們想要找出 treadssk 至少為 500 分的紀錄：

```
In [13]: star_filtered = star[star['treadssk'] >= 500]
         star_filtered.shape

Out[13]: (233, 5)
```

我們也可以使用和 / 或陳述式（and/or statements）按多個條件進行篩選。在 Python 中，& 符號和 | 符號分別表示「和」和「或」。讓我們將前面兩個例子的篩選條件放在括號中，並用 & 連接，將它們傳遞到一個陳述式中：

```
In [14]: # Find all records with reading score at least 500 and in small class
         star_filtered = star[(star['treadssk'] >= 500) &
                   (star['classk'] == 'small.class')]
         star_filtered.shape

Out[14]: (84, 5)
```

聚合和合併資料

我們可以使用 groupby() 方法，將 DataFrame 中的觀察值進行分組。如果將 star_grouped 印出來，你會發現它是一個 DataFrameGroupBy 物件：

```
In [15]: star_grouped = star.groupby('classk')
         star_grouped

Out[15]: <pandas.core.groupby.generic.DataFrameGroupBy
            object at 0x000001EFD8DFF388>
```

現在，我們可以選擇其他欄位來聚合這個分組後的 DataFrame。表 12-1 整理了一些常見的聚合方法。

表 12-1　pandas 的實用聚合函式

方法	聚合類型
sum()	取總和
count()	取個數
mean()	取平均數
max()	取最大值
min()	取最小值
std()	取標準差

以下程式碼給出了每個班級的平均數學成績：

```
In [16]: star_grouped[['tmathssk']].mean()

Out[16]:
                      tmathssk
    classk
    regular             483.261000
    regular.with.aide   483.009926
    small.class         491.470283
```

現在，我們想要按每一年教師經驗（totexpk），找出各教學年資的最高總分。因為這將傳回相當多的資料列，所以我要加入 head() 方法顯示前五筆資料。這種在單個指令中將多個方法鏈接在一起，而不需要參數來儲存過渡結果的程式碼編寫方式，被稱為**方法鏈**（*method chaining*）：

```
In [17]: star.groupby('totexpk')[['ttl_score']].max().head()

Out[17]:
              ttl_score
        totexpk
        0             1171
        1             1133
        2             1091
```

```
3              1203
4              1229
```

第 8 章回顧了 Excel 的 VLOOKUP() 函數和「左外部連接」的異同。現在，我要讀入一份新的 *star* 資料集，以及 *districts* 資料集；讓我們用 pandas 來連結這兩個資料集。我們將使用 merge() 方法，「查找」*schooldisctives* 的資料，並合併到 *star* 中。將 how 參數設置為 left，將查找方式指定為「左外部連接」，這也是最類似於 VLOOKUP() 函數的連結方式：

```
In [18]: star = pd.read_excel('datasets/star/star.xlsx')
         districts = pd.read_csv('datasets/star/districts.csv')
         star.merge(districts, how='left').head()

Out[18]:
   tmathssk  treadssk             classk  totexpk   sex freelunk   race  \
0       473       447        small.class        7  girl       no  white
1       536       450        small.class       21  girl       no  black
2       463       439  regular.with.aide        0   boy      yes  black
3       559       448            regular       16   boy       no  white
4       489       447        small.class        5   boy      yes  white

   schidkn    school_name         county
0       63     Ridgeville     New Liberty
1       20  South Heights        Selmont
2       19      Bunnlevel        Sattley
3       69          Hokah      Gallipolis
4       79   Lake Mathews  Sugar Mountain
```

Python 和 R 一樣，以相當直覺的方式連結資料：在預設情況下，它知道要以 *schidkn* 合併資料，同時為 *star* 引入了 *school_name* 和 *county*。

重塑資料

讓我們來學習一下如何利用 pandas，在 Python 中加寬和加長資料集。首先，我們可以使用 melt() 函式，將 *tmathssk* 和 *treadssk* 合併成一個欄位。為此，請使用 frame 參數指定我們要處理的 DataFrame，以 id_vars 指定要使用哪個變數作為唯一辨識符，並且以 value_vars 指定將哪些變數合併到同一個欄位中。在程式碼中，我也分別用 value_name 指定結果值的名稱，並以 var_name 為變數加上標籤（label）：

```
In [19]: star_pivot = pd.melt(frame=star, id_vars = 'schidkn',
            value_vars=['tmathssk', 'treadssk'], value_name='score',
```

```
    var_name='test_type')
star_pivot.head()
```

```
Out[19]:
      schidkn test_type  score
0          63  tmathssk    473
1          20  tmathssk    536
2          19  tmathssk    463
3          69  tmathssk    559
4          79  tmathssk    489
```

如果想把 *tmathssk* 和 *treadssk* 分別改為 *math* 和 *reading*，我們該怎麼做？為此，我要使用一個 Python 字典，設置一個名為 `mapping` 的物件，它的功能類似於一個紀錄資料值的「查看表」。我將把這個字典傳遞給 `map()` 方法，而這個方法將會 *test_type* 重新編碼。在以下程式碼中，我還使用了 `unique()` 方法，確認現在在 *test_type* 中只能找到 *math* 和 *reading* 這兩種值：

```
In [20]: # Rename records in `test_type`
         mapping = {'tmathssk':'math','treadssk':'reading'}
         star_pivot['test_type'] = star_pivot['test_type'].map(mapping)

         # Find unique values in test_type
         star_pivot['test_type'].unique()

Out[20]: array(['math', 'reading'], dtype=object)
```

如果想將 *star_pivot* 加寬，變回各自獨立的 *math* 和 *reading* 欄位，我們可以使用 `pivot_table()` 方法。首先，我將使用 `index` 參數，指定以哪個變數進行索引，然後使用 `columns` 來指定包含了標籤的變數，並以 `values` 參數指定要進行樞紐分析的值。

`pandas` 可以設置唯一的索引欄位；在預設情況下，`pivot_table()` 將會在 `index` 參數中包含任何變數。我要使用 `reset_index()` 方法來修改此行為。如果想了解更多關於 `pandas` 的自訂索引，以及無數本書不及備載資料處理與分析技法，請參考 Wes McKinney 的《*Python for Data Analysis*, 2nd edition》（O'Reilly），繁體中文版《*Python* 資料分析》由碁峰資訊出版。

```
In [21]: star_pivot.pivot_table(index='schidkn',
          columns='test_type', values='score').reset_index()

Out[21]:
         test_type  schidkn        math     reading
         0                1  492.272727  443.848485
         1                2  450.576923  407.153846
```

```
2              3  491.452632  441.000000
3              4  467.689655  421.620690
4              5  460.084746  427.593220
..           ...         ...         ...
74            75  504.329268  440.036585
75            76  490.260417  431.666667
76            78  468.457627  417.983051
77            79  490.500000  434.451613
78            80  490.037037  442.537037

[79 rows x 3 columns]
```

資料視覺化

現在，我們來簡單談談如何使用 seaborn 套件在 Python 中執行資料視覺化。seaborn 在統計分析和處理 pandas DataFrame 方面特別實用，是資料視覺化的不二選擇。就像 pandas 套件受到 numpy 的影響，seaborn 套件也借助了另一個 Python 繪圖套件 matplotlib 的功能。

seaborn 套件具備許多函式，可以打造不同的繪圖類型。我們會透過修改這些函式中的參數，來指定繪製哪個資料集、將哪些變數放在 X 軸和 Y 軸，以及使用哪些顏色等等。讓我們使用 countplot() 函式開始介紹，它可以視覺化呈現 classk 每個層次的觀察值數量。

我們要用 data 參數來指定此處使用的資料集：*star*。然後利用 x 參數，指定將 *classk* 的層次放在 x 軸。執行程式碼後，會產生如圖 12-2 的計數圖：

```
In [22]: sns.countplot(x='classk', data=star)
```

接著，我們可以使用 displot() 函式，繪製一個 *treadssk* 的長條圖。同樣地，我們需要指定 x 和 data 參數。結果如圖 12-3 所示：

```
In [23]: sns.displot(x='treadssk', data=star)
```

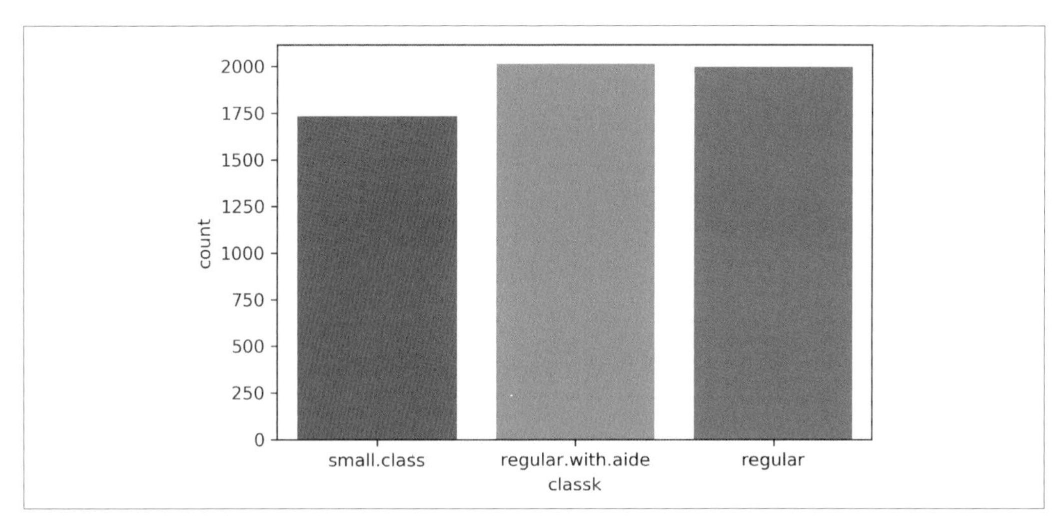

圖 12-2　計數圖

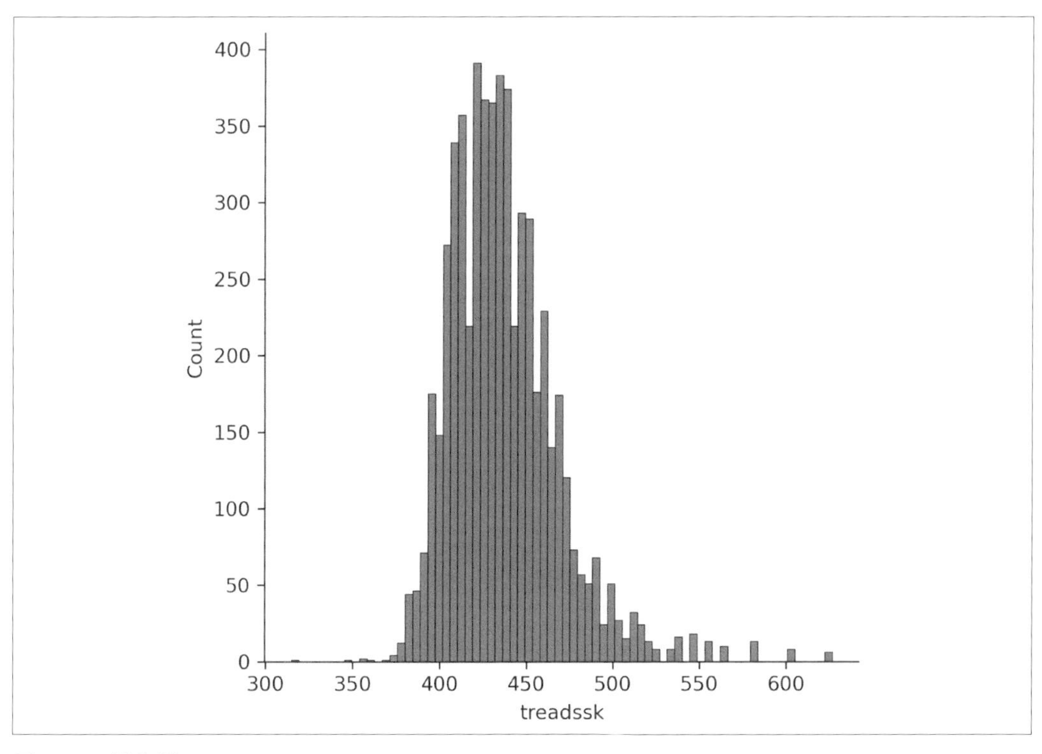

圖 12-3　長條圖

seaborn 函式包括許多選用參數，使用者可以自行定義圖表外觀。例如，我們可以將 bin 的數量更改為 25 個，並將圖表顏色更改為粉紅色。結果如圖 12-4 所示：

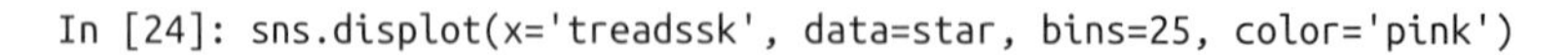

```
In [24]: sns.displot(x='treadssk', data=star, bins=25, color='pink')
```

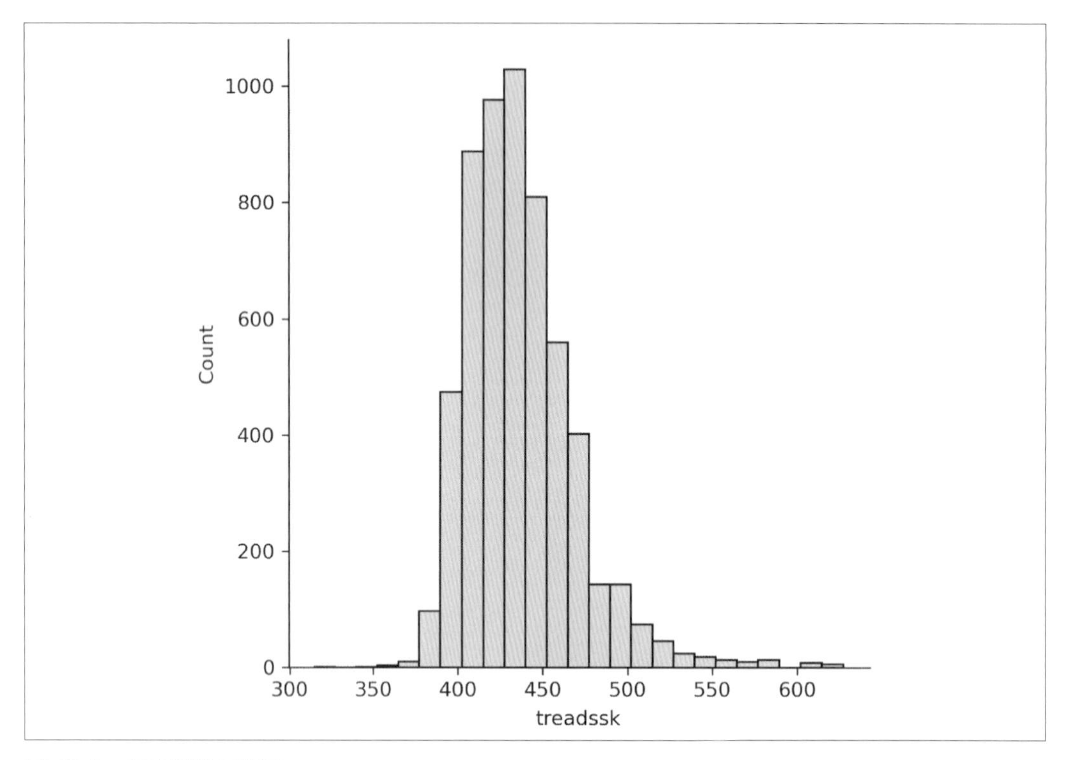

圖 12-4　自定義的長條圖

如果想要繪製一個箱形圖，則可以使用 `boxplot()` 函式，結果如圖 12-5 所示：

```
In [25]: sns.boxplot(x='treadssk', data=star)
```

在目前提到的圖表範例中，都可以將我們感興趣的變數對應到 Y 軸來「翻轉」圖表，我們來試著翻轉上個範例中的箱形圖，結果如圖 12-6 所示：

```
In [26]: sns.boxplot(y='treadssk', data=star)
```

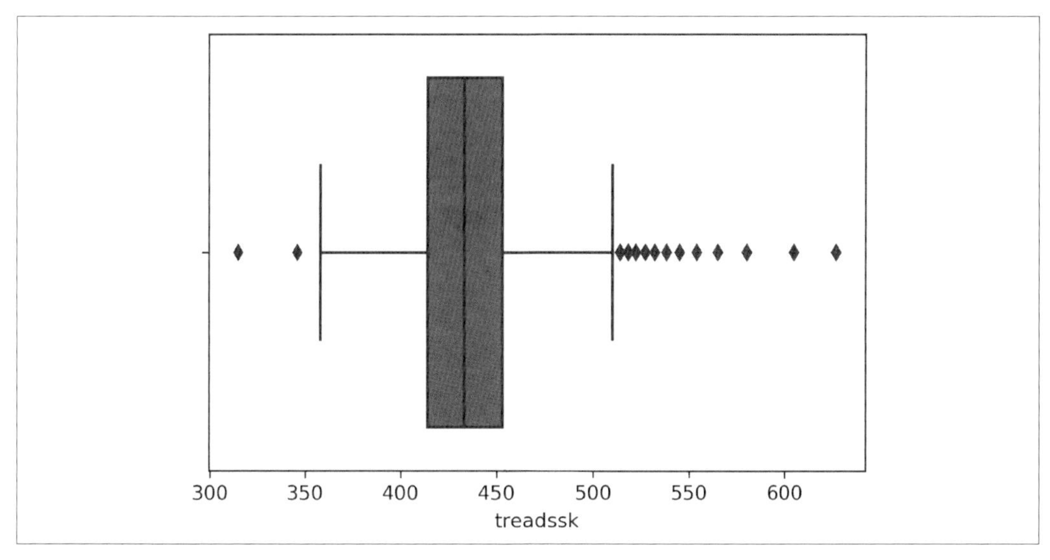

圖 12-5　箱形圖

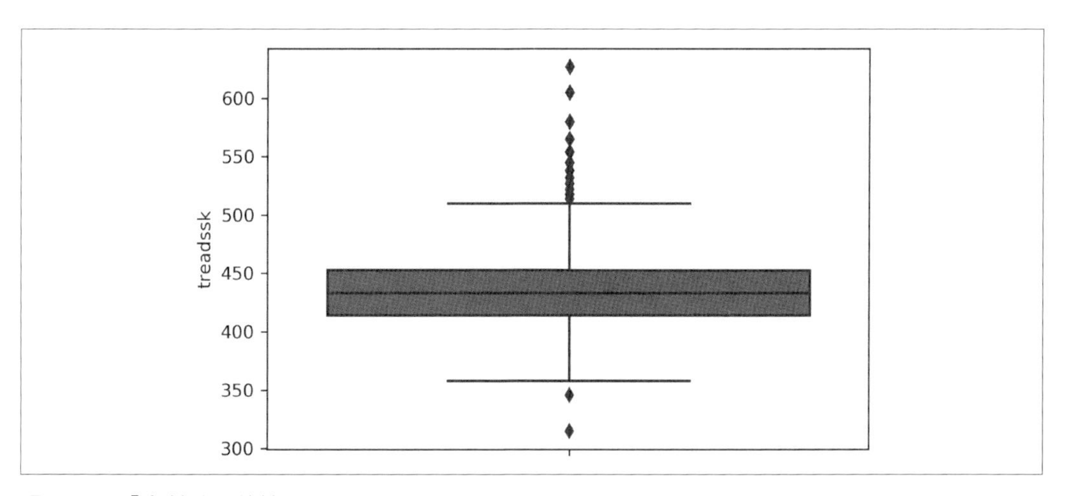

圖 12-6　「翻轉後」的箱形圖

現在，我們來建立一個按每個課程規模的層次表示的箱形圖，在上個例子的程式碼中，再加入一個 *x* 參數，將 *classk* 對應到 X 軸，最後，我們可以得到如圖 12-7 的結果：

```
In [27]: sns.boxplot(x='classk', y='treadssk', data=star)
```

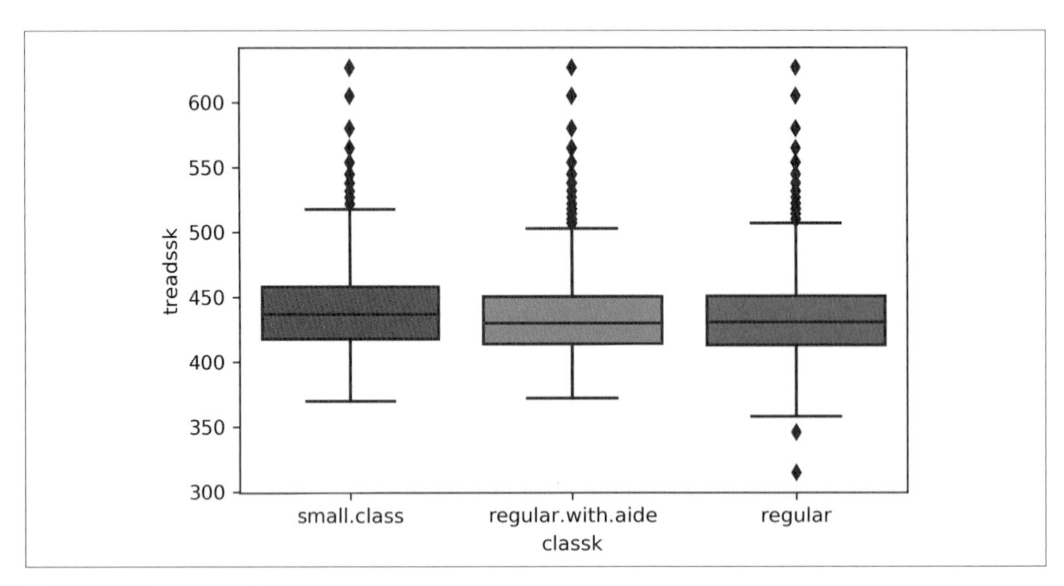

圖 12-7　分組的箱形圖

我們可以使用 scatterplot() 函式，分別將 *tmathssk* 和 *treadssk* 繪製在 X 軸和 Y 軸上，以散布圖呈現這兩者的關係，結果如圖 12-8 所示：

```
In [28]: sns.scatterplot(x='tmathssk', y='treadssk', data=star)
```

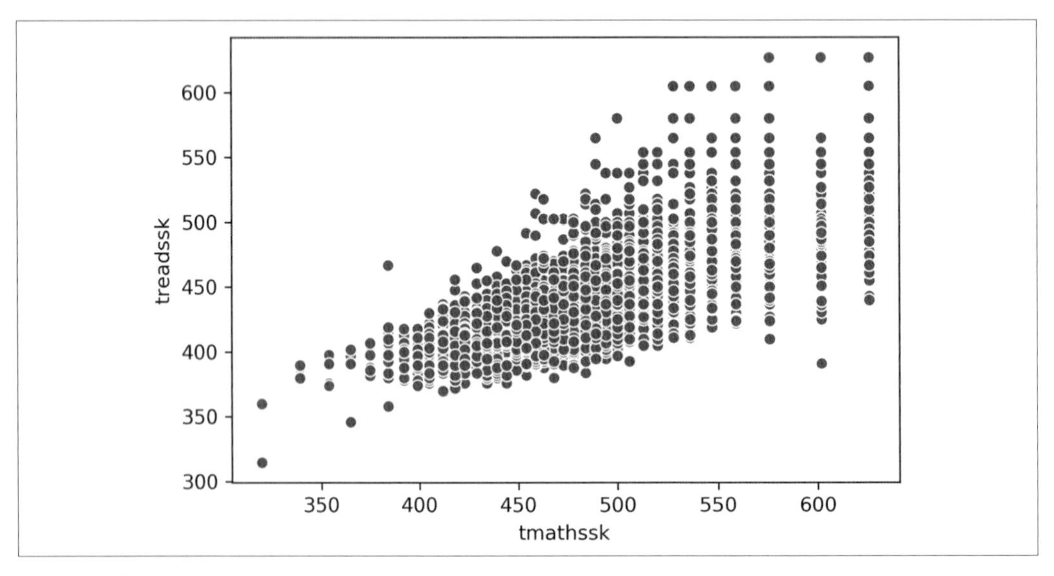

圖 12-8　散布圖

假設我們想將這個圖表分享給一個不知道 *treadssk* 和 *tmathssk* 是什麼的人，那麼我們借助 `matplotlib.pyplot` 的功能，為圖表加入更多有助理解的標籤。首先，我們要執行與之前相同的 `scatterplot()` 函式，這一次，我們還要從 `pyplot` 套件中呼叫函式，為 X 軸和 Y 軸加上自訂標籤以及圖表標題。結果如圖 12-9 所示：

```
In [29]: sns.scatterplot(x='tmathssk', y='treadssk', data=star)
         plt.xlabel('Math score')
         plt.ylabel('Reading score')
         plt.title('Math score versus reading score')
```

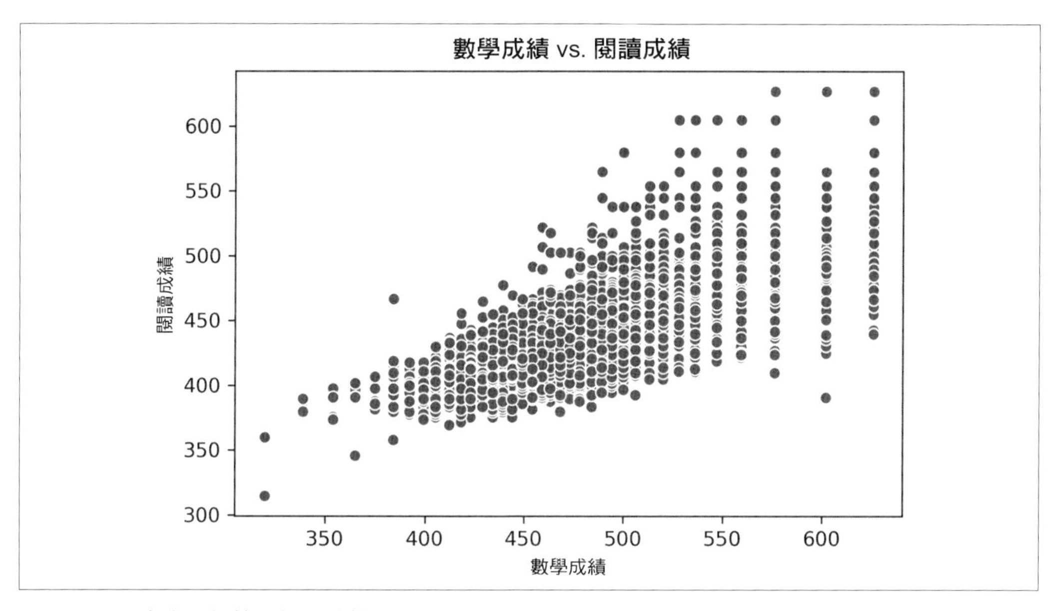

圖 12-9 加上自訂標籤和標題的箱形圖

`seaborn` 套件擁有無數功能，可以幫助使用者打造吸睛的資料視覺化圖表。如欲了解更多內容，歡迎參考官方說明文件（*https://oreil.ly/2joMU*）。

本章小結

`pandas` 和 `seaborn` 的能耐絕不僅止於此，不過，本章介紹的內容足以幫助你利用 Python 開展真正的任務：探索和測試資料之間的關係。這將是第 13 章的主題。

實際演練

本書範例檔（*https://oreil.ly/hFEOG*）的 *datasets* 資料夾內的 *census* 子資料夾中有兩個檔案：*census.csv* 和 *census-divisions.csv*。請將它們讀取到 Python 中，並執行以下操作：

1. 請按地區升序、按部門升序和按人口數降序，對資料進行排序（首先你需要合併資料集）。請將結果輸出為一個 Excel 工作表。

2. 在合併好的資料集中，捨棄郵遞區號（postal code）欄位。

3. 建立一個新欄位：*density*，將人口數量除以土地面積，計算人口密度。

4. 視覺化呈現 2015 年所有觀測值的土地面積和人口之間的關係。

5. 找出 2015 年每個地區的總人口數。

6. 建立一個包含州名和人口數的表格，將 2010 ～ 2015 年的人口數量，分別記錄在獨立的欄位中。

第十三章

總體專案：Python for Data Analytics

你在第 9 章中藉由探索和測試 *mpg* 資料集中的關係，加深了你對 R 語言的認識，並實際演練了資料處理與分析技法。我們將在本章中以 Python 做同樣的事情。因為我們分別在 Excel 和 R 中都處理了同樣的工作內容，所以這裡不會贅述分析的「原因」，而是將焦點放在於 Python 中進行分析的「方法」。

首先，我們先來呼叫所有必要的模組，其中有一些是第一次出現：我們要從 `scipy` 模組中匯入 `stats` 子模組。為此，請使用 `from` 關鍵字告訴 Python 要查看哪個模組，然後使用慣例的 `import` 關鍵字來選擇我們想要的子模組。`scipy` 模組的 `stats` 子模組可以用於執行統計分析。此外，我們還要使用一個新套件：`sklearn`（又稱 *scikit-learn*），在訓練／測試分割資料集上驗證我們的資料模型。這是一個用於 Python 程式語言的機器學習函式庫，是現今最流行的機器學習庫之一，它隨附於 Anaconda 發行版中。

```
In [1]: import pandas as pd
        import seaborn as sns
        import matplotlib.pyplot as plt
        from scipy import stats
        from sklearn import linear_model
        from sklearn import model_selection
        from sklearn import metrics
```

在 read_csv() 函式中的 usecols 參數指定我們想要讀入 DataFrame 的欄位：

```
In [2]: mpg = pd.read_csv('datasets/mpg/mpg.csv',usecols=
          ['mpg','weight','horsepower','origin','cylinders'])
        mpg.head()

Out[2]:
    mpg  cylinders  horsepower  weight origin
 0  18.0          8         130    3504    USA
 1  15.0          8         165    3693    USA
 2  18.0          8         150    3436    USA
 3  16.0          8         150    3433    USA
 4  17.0          8         140    3449    USA
```

探索式資料分析

讓我們從敘述統計開始探索資料。

```
In[3]: mpg.describe()

Out[3]:
              mpg   cylinders  horsepower       weight
count  392.000000  392.000000  392.000000   392.000000
mean    23.445918    5.471939  104.469388  2977.584184
std      7.805007    1.705783   38.491160   849.402560
min      9.000000    3.000000   46.000000  1613.000000
25%     17.000000    4.000000   75.000000  2225.250000
50%     22.750000    4.000000   93.500000  2803.500000
75%     29.000000    8.000000  126.000000  3614.750000
max     46.600000    8.000000  230.000000  5140.000000
```

因為 *origin*（廠牌）是一個類別變數，在預設情況下，執行 describe() 函式並不會顯示關於類別變數的摘要資訊。讓我們用次數分配表來研究這個變數，可以利用 pandas 套件中的 cross table() 函式進行實作。首先，要指定將哪些資料放在索引上：在這個例子中要指定的是 *origin*。將 columns 參數設置為 count，取得每個層次的計數：

```
In [4]: pd.crosstab(index=mpg['origin'], columns='count')

Out[4]:
col_0   count
origin
Asia       79
Europe     68
USA       245
```

如果想製作雙向次數分配表，則可以在 `columns` 參數上設置另一個類別變數，例如 `cylinders`：

```
In [5]: pd.crosstab(index=mpg['origin'], columns=mpg['cylinders'])

Out[5]:
cylinders  3   4  5   6    8
origin
Asia       4  69  0   6    0
Europe     0  61  3   4    0
USA        0  69  0  73  103
```

接下來，我們還可以按 `origin` 變數逐層查看 *mpg* 的敘述統計。我要將兩個方法鏈結在一起，然後對輸出結果取子集：

```
In[6]: mpg.groupby('origin').describe()['mpg']

Out[6]:
        count       mean       std   min    25%   50%     75%   max
origin
Asia     79.0  30.450633  6.090048  18.0  25.70  31.6  34.050  46.6
Europe   68.0  27.602941  6.580182  16.2  23.75  26.0  30.125  44.3
USA     245.0  20.033469  6.440384   9.0  15.00  18.5  24.000  39.0
```

我們還可以視覺化呈現 `mpg` 的整體分布情形，結果如圖 13-1 所示：

```
In[7]: sns.displot(data=mpg, x='mpg')
```

現在，我們來製作一個如圖 13-2 的箱形圖，按 *origin* 的每一個層次，比較 *mpg* 的資料分布情形：

```
In[8]: sns.boxplot(x='origin', y='mpg', data=mpg, color='pink')
```

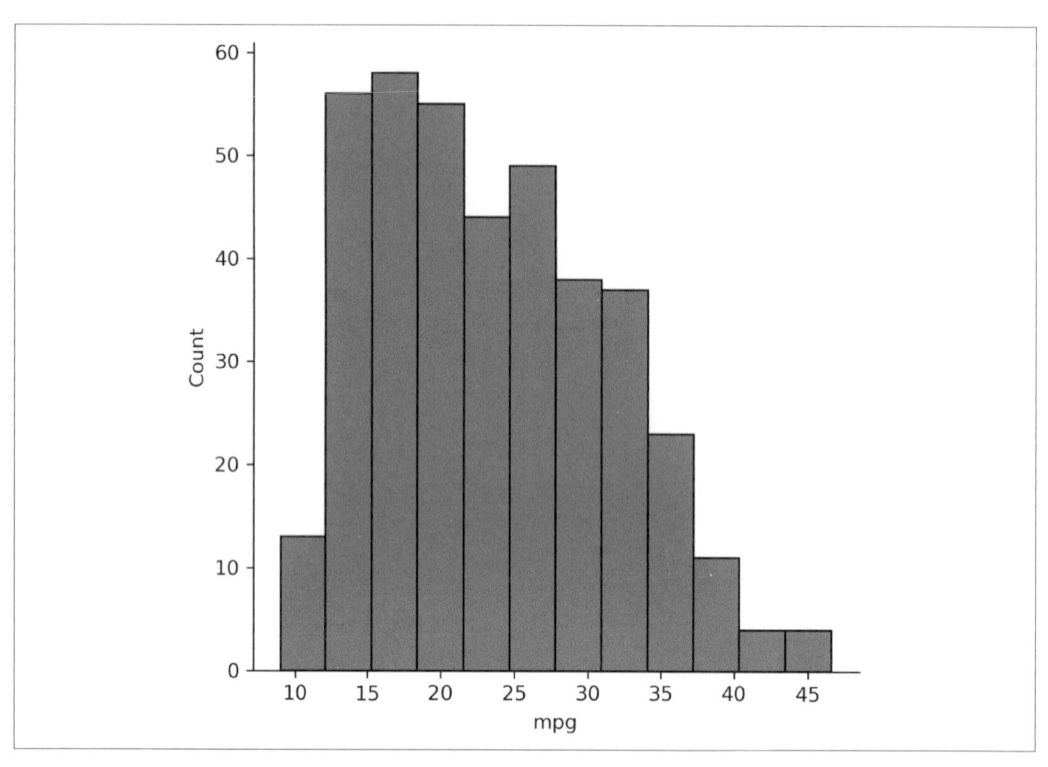

圖 13-1　mpg 的資料分布情形

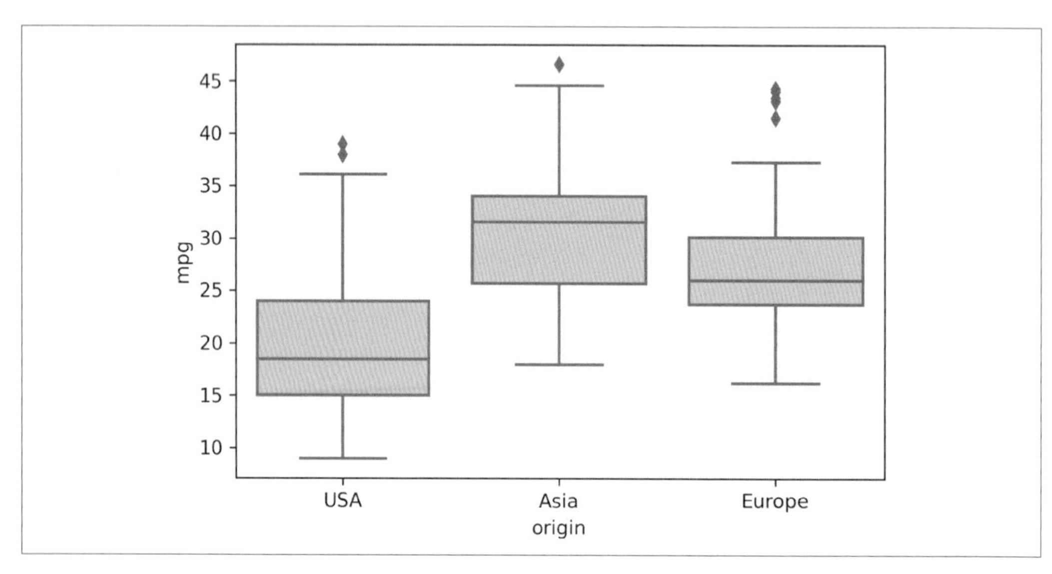

圖 13-2　按 origin 分組的 mpg 資料分布盒鬚圖

或者，我們可以將 `displot()` 函式的 `col` 參數設置為 `origin`，建立一個多面（faceted）的長條圖，如圖 13-3：

```
In[9]: sns.displot(data=mpg, x="mpg", col="origin")
```

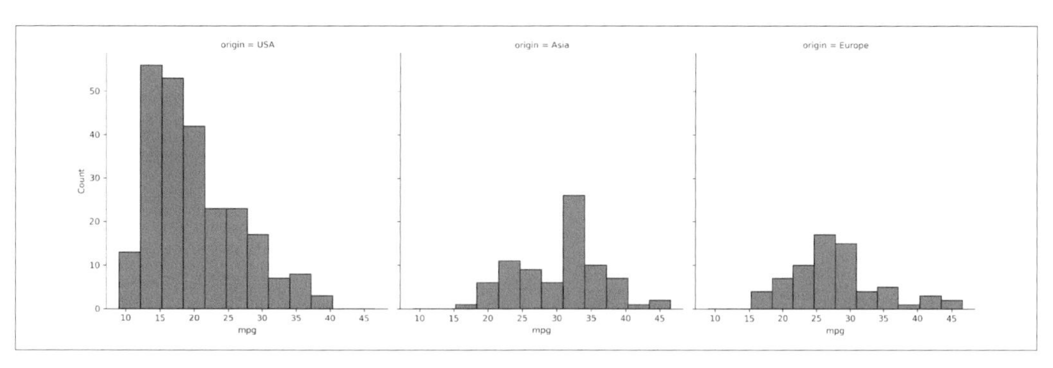

圖 13-3　按 origin 分組的 mpg 資料分布直方圖

假說檢定

讓我們再次測試一下美系車款和歐系車款的里程數是否存在顯著差異。為了便於分析，我們將把每一組的觀察值分成各自的 DataFrame。

```
In[10]: usa_cars = mpg[mpg['origin']=='USA']
        europe_cars = mpg[mpg['origin']=='Europe']
```

獨立樣本 t 檢定

現在，我們可以利用 `scipy.stats` 中的 `ttest_ind()` 函式來執行 t 檢定。此函式需要兩個 `numpy` 陣列作為參數；也可以使用 `pandas` Series：

```
In[11]: stats.ttest_ind(usa_cars['mpg'], europe_cars['mpg'])

Out[11]: Ttest_indResult(statistic=-8.534455914399228,
           pvalue=6.306531719750568e-16)
```

很可惜，這裡的輸出結果相當少：雖然這裡記錄了 p 值，卻不包括信賴區間。如果想要執行具有更多輸出結果的 t 檢定，請查看 `researchpy` 模組。

現在，我們來分析連續變數。我們從建立一個相關矩陣開始，使用 pandas 套件的 corr() 方法，在中括號內加入我們感興趣的連續變數：

```
In[12]: mpg[['mpg','horsepower','weight']].corr()

Out[12]:
                 mpg  horsepower    weight
mpg         1.000000   -0.778427 -0.832244
horsepower -0.778427    1.000000  0.864538
weight     -0.832244    0.864538  1.000000
```

接著，我們可以使用散布圖，視覺化呈現車輛重量（*weight*）和里程數（*mpg*）之間的關係，結果如圖 13-4 所示：

```
In[13]: sns.scatterplot(x='weight', y='mpg', data=mpg)
        plt.title('Relationship between weight and mileage')
```

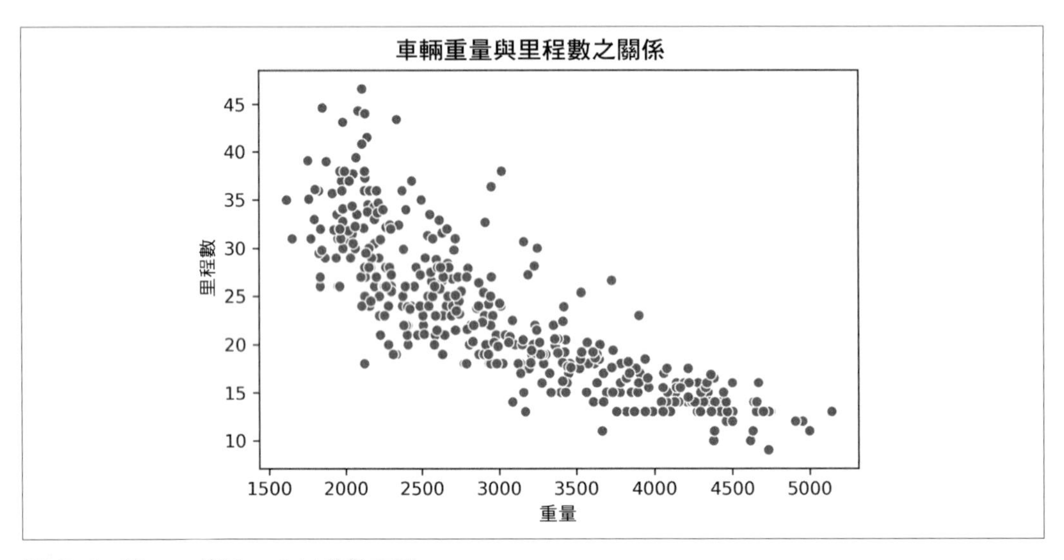

圖 13-4　按 mpg 表示 weight 的散布圖

或者，我們可以使用 seaborn 套件的 pairplot() 函式，建立包含資料集中所有變數組合的散布圖，此圖表中的對角線顯示了每個變數的長條圖，請參考圖 13-5：

```
In[14]: sns.pairplot(mpg[['mpg','horsepower','weight']])
```

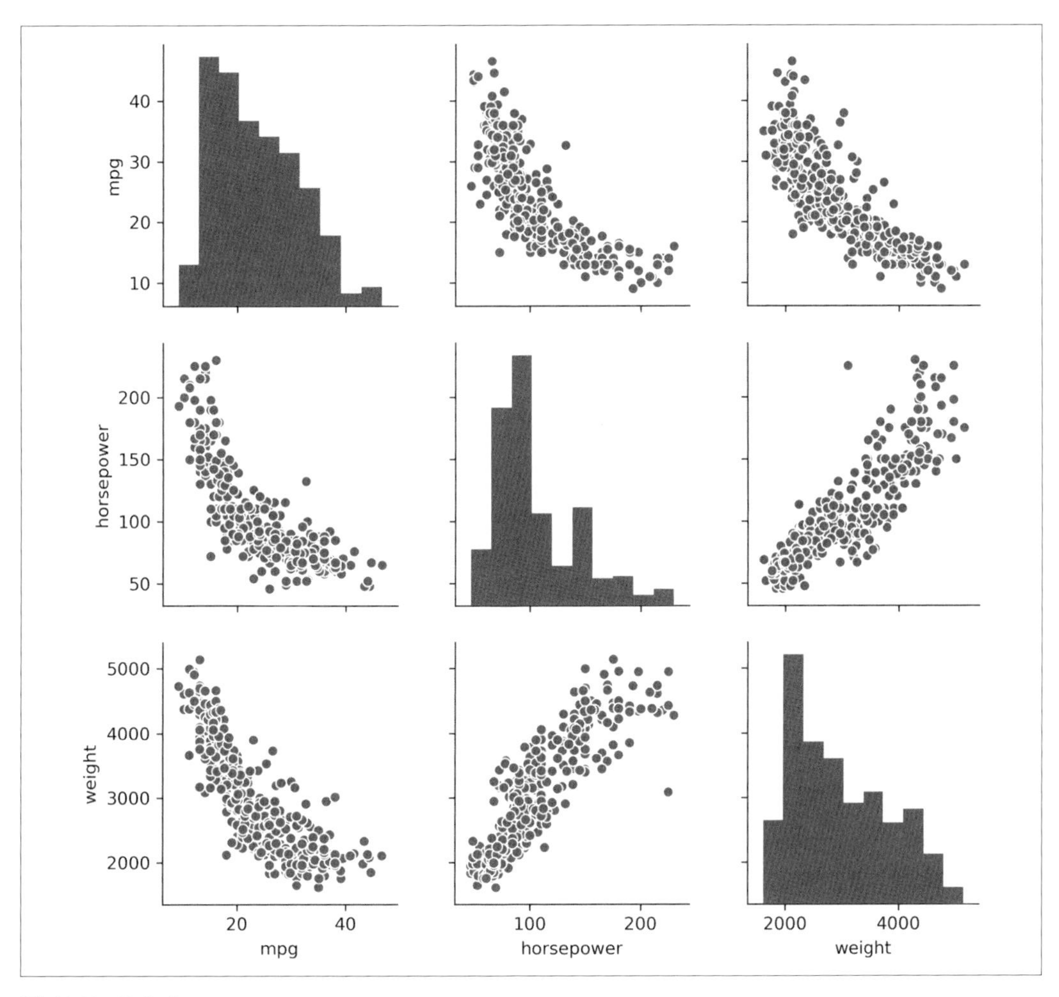

圖 13-5　Pairplot

線性迴歸

現在，我們準備好執行線性迴歸了。為此，我們將使用 scipy 模組中的 linregress() 函式，此函式需要查看兩個 numpy 陣列或是兩個 pandas Series。我們將分別用 x 和 y 參數指定獨立變數和因變數：

```
In[15]: # Linear regression of weight on mpg
        stats.linregress(x=mpg['weight'], y=mpg['mpg'])
```

```
Out[15]: LinregressResult(slope=-0.007647342535779578,
    intercept=46.21652454901758, rvalue=-0.8322442148315754,
    pvalue=6.015296051435726e-102, stderr=0.0002579632782734318)
```

同樣地，你會發現一些你熟知的輸出結果並沒有顯示於此。**請注意**：輸出結果中的 `rvalue` 是相關係數（*correlation coefficient*），不是 R 平方。如果想要獲得線性迴歸的輸出結果更加豐富，請查看 `statsmodels` 模組。

最後，我們想將這條迴歸線擬合到散布圖上。`seaborn` 有一個專用函式可以做到這一點：`regplot()`。按照慣例，我們需要在參數中指定獨立變數、因變數，以及資料來源。結果如圖 13-6 所示：

```
In[16]: # Fit regression line to scatterplot
        sns.regplot(x="weight", y="mpg", data=mpg)
        plt.xlabel('Weight (lbs)')
        plt.ylabel('Mileage (mpg)')
        plt.title('Relationship between weight and mileage')
```

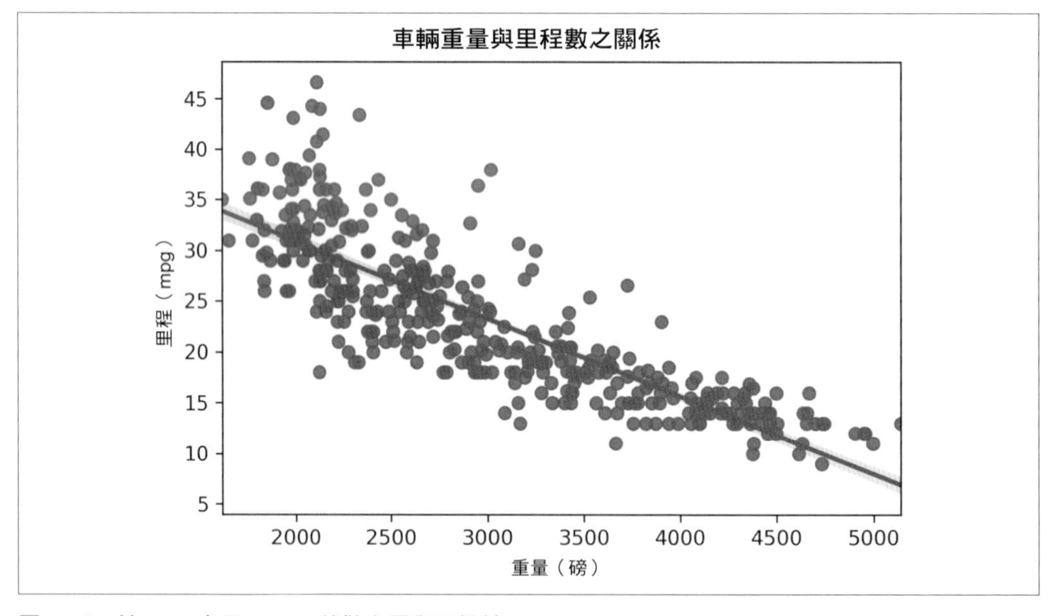

圖 13-6　按 mpg 表示 weight 的散布圖與迴歸線

訓練 / 測試分割與驗證

在第 9 章的後半段內容，你學習了在 R 中打造線性迴歸模型時，應用「訓練 / 測試分割」（train/test split）技法。

我們將使用 train_test_split() 函式，將資料集分割成 *4* 個 DataFrame：分別是訓練集、測試集，以及獨立變數和因變數。我們將首先傳入一個包含獨立變數的 DataFrame，接著傳入一個包含因變數的 DataFrame。同時利用 random_state 參數，設置隨機數字產生器的「種子」（seed），讓每一次都產生相同的隨機數字：

```
In[17]: X_train, X_test, y_train, y_test =
        model_selection.train_test_split(mpg[['weight']], mpg[['mpg']],
        random_state=1234)
```

在預設情況下，資料會以 75/25 的比例分割為訓練子集和測試子集：

```
In[18]:  y_train.shape

Out[18]: (294, 1)


In[19]:  y_test.shape

Out[19]: (98, 1)
```

現在，讓我們將模型與訓練資料進行擬合。首先，我們要使用 LinearRegression() 函式，指定為線性模型，然後使用 regr.fit() 來訓練模型。為了獲得測試資料集的預測值，我們可以使用 predict() 函式。由於輸出結果為一個 numpy 陣列，而不是一個 pandas DataFrame，因此我們無法使用 head() 方法印出前幾列資料。不過，我們可以對 numpy 陣列進行切片來顯示前五筆資料：

```
In[20]:  # Create linear regression object
         regr = linear_model.LinearRegression()

         # Train the model using the training sets
         regr.fit(X_train, y_train)

         # Make predictions using the testing set
         y_pred = regr.predict(X_test)

         # Print first five observations
         y_pred[:5]

Out[20]:  array([[14.86634263],
```

```
        [23.48793632],
        [26.2781699 ],
        [27.69989655],
        [29.05319785]])
```

coef_ 屬性會傳回此測試模型的相關係數：

```
In[21]:  regr.coef_

Out[21]: array([[-0.00760282]])
```

如果想知道關於模型的更多資訊，例如相關係數的 p 值或 R 平方，請借助 statsmodels 套件進行擬合。

現在，我們想根據測試資料來評估模型的預測效能，這一次，使用 sklearn 模組的 metrics 子模組。把實際值和預測值傳遞給 r2_score() 和 mean_squared_error() 函式，它們將分別傳回 R 平方和均方根誤差的值。

```
In[22]:  metrics.r2_score(y_test, y_pred)

Out[22]: 0.6811923996681357


In[23]:  metrics.mean_squared_error(y_test, y_pred)

Out[23]: 21.63348076436662
```

本章小結

我們不免要再次提醒：本書內容僅僅觸及了可用分析技法的冰山一角，還有許許多多潛在的資料分析方法等待著你。希望你已經準備好利用 Python 展開你的下一份資料處理任務。

實際演練

這一次，請在 Python 中處理 *ais* 資料集。請從本書範例檔讀取這份 Excel 檔案（*https://oreil.ly/dsZDM*），然後完成以下練習。現在的你想必很熟悉以下分析內容：

1. 請按性別（*sex*）分組，視覺化呈現紅血球數量（*rcc*）的資料分布情形。
2. 兩組性別間的紅血球數量有顯著差異嗎？
3. 請為資料集的相關變數建立一個相關矩陣。
4. 請視覺化呈現身高（*ht*）和體重（*wt*）的關係。
5. 在體重（*wt*）上迴歸身高（*ht*）。請找出擬合迴歸線的公式。兩者存在顯著關係嗎？
6. 請將你的迴歸模型分成訓練集和測試集。請計算測試模型的 R 平方和 RMSE 的值。

第十四章

總結與展望

在本書開篇序言中，我寫下了這個學習目標：

> 閱讀完這本書之後，你將能夠
> 「使用程式語言執行探索式資料分析與假說檢定」。

我真誠地希望你感到自己實現了這一目標，並且建立了足夠的自信心，勇敢探索資料分析的廣闊領域。作為本次分析學習之旅的尾聲，我想分享一些延伸主題，幫助你持續吸收更多知識。

分析堆疊的更多拼圖

第 5 章介紹了資料分析領域的四大軟體應用：電子試算表、程式設計語言、資料庫和商業智慧工具。因為本書主題是介紹基於統計的分析元素，我們把焦點放在這個分析堆疊的前兩塊拼圖中。讀者不妨重新翻閱這一章節，了解這些拼圖的作用，以及它們如何相輔相成。

研究設計與業務實驗

你在第 3 章中了解到，想要打造堅實的資料分析成果，首先要從堅實的「資料收集」步驟開始。有一句話是這麼說的：「垃圾左手進，垃圾右手出。」（Garbage in, garbage out.）在本書中，我們的假設前提是：我們收集了準確的資料，這些是符合分析目的的正確資料，並且包含一個代表性樣本。因為我們使用的是經過同行審閱（peer-reviewed）的知名資料集，所以我們可以認為，這個假設前提是相對安全的。

然而，你通常無法對手上的資料如此肯定；你可能身兼多職，要負責收集資料，**並且**分析資料。那麼，你值得多加鑽研**研究設計**（*research design*）和**研究方法**（*research methods*）。這個領域的內容可能相當複雜且相對學術，但它確實被實際應用到了商業實驗領域。你可以翻閱 Stefan H. Thomke 的《*Experimentation Works: The Surprising Power of Business Experiments*》（Harvard Business Review），了解將堅實、符合邏輯的研究方法應用到商業實踐的方法及原因。

更多的統計方法

正如第 4 章所提到的，我們只觸及了眾多統計檢定的冰山一角，其中很大一部分的統計檢定，都採用了和第 3 章相同的假設測試框架。

如果讀者想要認識其他統計方法的概念，請參考 Sarah Boslaugh 所寫的《*Statistics in a Nutshell*》（O'Reilly）。不妨再搭配 Peter Bruce 等人所寫的《*Practical Statistics for Data Scientists*, 2nd Edition》（O'Reilly）一起閱讀，使用 R 和 Python 應用這些概念。正如後者書名所示，這本書跨越統計學和資料科學之間的界限，為兩者搭起了橋梁，繁體中文版《資料科學家的實用統計學》由碁峰資訊出版。

資料科學與機器學習

第 5 章回顧了統計學、資料分析和資料科學之間的差異，並作出以下總結：儘管方法上存在差異，但這些領域之間擁有極高的相似性。

如果你對資料科學和機器學習非常感興趣，請將你的學習精力集中在 R 和 Python 上，同時掌握一些 SQL 和資料庫知識。如果你想了解 R 如何應用在資料科學領域，請參考 Hadley Wickham 和 Garrett Grolemund 所寫的《*R for Data Science*》（O'Reilly），繁體中文版《*R* 資料科學》由碁峰資訊出版。如果想使用 Python，那麼參考 Aurélien Géron 所寫的《*Hands-On Machine Learning with Scikit-Learn, Keras, and TensorFlow*, 2/e》（O'Reilly），繁體中文版《精通機器學習｜使用 *Scikit-Learn, Keras* 與 *TensorFlow* 第二版》由碁峰資訊出版。

版本控制

第 5 章還提到了可重現性（reproducibility）的重要性。讓我們來認識在這概念中扮演關鍵角色的一個應用。你以前可能看過類似這樣的一組檔案：

- *proposal.txt*
- *proposal-v2.txt*
- *proposal-Feb23.txt*
- *proposal-final.txt*
- *proposal-FINAL-final.txt*

也許一個使用者建立了 *proposal-v2.txt*，另一個人則建立了 *proposal-Feb23.txt*。然後又出現了 *proposal-final.txt* 和 *proposal-FINAL-final.txt*，我們還得釐清這兩者之間的差異。這樣的一組檔案，讓人很難確認究竟哪一個檔案是「主要」副本，以及如何重建和遷移所有變更內容到這份副本上，並且記錄哪些人對此副本做出了貢獻。

這時，**版本控制系統**（*version control system*）可以拯救我們。這是一種按照時間先後追蹤專案變化的方式，例如它可以紀錄來自不同使用者所做的貢獻和修改內容。版本控制系統顛覆了過去的協作和追蹤修訂工作，讓一切變得截然不同，不過它的學習曲線相對陡峭，需要多花一些時間才能上手。

Git 是一個主流的版本控制系統，在資料科學家、軟體工程師和其他技術專業人士之間被廣泛使用。這些人經常使用 GitHub 這個雲端託管服務來管理 Git 專案。關於 Git 和 GitHub 的介紹，請參考 Jon Loeliger 與 Matthew McCullough 合著的《*Version Control with Git*, 2nd edition》（O'Reilly），繁體中文版《**版本控制使用** *Git*》由碁峰資訊出版。如果想要了解將 Git 和 GitHub 與 R 和 RStudio 配對的方法，請參考 Jenny Bryan 等人整理的線上參考資源 *Happy Git and GitHub for the useR*（*https://happygitwithr.com*）。儘管目前 Git 和其他版本控制系統在資料分析的工作流中還不是太常見，由於資料分析工作對於可重現性的需求不斷增長，這些版本控制工具越來越受到人們歡迎。

倫理

從記錄、收集、分析到建立模型，資料總是繞不開倫理問題。在第 3 章中，你學習了統計偏差的概念：尤其是在機器學習中，一個模型有可能會以不公正或非法的方式歧視某個特定群體。如果是收集個人資料，我們需要將這些人的隱私和同意納入考量。

倫理並不總是資料分析和資料科學的優先要務。幸好，人們逐漸意識到倫理的重要性，而這需要整個社群持續的關注。有關如何將道德標準納入資料工作的簡要指南，可以參考 Mike Loukides 等人所著的《*Ethics and Data Science*》（O'Reilly）。

勇於嘗試，深入鑽研

經常有人問我：「鑒於公司業務需求和主流趨勢，我應該關注這些分析工具中的哪一個呢？」我的答案是：多花些時間找出你喜歡什麼，讓這些興趣形塑你的學習之路，而不是試圖跟風資料分析領域的下一個熱門工具。所有的技術和工具**都有其價值**。比任何一種分析工具還要更重要的是，如何根據需求和使用脈絡去搭配使用這些分析工具，而這項技能需要你去廣泛涉獵一系列應用程序。但是你不可能成為所有領域的專家。最好的學習策略是：廣泛接觸各種資料工具，然後深入鑽研其中幾種，盡可能掌握關於這幾種工具的充足知識。

結語

回顧一下你用這本書完成的一切，你應該感到自豪。但是不要就此滿足，學無止盡，還有太多的東西值得學習。在這趟學習之旅中，想必你很快就發現到，本書只揭開了分析領域的冰山一角。所以，以下是你的實際演練任務：持續探索，繼續學習，讓分析知識更上一層樓。

索引

※ 提醒您：由於翻譯書排版的關係，部分索引名詞的對應頁碼會和實際頁碼有一頁之差 。

符號

! exclamation mark（!，驚嘆號）, 180
hash（#，井字號）, 100, 175
%% modulo（%%，餘數）, 100, 174
%/% floor division（%/%，整數除法）, 100
%>% pipe（%>%，管線運算子）, 137-138
& ampersand（&，與）, 133, 201
// floor division（//，整數除法）, 174
: colon（:，冒號）, 97, 114, 123, 130
<- operator, for assigning objects in R（<- 運算子，用於指定 R 的物件）, 103
= equal sign（=，等號）, 102, 176
== double equal sign（==，雙等號）, 102, 132, 176
? question mark（?，問號）, 98, 176
~ tilde（~，波浪號）, 155, 157

A

adjusted R-square, Excel（調整 R 平方）, 76
aes element of ggplot2, R（ggplot2 的 aes 元素）, 141
aes() function, R（aes() 函數）, 142
aggregating data（聚合資料）, 133-135, 202-204
aggregation functions, R and Python（聚合函數）, 135, 202
ais dataset example（ais 資料集範例）, 79, 164, 196, 222
aliasing, Python（別名）, 187
alpha in hypothesis testing（假設檢定中的顯著水準，α）, 47, 50, 52
alternative (Ha) hypothesis（對立假說）, 45, 70, 71, 157
ampersand (&), R and Python operator（& 運算子）, 133, 201
Anaconda Individual Edition（Anaconda 個人版）, 181
Anaconda Navigator, 181
Anaconda Prompt, 171, 180
Anaconda, Python
  about（關於 Anaconda）, 169
  command-line tool in（Anaconda 的命令列工具）, 171, 180
  packages with（Anaconda 套件）, 180, 181, 186, 189, 190, 197, 213
analysis in hypothesis testing（假設檢定的分析）
  of data（資料分析）, 48-52
  for decision-making（假說設定的決策）, 52-59
  formulating plan for（規劃計畫）, 46-48
analysis of variance (ANOVA)（變異數分析）, 73, 156
arithmetic mean, calculation for（算數平均數）, 15
arithmetic operators, R and Python（算數運算子）, 100, 174
arrange() function, R（arrange() 函數）, 128, 131
arrays, Python NumPy（NumPy 陣列）
  creating（建立 NumPy 陣列）, 186
  in hypothesis testing（假說檢定中的 NumPy 陣列）, 217, 219
  indexing from zero in（以 0 為始的 NumPy 陣列）, 188-189
  slicing（對 NumPy 陣列切片）, 189, 221
assigning objects, R（指派物件）, 102-104
attributes, Python（屬性）, 198
average of averages (sample mean)（樣本平均數）, 40-42, 44, 49, 55

AVERAGE() function, Excel (AVERAGE() 函數), 40
axis argument with drop(), Python (axis 引數和 drop() 函數), 199

B

bar charts (countplots)(直條圖), 14, 206
base R, 105, 117, 122, 157-159, 161
Bayes' rule (貝氏定理), 30
bell curve (請見 normal distributions)
bias, statistical (統計偏差), 44
binary variables (二元變數), 5, 7, 10, 47
bind_cols() function, R (bind_cols() 函數), 163
bins (intervals), 21
bivariate analysis (雙變量分析), 64
Boolean data type, Python (Boolean 資料型態), 178
Box & Whisker chart, Excel (盒鬚圖), 24, 25
boxplot() function, Python (boxplot() 函數), 208
boxplots (箱形圖)
  for distribution by quartiles (按四分位數分布的箱形圖), 24-26
  with Python (Python 的箱形圖), 208-210, 215
  with R (R 的箱形圖), 145-146, 154
  with Excel (Excel 的箱形圖), 24-26
business analytics (商業分析), 68, 82
business intelligence (BI) platforms (商業智慧 (BI) 平台), 84, 86, 88

C

c() function, R (C() 函數), 112, 114, 115, 124
Calculate Now, Excel ([立即重算]), 33
calculators, applications as (應用程式作為計算機), xii, 100, 109, 174, 182
case-sensitive languages (區分大小寫的語言), 101, 176
categorical variables (類別變數)
  about (關於類別變數), 5-8, 10, 66
  descriptive statistics for (類別變數的敘述統計), 19-22
  in Excel (Excel 中的類別變數), 12-14
  in multiple linear regression (多元線性迴歸中的類別變數), 77
  in Python (Python 中的類別變數), 214
  in R (R 中的類別變數), 116, 152, 164
causation, correlation and (因果與相關), 63, 78
cause and effect (因果), 46-47
cell comments (儲存格註解), 100
central limit theorem (CLT)(中央極限定理), 39-42, 47, 53
central tendency, measuring (集中趨勢量數), 15-17, 26
chaining, method, Python (鏈接方法), 202, 214
Chart Elements, Excel (圖表項目), 14, 67, 72
charts (圖表)(請見 visualization of data)
chdir() function, Python (chdir() 函數), 192
classification models (分類模型), 164
classifying variables (分類變數), 4-11, 46
CLT (central limit theorem)(中央極限定理), 39-42, 47, 53
Clustered Columns, Excel (叢集欄位), 14, 23, 31, 33
Code cell format, Jupyter (Code 程式碼格式), 173, 174
coefficient of determination (R-squared)(決定係數，R 平方), 76, 163
coefficient of slope (斜率係數), 70, 73
coefficient, correlation (相關係數)(請見 correlation coefficient)
coef_attribute, Python (coef_attirbute 函數), 221
coercing of data elements (強制轉型), 113, 187
col argument, Python (col 引數), 216
collecting data (收集資料), 44-44, 59, 225
collection object types, Python (collection 物件類型), 185
colon (:), R operator (: 運算子), 97, 114, 123, 130
columns (欄位)
  creating new (建立新的欄位), 4, 130, 199
  data manipulation operations for (操作欄位中的資料), 4, 128-130, 140, 198-200, 204-206
  in DataFrames, Python (DataFrame 的欄位), 190, 195
  dropping (捨棄欄位), 128-129, 199
  filtering (篩選欄位), 132
  keeping (保留欄位), 198
  as variables in data analytics (欄位作為資料分析的變數), 4-11

columns argument, Python（欄位引數）, 205, 214
columns attribute, Python（欄位屬性）, 198
combining（joining）data（合併資料）, 136-137, 202-204
command-line interfaces, Python（命令列介面）, 171, 180
comments in code（程式碼註解）, 100, 175
comparison operators in R and Python（比較 R 和 Python 的運算子）, 101, 176
Comprehensive R Archive Network（CRAN）（R 綜合典藏網）, 95, 105-107, 109
conda install, Python, 181
conda update commands, Python（conda update 指令）, 181
conditional probability（條件機率）, 30
confidence intervals（信賴區間）
  defined（信賴區間的定義）, 53
  in Excel（Excel 的信賴區間）, 53-58, 60, 71, 75
  formula（Excel）for（信賴區間的 Excel 公式）, 54
  for linear regression（線性迴歸的信賴區間）, 71, 75
  in Python（Python 的信賴區間）, 217
  in R（R 的信賴區間）, 157, 161
confirmatory data analysis（確定性因素分析）（請見 hypothesis testing）
Console/Terminal, RStudio（RStudio 中的控制台 / 命令列）, 96
continuous probability distributions（連續機率分布）, 33-42
continuous variables（連續變數）
  about（關於連續變數）, 5, 8
  classifying（連續變數的分類）, 10
  correlation analysis with（連續變數的相關性分析）, 64-68
  descriptive statistics for（連續變數的敘述統計）, 19, 22-24
  relationships between（連續變數的關係）, 47, 64-67, 70, 77, 157, 217
cor( ) function（cor( ) 函數）, R, 157
corr( ) method, Python（corr( ) 方法）, 217
CORREL( ) function, Excel（CORREL( ) 函數）, 66
correlation and regression（相關與迴歸）, 63-79
  causation, implication of（暗示因果關係）, 63, 78
  correlation calculation and analysis（相關性計算與分析）, 64-68
  exercises（演練）, 79
  linear regression（線性迴歸）, 69-77
  mpg dataset example for（mpg 資料集範例）, 65-68, 71-77
  Pearson（皮爾森相關）, 64
  spurious relationships（偽關係）, 77
correlation coefficient（相關係數）
  with Excel（Excel 的相關係數）, 66-68
  interpretation of（解讀相關係數）, 65
  Pearson（皮爾森相關係數）, 67
  with regression（相關係數的迴歸）, 77, 220
correlation matrices（相關矩陣）
  defined（定義相關矩陣）, 66
  with Excel（Excel 的相關矩陣）, 66
  with Python（Python 的相關矩陣）, 217
  with R（R 的相關矩陣）, 157
count( ) function, R and Python（count( ) 函數）, 152, 202
countplot( ) function, Python（countplot( ) 函數）, 206
countplots（計數圖）, 206
CRAN（Comprehensive R Archive Network）（R 綜合典藏網）, 95, 105-107, 109
critical values（臨界值）, 53-56, 57-59, 74
crosstab( ) function, Python（crosstab( ) 函數）, 214
.csv files（CSV 檔案）, 117, 118, 192, 195
cumulative probability distributions（累積機率分布）, 31, 37

D

Data Analysis ToolPak, Excel
  correlation matrix with（使用分析工具箱計算相關矩陣）, 66
  descriptive statistics from（分析工具箱的敘述統計）, 19-26, 55
  loading process for（載入分析工具箱）, 19
  regression analysis with（使用分析工具箱進行迴歸分析）, 73-77

t-tests with（使用分析工具箱進行 t 檢定）, 49-52
data analytics（資料分析）
about（關於資料分析）, 82, 82
business intelligence platforms for（資料分析的商業智慧平台）, 84, 86, 88
cautions with（資料分析的注意事項）, 60, 68
columns as variables in（欄位作為資料分析的變數）, 4-11
data programming languages for（用於資料分析的程式語言）, 84, 89-90, 170
databases for（資料分析的資料庫）, 84, 87-88
ethical concerns with（資料分析的道德問題）, 227
further reading on（資料分析的延伸閱讀）, 88, 225
in hypothesis testing（假說檢定中的資料分析）, 46-52
rows as observations in（資料列作為資料分析的觀察項）, 4
spreadsheets for（用於資料分析的試算表）, 84-87
spurious relationships in（資料分析中的偽關係）, 77
stack of tools for（資料分析的工具堆疊）, 81, 82, 90, 225
data cleaning（資料清理）, x, 3-4, 127
data collection concerns（資料收集問題）, 44, 59, 225
data element of ggplot2, R（ggplot2 的資料元素）, 141
data frames, R
building（打造 R 的 data frame）, 115-116, 120
defined（data frame 的定義）, 114, 125
Excel tables and（Excel 資料表和 data frame）, 114
indexing and subsetting（對 data frame 進行索引和子集合）, 123-124
as list of vectors（data frame 作為向量的串列）, 115, 124
viewing（檢視 data frame）, 121-123
writing（編寫 data frame）, 124
data imports（資料匯入）
in Python（在 Python 中匯入資料）, 190-193
in R（在 R 中匯入資料）, 117-121
data manipulation（資料處理）
by aggregation and joins（對資料進行聚合和合併）, 133-137, 202
of columns（對欄位的資料處理）, 4, 128-130, 140, 198-200, 204-206
dplyr for（用於資料處理的 dplyr）, 122, 128-138, 140
dplyr functions（verbs）for（用於資料處理的 dplyr 函數）, 128
in Excel（Excel 的資料處理）, 127, 128, 131, 132, 133-137, 139
pipe（%>%）operator for（用於資料處理的管線運算子）, 137-138
in Python（Python 的資料處理）, 197-205
in R（R 的資料處理）, 127-141
by reshaping（重塑資料）, 139-141, 204-206
of rows（對資料列的處理）, 131-133, 200-201
data mining and hypothesis testing（資料探勘與假說檢定）, 57
data science（資料科學）, 82, 82, 226
data structures（資料結構）
further reading on（資料結構的延伸閱讀）, 124
in Python（Python 的資料結構）, 185-189, 200（請同時參見 DataFrames, Python）
in R（R 的資料結構）, 111-114, 124（請同時參見 data frames, R）
tabular（表格）, 128, 169, 186, 189
data types（資料型態）
in numpy and pandas（numpy 和 pandas 中的資料型態）, 187
Python（Python 的資料型態）, 185, 187
R（R 的資料型態）, 103
data visualization（資料視覺化）（請見 visualization of data）
data wrangling（資料角力）, x（請見 data manipulation）
data() function, R（data() 函數）, 115-116
data.frame() function, R（data.frame() 函數）, 115
databases（資料庫）, 84, 87-88
DataFrames, Python
building（打造 DataFrame）, 189, 198, 199
descriptive statistics with（DataFrame 的敘述統計）, 193-194, 214

in hypothesis testing（假設檢定中的 DataFrame）, 216, 220
indexing and subsetting（對 DataFrame 進行索引和子集合）, 194
writing（編寫 DataFrame）, 195
datasets（資料集）
ais example（ais 範例）, 79, 164, 196, 222
housing example（housing 範例）, 26, 43, 44, 48, 56, 59
imbalanced（不均勻的資料集）, 153
mpg example（mpg 範例）, 65-68, 71-77, 151, 161, 213
preparation of（準備範例）, x, 3-4
with Python（Python 範例）, 190
with R（R 範例）, 115-116, 118-121
Star example（Star 範例）（請見 Star dataset example）
training and testing（訓練與測試資料集）, 161-164
dependent variables（因變數）
in data analysis（資料分析的因變數）, 46-47
in independent samples t-test（獨立樣本 t 檢定的因變數）, 157
in linear regression（線性迴歸的因變數）, 69-71, 76-78, 219
root mean square error and（均方根誤差和因變數）, 163
in train/test splits（train/test splits 中的因變數）, 220
on y-axis（Y 軸上的因變數）, 68
desc() function, R（desc() 函數）, 131
describe() function, R（describe() 函數）, 122, 152
describe() method, Python（describe() 方法）, 193
describeBy() function, R（describeBy() 函數）, 153
descriptive statistics（敘述統計）
for categorical variables（類別變數的敘述統計）, 19-22
for central tendency（集中趨勢的敘述統計）, 15-17, 26
for continuous variables（連續變數的敘述統計）, 19, 22-24
with Excel（Excel 的敘述統計）, 15-21, 49
in hypothesis testing（假說檢定中的敘述統計）, 49-52
with Python DataFrames（Python DataFrame 的敘述統計）, 193-194, 214
with quantitative variables（定量變數的敘述統計）, 15-21, 26
with R（R 的敘述統計）, 122, 152-153
for sample versus population（樣本 vs. 母體的敘述統計）, 19, 43-44, 45, 47, 55, 75, 78
for standard deviations（標準差的敘述統計）, 18, 36-39, 53, 55, 163
for variability（變異性的敘述統計）, 17-19, 26
for variance（變異數的敘述統計）, 17-19, 49, 64
dictionaries, Python（字典）, 200, 205
dim() function, R（dim() 函數）, 161
dimensionality reduction method（降維方法）, 9
directories（目錄）（請見 file paths and directories）
discrete probability distributions（離散機率分布）, 31
discrete uniform probability distributions（離散均勻分布）, 31-33, 39
discrete variables（離散變數）, 5, 9, 10-11, 66
displot() function, Python（displot() 函數）, 206, 216
distributions（分布）
continuous probability（連續機率分布）, 33-42
discrete probability（離散機率分布）, 31-33
by interval frequencies（按頻率區間分布）, 21-24, 25
normal（常態分布）（請見 normal distributions）
by quartiles（按四分位數分布）, 24-26
visualizations of（分布視覺化）, 21-26, 154-156, 215
double equal sign (==), for equal values in R and Python（==，在 Python 和 R 中表示「等於」）, 102, 132, 176
dplyr, R
data analysis with（以 dplyr 進行資料分析）, 152
data manipulation with（以 dplyr 進行資料處理）, 122, 128-138, 140

further reading on (dplyr 的延伸閱讀), 128
installation of (安裝 dplyr), 105
verbs (functions) of (dplyr 的函數動作), 128, 135
drop() method, Python (drop() 方法), 199
dropping columns (捨棄欄位), 128-129, 199
dtypes in numpy and pandas (numpy 和 pandas 的 dtype), 187

E

EDA (exploratory data analysis) (探索式資料分析) (請見 exploratory data analysis (EDA))
empirical (68–95–99.7) rule in probability (68-95-99.7 的經驗法則), 36-39, 53
Environment/History/Connections, RStudio (RStudio 中的環境 / 歷史 / 連線), 96, 99
equal sign (=), for assigning objects in R and Python (=，在 R 和 Python 中用來指派物件), 102, 176
ethics and data analytics (資料分析與道德), 227
evaluation metrics (評估指標), 44, 65, 77, 163, 221
Excel
background knowledge in (Excel 背景知識), x
Box & Whisker chart in (Excel 的盒鬚圖), 24, 25
business intelligence platforms with (Excel 作為商業智慧平台), 88
central tendency, measuring (集中趨勢量數), 15-17
Chart Elements in (Excel 的圖表項目), 14, 67, 72
Clustered Columns in (Excel 的叢集欄位), 14, 23, 31, 33
correlation analysis with (Excel 的相關性分析), 65-68
as data for Python (Excel 作為 Python 的資料), 192
data manipulation with (Excel 的資料處理), 127, 128, 131, 132, 133-137, 139
data preparation for (Excel 的資料準備), 3-4
demos and worksheets for (Excel 的 demo 和工作表), 31, 36-39, 40, 41, 56
descriptive statistics in (Excel 的敘述統計), 15-21, 49
empirical rule, calculating (計算 Excel 的經驗法則), 36-39
experimental distribution formula (實驗分布公式), 33
exploratory data analysis foundations with (Excel 的探索式資料分析基礎), 3-4, 9, 12-25
filter preview in (Excel 中的篩選), 9
with frequency tables (次數表), 12-14
further reading on (關於 Excel 的延伸閱讀), 77, 171
helpful tools for analytics with (Excel 分析的實用工具), 85-86
hypothesis testing with (以 Excel 進行假說檢定), 49-52, 54-60, 71-77
law of large numbers with (Excel 的大數法則), 41
linear regression with (Excel 的線性迴歸), 71-77
probability foundations with (Excel 的機率基礎), 31, 33, 36-41
and programming languages (Excel 和程式語言), xi-xiv, 79, 86
R and Python differences from (Excel 和 R/Python 的差異), 101, 176, 188
R and Python similarities to (Excel 和 R/Python 的共通點), 99, 101, 112-114, 121, 123, 188
standard deviation, finding (尋找標準差), 18
t-Test in (Excel 中的 t 檢定), 49-52
tables and columns, creating (建立表格與欄位), 4
as teaching tool (Excel 作為教學工具), xii
variability, measuring (衡量變異性), 18
variables, comparing (比較變數), 19, 22-24
variance, calculating (計算變異數), 17
versions of (Excel 版本), ix
visualizations with (Excel 的視覺化), 14, 21-26, 31-33, 36, 38-41, 49, 67, 72, 75
exclamation mark (!), for command-line code in Python (Python 指令中的 !), 180
exercises, end-of-chapter (章末演練), xiii, xv

experimental distribution formula（實驗分布公式）, 33
experimental probability（實驗機率）, 32-36
experiments in probability（機率中的實驗）, 30, 32
exploratory data analysis (EDA)（探索式資料分析）, ix, 3-26
  about（關於探索式資料分析）, 3
  categorical variables in（類別變數）, 12-14
  classifying variables for（為變數進行分類）, 4-11, 46
  data preparation for（資料準備）, 3-4
  descriptive statistics in（探索式資料分析的敘述統計）, 11, 15-21, 26
  with Excel（用 Excel 執行探索式資料分析）, 3-4, 9, 12-25
  exercises（練習）, 26
  hypothesis testing and（假說檢定和探索式資料分析）, 46, 48
  as iterative process（探索式資料分析作為迭代過程）, 11
  with Python capstone（以 Python 執行探索式資料分析的 capstone 專案）, 214-216
  quantitative variables in（定量變數）, 15-26
  with R capstone（以 R 執行探索式資料分析的 capstone 專案）, 152-155
  visualizing variables in（將探索式資料分析中的變數視覺化）, 13, 21-26
Exploratory Data Analysis (Tukey), 3

F

facet plots, 155, 216
facet_wrap() function, R (facet_wrap() 函數), 155
factor() function, R (factor() 函數), 116
factors, R（因子）, 116
.r file extension, R (.r 副檔名), 170
file paths and directories（檔案路徑和目錄）
  in Python (Python 的檔案路徑和目錄), 190-193
  in R (R 的檔案路徑和目錄), 117-121
file.exists() function, R (file.exists() 函數), 118
Files/Plots/Packages/Help/Viewer, RStudio (RStudio 中的檔案 / 圖形 / 套件 / 查詢 / 預覽), 96, 98
filter preview, Excel（篩選預覽）, 9
filter() function, R (filter() 函數), 128, 132
filtering data（篩選資料）, 132, 201-202
fit() function, R (fit() 函數), 162
fitting regression line（迴歸趨勢線）, 159, 221
Flash Fill, Excel（快速填入）, 4
float data type, Python (float 資料型態), 178
floor division (%/%), R operator (%/%，整數除法，R 運算子), 100
floor division (//), Python operator (//，整數除法，Python 運算子), 174
Format Data Series, Excel（資料數列格式）, 23
Format Trendline, Excel（趨勢線格式）, 72
frame argument, Python (frame 引數), 204
frequency tables（次數表）, 12-14, 64, 152, 214
functions（函數）
  in Python (Python 的函數), 175, 179, 202
  in R (R 的函數), 98, 101, 128, 129, 135

G

geom element of ggplot2, R (ggplot2 的 geom 元素), 141
geom_bar() function, R (geom_bar() 函式), 142
geom_boxplot() function, R (geom_boxplot() 函數), 145-146
geom_histogram() function, R (geom_histogram() 函數), 143
geom_point() function, R (geom_point() 函數), 146
geom_smooth() function, R (geom_smooth() 函數), 159
getcwd() function, Python (getcwd() 函數), 192
getwd() function, R (getwd() 函數), 117
get_dataset_names() function, Python (get_dataset_names() 函數), 190
ggplot() function, R (ggplot() 函數), 142, 159
ggplot2, R, 141-148, 157, 159
Git version control system (Git 版本控制系統), 227
glance() function, R (glance() 函數), 162
glimpse() function, R (glimpse() 函數), 121
graphs（圖表）(請見 visualization of data)
group_by() function, R (groupby() 函數), 128, 135, 137, 139

H

H0, null hypothesis（H0，虛無假說）, 45, 70, 71
Ha, alternative hypothesis（Ha，對立假說）, 45, 70, 71
hash (#), for comments in R and Python（#，在 R 和 Python 中表示註解）, 100, 175
head( ) method
  in Python（Python 的 head( ) 方法）, 190, 202, 221
  in R（R 的 head( ) 方法）, 115, 138
help documentation in R and Python（Python 和 R 的說明文件）, 98, 173, 174, 176, 186
Histogram, Excel（長條圖）, 21
histograms（長條圖）
  of distributions of interval frequency（區間頻率分布的長條圖）, 21-24
  multigroup（多組別的長條圖）, 22-24
  of normal probability distributions（常態機率分布的長條圖）, 33-35, 38-40, 49, 53
  with Python（用 Python 建立長條圖）, 206, 215, 216
  with R（用 R 建立長條圖）, 143, 154, 155
housing dataset example（housing 資料集範例）, 26, 43, 44, 48, 56, 59
hypothesis testing（假說檢定）, 43
  analysis plans, formulating（建立分析計畫）, 44, 46-48
  caution with results of（對假說檢定結果保持謹慎）, 45, 57-60
  data, analyzing（分析假說檢定的資料）, 44, 49-52
  decisions, making（假說檢定的決策）, 44, 52-59
  descriptive statistics in（假說檢定的敘述統計）, 49-52
  with Excel（以 Excel 進行假說檢定）, 49-52, 54-60, 71-77
  housing dataset for（用於假說檢定的 housing 資料集）, 43, 44, 48, 59
  hypotheses, stating（建立假說）, 44-46
  for linear regression（線性迴歸的假說檢定）, 70-77
  p-values in（假說檢定的 p 值）（請見 p-values）
  populations in（假說檢定的母體）, 44, 45, 47, 53, 55-57
  with Python（以 Python 進行假說檢定）, 216-222
  with R（以 R 進行假說檢定）, 156-164
  representative samples, collecting（收集具有代表性的樣本）, 44
  statistical significance in（假說檢定的統計顯著性）, 47-48, 50, 52, 56, 58, 72, 74
  subpopulations in（假說檢定的子母體）, 45, 49, 52
  substantive significance in（假說檢定的實質顯著性）, 53, 56, 57, 59
  t-tests for（假說檢定的 t 檢定）（請見 independent samples t-tests）
  two-tailed direction for（雙尾檢定）, 48, 52, 53, 56, 71
  variances in（假說檢定的變異數）, 49

I

IDE (integrated development environment)（整合開發環境）, 96
id_vars parameter, Python（id_vars 參數）, 204
iloc method, Python（iloc 方法）, 194
imbalanced datasets（不均勻的資料集）, 153
import statement, Python（import 陳述式）, 180
importing data（匯入資料）（請見 data imports）
indentation in Python（Python 的縮排）, 176
independent samples t-tests（獨立樣本 t 檢定）
  with Excel（以 Excel 進行獨立樣本 t 檢定）, 47, 49-52, 54, 56
  with Python（以 Python 進行獨立樣本 t 檢定）, 217-219
  with R（以 R 進行獨立樣本 t 檢定）, 157-159
  statistical significance of（獨立樣本 t 檢定的統計顯著性）, 47-48
independent variables（獨立變數）
  in data analysis（資料分析中的獨立變數）, 46-47
  in independent samples t-test（獨立樣本 t 檢定中的獨立變數）, 157
  in linear regression（線性迴歸中的獨立變數）, 69-71, 76-78, 219

in train/test splits（train/test splits 中的獨立變數）, 220
on x-axis（x 軸上的獨立變數）, 68
index argument, Python（index 引數）, 205
index in Dataframes（DataFrame 中的索引）, 190
INDEX( ) function in Excel（INDEX( ) 函數）, 113, 123
indexing（索引）
arrays（對陣列進行索引）, 188-189
data frames, R（對 R 的 data frame 進行索引）, 123
DataFrames, Python（對 Python 的 DataFrame 進行索引）, 194
vectors（對向量進行索引）, 113
zero- and one-based（以 0 為始的索引和以 1 為始的索引）, 188-189
inferential statistics（推論統計）, 43
（請同時參見 correlation and regression）
about（關於推論統計）, 43-44, 59-60
exercises（推論統計練習）, 61
steps for（推論統計的步驟）（請見 hypothesis testing）
uncertainty and（推論統計的不確定性）, 43, 45, 47, 52, 60, 75
info( ) method, Python（info( ) 方法）, 193
initial_split( ) function, R（initial_split( ) 函數）, 161
installation of packages（安裝套件）
with Python（安裝 Python 套件）, 180-181
with R（安裝 R 套件）, 105, 109, 151
integer data type, Python（integer 資料型態）, 178
integer location method, Python（iloc 方法）, 194
integrated development environment（IDE）（整合開發環境）, 96
intercept of line（線截距）, 70, 72, 73
interquartile range（四分位距）, 24
intervals（bins）（區間（bins））, 21
.ipynb file extension, Python（.ipynb 副檔名）, 170
IPython project（IPython 專案）, 170
iris dataset（iris 資料集）, 115, 190
is.data.frame( ) function, R（is.data.frame( ) 函數）, 115
isfile( ) function, Python（isfile( ) 函數）, 192

J

joining data（合併資料）, 136-137, 202-204
joins, methodology of（合併的方法）, 136
joint probability（聯合分布）, 30
Jupyter Notebook, Python, 170-179
coding in（在 Jupyter Notebook 編寫程式）, 174-179
converting notebooks to other file types（將 notebook 轉換成其他檔案格式）, 173
kernel in（Jupyter Notebook 的 kernel）, 170, 172, 173
launching（開啟 Jupyter Notebook）, 170-172
main components of（Jupyter Notebook 的主要組成元件）, 172
modular cells in（Jupyter Notebook 中的模組化單元格）, 173
output cell, splitting（分割輸出單元格）, 175

K

kernel, Jupyter（Jupyter 的 kernel 核心）, 170, 172, 173

L

law of large numbers（LLN）（大數法則）, 41
left outer join, 136, 204
left_join( ) function, R（left_join( ) 函數）, 128, 136
length( ) function, R（length( ) 函數）, 114
library( ) function, R（library( ) 函數）, 106
Line chart, Excel（折線圖）, 41
linear models（線性模型）, 70
linear regression（線性迴歸）
equations for（線性迴歸公式）, 70, 71-73, 75, 77
error in（線性迴歸中的錯誤）, 70, 72, 74, 76
with Excel（Excel 的線性迴歸）, 71-77
fitting line in（線性迴歸的趨勢線）（請見 regression line）
further reading on（線性迴歸的延伸閱讀）, 77
hypothesis testing for（線性迴歸的假說檢定）, 70-77

independent/dependent variables in（線性迴歸的獨立變數和因變數）, 69-71, 76-78, 219
linear models and（線性模型和線性迴歸）, 70
mpg dataset example for（mpg 資料集）, 71-77, 161, 219
with Python（Python 的線性迴歸）, 219-222
with R（R 的線性迴歸）, 159-161
statistical significance in（線性迴歸的統計顯著性）, 72, 74
linear relationships of variables（變數的線性關係）, 64-71, 76-78, 219
LinearRegression() function, Python（LinearRegression() 函數）, 221
linear_reg() function, R（linear_reg() 函數）, 162
linregress() function, Python（linregress() 函數）, 219
list object type, Python（list 物件類型）, 185
LLN（law of large numbers）（大數法則）, 41
lm method, R（lm 方法）, 159
lm() function, R（lm() 函數）, 159, 162
load_dataset() function, Python（load_dataset 函數）, 190
loc method, Python（loc 方法）, 195
logarithmic transformation method（對數轉換方法）, 9
looking up and combining data（查找與合併資料）, 136-137

M

machine learning（機器學習）, 82, 161, 213, 226, 227
map() method, Python（map() 方法）, 205
margin of error（誤差範圍）, 54, 56
marginal probability（邊際機率）, 30
Markdown cell format, Jupyter（Markdown 單元格格式）, 173-174
matplotlib, Python
pyplot submodule of（matplotlib 的 pyplot 子模組）, 197, 211
and seaborn package（matplotlib 和 seaborn 套件）, 206
max() function, R and Python（max() 函數）, 202
mean（平均數）
calculating（計算平均數）, 15, 16
population（母體）, 44, 47, 55
in probability（機率中的平均數）, 33, 36, 37-39, 40-42
sample（樣本）, 40-42, 44, 49, 55
mean() function, R and Python（mean() 函數）, 202
mean_squared_error() function, Python（mean_squared_error 函數）, 221, 221
median（中位數）, 15, 16, 24
melt() function, Python（melt() 函數）, 204
menu bar, Jupyter（選單列）, 173
merge() method, Python（merge() 方法）, 204
methods（方法）
in Python（Python 的方法）, 179, 202
statistical（統計方法）, 46-48, 226
（請同時參見 linear regression）
metrics sklearn submodule, Python（metric sklearn 子模組）, 221
Microsoft M programming language（M 語言）, 86
min() function, R and Python（min() 函數）, 202
mode（眾數）, 15, 16
MODE() function, Excel（MODE() 函數）, 15
MODE.MULT() function, Excel（MODE.MULT() 函數）, 15
Modern Excel（現代化 Excel）, 86, 88
modules, Python（Python 模組）
importing and installing（匯入和安裝模組）, 180-181, 213
matplotlib（matplotlib 模組）, 197
NumPy（NumPy 模組）, 186-189
os for file paths and directories（檔案路徑和目錄的 os 模組）, 190
as packages（模組作為套件）, 180
pandas（pandas 模組）（請見 pandas, Python）
modulo (%%), for division in R（%% 餘數，R 的除法）, 100
modulo (%%), Python operator（%%，Python 運算子）, 174
mpg dataset example（mpg 資料集範例）, 65-68, 71-77, 151, 161, 213
multiple linear regression（多元線性迴歸）, 76
multiple R, Excel, 76
mutate() function, R（mutate() 函數）, 128, 130, 140

N

n-dimensional arrays, Python (n- 維陣列), 186
NA (missing observations), R (NA(缺失值)), 137, 153
naming/renaming in data reshaping (資料重塑中的命名 / 重新命名), 140
NaN (missing data), Python pandas (NaN(缺失值)), 194
negative correlation of variables (變數的負相關性), 65, 67
nominal variables (名義變數), 5, 7, 10-11
nonlinear relationships of variables (變數的非線性關係), 64-68
NORM.DIST( ) function, Excel (NORM.DIST( ) 函數), 37
normal distributions (常態分布), 33-42
  in central limit theorem (CLT) (中央極限定理的常態分布), 39-42
  empirical rule for (常態分布的經驗法則), 36-39
  law of large numbers (LLN) in (常態分布的大數法則), 41
  t-distributions and (t- 分布和常態分布), 53
  visualizations of (常態分布的視覺化), 33-35, 38-40, 41, 49, 53
null (H0) hypothesis (虛無假說), 45, 50, 52, 63, 70, 71
null, failure to reject (拒絕虛無假說失敗), 52, 75
null, rejection of (拒絕虛無假說), 52, 56, 63, 157
numbers in R (R 語言中的數字), 103
NumPy, Python, 186, 187
  (請同時參見 arrays, Python NumPy)

O

object-oriented programming (OOP) (物件導向語言), 198
objects (物件)
  naming (命名物件), 103, 176
  in Python (Python 的物件), 176-179, 185
  in R (R 的物件), 99, 102-104, 107
  structure of (物件結構), 104, 112
  types of (物件類型), 103, 178, 185
  versus variables (物件 vs. 變數), 102
observations in data analytics
  in calculations (計算觀察值), 15, 17
  distributions of (觀察值的分布情形), 21, 24
  outliers (離群值), 25
  quantitative variables as (定量變數作為觀察值), 8
  as rows in dataset (觀察值作為資料集中的資料列), 4
OLS (ordinary least squares) (普通最小二乘法), 75
one-based indexing (以 1 為始的索引), 188
one-dimensional data structures (一維的資料結構), 186, 189, 198
one-way frequency tables (單向次數分配表), 12, 152
OOP (object-oriented programming) (物件導向程式設計), 198
open source software (開源軟體), 89, 96, 169, 171
operators (運算子)
  in Python (Python 運算子), 174, 176
  in R (R 運算子), 100, 101
order of operations (操作次序), 100, 175
ordering, intrinsic (內在排序), 8
ordinal variables (有序變數), 5, 8
ordinary least squares (OLS) (普通最小二乘法), 75
os module, Python (os 模組), 190
outliers, observations as (觀察值為離群值), 24

P

p-values(p 值)
  as basis for decisions (p 值作為決策基準), 52-54, 57, 74
  in Excel (Excel 中的 p 值), 74
  methodology for (p 值的測定方法), 52, 71, 74
  misinterpretations and limitations of (關於 p 值的誤解與局限性), 52, 56, 76
  in Python (Python 中的 p 值), 217
  in R (R 中的 p 值), 157, 162
packages (套件)
  Python (Python 套件), 79, 169, 180-181, 190, 213
  Python installation of (安裝 Pyhon 套件), 180-181

R（R 套件）, 79, 105-106, 109, 111, 151
R installation and calling of（安裝與呼叫 R 套件）, 105, 109, 151
updating（更新套件）, 106, 181
pairplot( ) function, Python（pairplot( ) 函數）, 219
pairplots, 158, 219
pairs( ) function, R（pairs( ) 函數）, 158
pandas, Python
about（關於 pandas）, 189
data manipulation with（以 panda 進行資料處理）, 197, 202, 204-206
DataFrames, 189-190, 192, 194, 195
dtypes in（pandas 的 dtype）, 187
frequency tables with（pandas 的次數分配表）, 214
functions in（pandas 的函數）, 202
reading in external data with（以 pandas 讀取外部資料）, 192
Pearson correlation coefficient（皮爾森相關係數）, 64, 67
PEP 8 style guide, Python（PEP 8 風格指南）, 178
Pérez, Fernando, 170
pip Python package installer（pip Python 套件安裝程式）, 181
pipe（%>%）, R operator（%>%，R 管線運算子）, 137-138
PivotTables, Excel（樞紐分析表）
for comparing variables（用於比較變數）, 19, 22-24
for data manipulation（用於資料處理）, 127, 133, 139
for frequency tables（用於次數表）, 12-14
for t-tests（用於 t 檢定）, 49
pivot_longer( ) function, R（pivot_longer( ) 函數）, 140
pivot_table( ) method, Python（pivot_table( ) 方法）, 205
pivot_wider( ) function, R（pivot_wider( ) 函數）, 140, 152
plotting charts（繪製圖表）（請見 visualization of data）
PMF（probability mass function）（機率質量函數）, 37-38
point estimate（點估計）, 55, 75
population mean（母體平均數）, 44, 47, 55
population versus sample data（母體 vs. 樣本資料）, 19, 43-44, 45, 47, 53, 55, 75, 78
populations in hypothesis testing（假說檢定的母體）, 44, 45, 47, 53, 55-57
positive correlation of variables（變數的正相關性）, 64
Power BI, 88
Power Pivot, Excel, 86, 88, 88
Power Query, Excel, 86, 88
Power View, Excel, 86, 88
predict( ) function, R and Python（predict( ) 函數）, 162, 221
predictive systems（預測系統）, 82
print, Python（列印）, 178, 190
probability（機率）, 29-42
Bayes' rule in（機率中的貝氏定理）, 30
central limit theorem（CLT）in（機率中的中央極限定理）, 39-42
continuous distributions（機率中的連續分布）, 33-42
cumulative distributions（機率中的累積分布）, 31, 37
discrete uniform distributions（離散均勻分布）, 31-33, 39
empirical（68–95–99.7）rule in（機率中的 68-95-99.7 的經驗法則）, 36-39, 53
Excel with（Excel 與機率）, 31, 33, 36-41
Exercises（演練）, 42
experimental（實驗機率）, 32-36
experiments in（機率實驗）, 30, 32
further reading on（機率的延伸閱讀）, 30
law of large numbers（LLN）in（機率中的大數法則）, 41
mean in（機率中的平均數）, 33, 36, 37-39, 40-42
normal distribution in（機率中的常態分布）, 33-42
probability distributions（機率分布）, 31-42
randomness in（機率中的隨機性）, 29, 33, 33
relevance of（機率的相關性）, 60
sample mean in（機率中的樣本平均數）, 40-42
sample size in（機率中的樣本大小）, 41-42
sample space in（機率中的樣本空間）, 30

standard deviations in（機率中的標準差）, 18, 36-39
theoretical（理論機率）, 32, 33, 35
uncertainty and（機率與不確定性）, 29
visualizations of distributions of（機率分布的視覺化）, 31-42, 33-35, 38-40, 41
probability mass function（PMF）（機率質量函數）, 37-38
programming languages for data analytics（用於資料分析的程式語言）, 84, 89-90
programming style guides（程式設計的風格指南）, 103
project files（專案檔案）, 118
psych package, R（psych 套件）, 109, 111, 116, 122, 151, 152-153
.py Python script, Jupyter conversion to（將 Jupyter Notebook 轉換成 .py 格式的 Python 腳本）, 173
Python dictionaries（Python 字典）, 200, 205
Python Enhancement Proposals（PEPs）, 178
Python Foundation, 178
Python Package Index, 180
Python programming language
about（關於 Python）, 89, 169, 170
Anaconda（請見 Anaconda, Python）
attributes（屬性）, 198
case-sensitivity of（區分大小寫）, 176
coding introduction（編碼介紹）, 174-179
comments（註解）, 175
data manipulation with（以 Python 進行資料處理）, 197-205
data structures（Python 的資料結構）, 185-189, 201
（請同時參見 DataFrames, Python）
datasets（資料集）, 190
downloading（下載 Python）, 169-171
exercises（演練）, 181, 196, 212, 222
exploratory data analysis with（以 Python 進行探索式資料分析）, 214-216
file paths and directories（檔案路徑和目錄）, 190-193
functions（Python 函數）, 175, 179
further reading on（Python 的延伸閱讀）, 171, 198, 205, 226
help documentation（Python 說明文件）, 173, 174, 176, 186
hypothesis testing with（以 Python 進行假說檢定）, 216-222
indentation in（Python 的縮排）, 176
Jupyter Notebook introduction（Jupyter Notebook 的介紹）, 170-179
maintenance commands（維護指令）, 181
methods（Python 方法）, 179, 202
modules（Python 模組）（請見 modules, Python）
objects（Python 物件）, 176-179, 185
operators（Python 運算子）, 174, 176
packages（Python 套件）, 79, 169, 180-181, 190, 213
R differences from（R 和 Python 的差異）, 169, 170, 188
R similarities to（R 和 Python 的相似處）, 171, 174-179, 192, 204
versions（Python 版本）, 170
visualization of data in（Python 的資料視覺化）, 206-211, 215-216, 217-219, 220
Python Standard Library, 180, 182, 185, 190
pyxlsb package, Python（pyxlsb 套件）, 181

Q

qualitative variables（定性變數）（請見 categorical variables）
quantitative operations on data（對資料的量化操作）, 7, 10
quantitative variables（定量變數）, 8
（請同時參見 continuous variables）
classification of（定量變數的分類）, 10-11
with descriptive statistics（定量變數的敘述統計）, 15-21, 26
types of（定量變數的類型）, 5, 8
quartiles, distribution by（按四分位數分布）, 24-26
question mark（?）, for help documentation in R and Python（R 和 Python 說明文件中的「?」符號）, 98, 176

R

.r file extension, R（.r 副檔名）, 98
R programming language（R 語言）
  about（關於 R）, 89, 95, 169
  base R, 105, 117, 122, 157-159, 161
  case-sensitivity of（區分大小寫）, 101
  comments（註解）, 100
  data manipulation（資料處理）, 127-141, 149
  data structures（資料結構）, 111-114, 124（請同時參見 data frames, R）
  data types（資料型態）, 103
  data, importing of（匯入 R 的資料）, 117-121
  datasets（資料集）, 115-116, 118-121
  downloading（下載 R）, 95
  exercises（演練）, 109, 125, 149, 164
  exploratory data analysis with（以 R 進行探索式資料分析）, 152-155
  file paths and directories（檔案路徑和目錄）, 117-121
  functions（R 函數）, 98, 101, 128
  further reading on（R 的延伸閱讀）, 128, 141, 226
  help documentation（R 說明文件）, 98
  hypothesis testing with（以 R 進行假說檢定）, 156-164
  objects（R 物件）, 99, 102-104, 107
  operators（R 運算子）, 101
  packages（R 套件）, 79, 105-106, 109, 111, 151（請同時參見 dplyr, R）
  Python differences from（R 和 Python 的差異）, 169, 170, 188
  Python similarities to（R 和 Python 的相似處）, 171, 174-179, 192, 204
  RStudio introduction（RStudio 介紹）, 96-104, 109
  saving versus regenerating in（儲存 vs. 再生）, 107-109
  scripts in（R 腳本）, 98, 170
  updating（更新 R）, 106
  visualization of data in（R 的資料視覺化）, 99, 141-148, 154-156, 157-161
  workspace image, not saving（不儲存 R 工作空間的圖像）, 107-109
R-square, Excel（R 平方）, 76
R-squared（coefficient of determination）（R 平方，決定係數）, 76, 163
r-value, Python（r 值）, 220
r2_score() function, Python（r2_score() 函數）, 221
RANDBETWEEN() function, Excel（RANDBETWEEN() 函數）, 33, 39-41
random number generator（隨機數字產生器）, 33
randomness in probability（機率中的隨機性）, 29, 33
random_state argument, Python（random_state 引數）, 221
range in variability（變異性的全距）, 17
ranges, Excel（儲存格範圍）, 112
RDBMS（relational database management system）（關聯式資料庫管理系統）, 88
readr package, R（readr 套件）, 118, 121
readxl package, R（readxl 套件）, 111, 125
readxlsx() function, R（readxlsx() 函數）, 121
read_csv() function, R and Python（read_csv() 函數）, 118, 193, 213
read_excel() function, Python（read_excel() 函數）, 192
recode() function, R（recode() 函數）, 140
regplot() function, Python（regplot() 函數）, 220
regr.fit() function, Python（regr.fit() 函數）, 221
regression analysis（迴歸分析）（請見 linear regression）
regression equations（迴歸公式）, 70-73, 75, 77
regression line, fitting
  with Excel（Excel 的迴歸線）, 72, 77
  with Python（Python 的迴歸線）, 220
  with R（R 的迴歸線）, 159
regression model
  with Excel（Excel 的迴歸模型）, 73, 77
  with Python（Python 的迴歸模型）, 219
  with R（R 的迴歸模型）, 159, 161
Regression, Excel（迴歸）, 73
rejection of null（拒絕虛無假說）, 52, 56, 63, 157
rejection of null, failure of（拒絕虛無假說失敗）, 52, 75
relational database management system（RDBMS）, 88

relational databases（關聯式資料庫）, 87-88
rename( ) function, R and Python（rename( ) 函數）, 128, 130, 200
representative sampling of population（母體中具有代表性的樣本）, 44-44
reproducible workflows（可再現的工作流）
  in Excel（Excel 中可再現的工作流）, 85-86
  in R and Python（R 和 Python 中可再現的工作流）, 89, 107
  and version control systems（可再現的工作流和版本控制系統）, 89, 226
research design and methods（研究設計與方法）, 225
research hypothesis（研究假說）, 44, 45, 56
researchpy module, Python（researchpy 模組）, 217
reset_index( ) method, Python（reset_index( ) 模組）, 205
reshaping in data manipulation（資料重塑）, 139-141, 204-206
residuals（殘差）, 72, 75, 163
reticulate package, R（reticulate 套件）, 171
RMSE（root mean square error）（均方根誤差）, 163, 221
rows（資料列）
  data manipulation operations for（對資料列的資料處理操作）, 131-133, 200-201
  dropping（捨棄資料列）, 199
  filtering（篩選資料列）, 201-202
  as observations in data analytics（資料列作為資料分析的觀察值）, 4
  sorting（排序資料列）, 131, 200
row_number( ) function, R（row_number( ) 函數）, 140
rsq( ) function, R（rsq( ) 函數）, 163
RStudio, R
  cheatsheets in（RStudio 參考清單）, 141
  home menu（主選單）, 96-100
  importing datasets with（以 RStudio 匯入資料集）, 120
  introduction（RStudio 介紹）, 96-104, 109
  project files（專案檔案）, 118
  Python coding in（在 RStudio 的 Python 編碼）, 171

S

sample mean（樣本平均數）, 40-42, 44, 49, 55
sample size（樣本大小）
  effects of（樣本大小的影響）, 41-42, 44-44, 49, 56, 58
  as representative of population（樣本大小具有母體代表性）, 44
  t-distribution and（t 分布與樣本大小）, 53
  in train/test splits（train/test splits 中的樣本大小）, 162
sample space in probability（機率中的樣本空間）, 30
sample versus population data（樣本 vs. 母體資料）, 19, 43-44, 45, 47, 53, 55, 75, 78
saving versus regenerating in R（儲存 vs. 再生）, 107-109
scatterplot( ) function, Python（scattorplot( ) 函數）, 210
scatterplots（散布圖）
  with Excel（以 Excel 繪製散布圖）, 67-68, 72, 75
  linear/nonlinear relationships in（散布圖的線性 / 非線性關係）, 64, 67, 72
  with Python（以 Python 繪製散布圖）, 211, 217, 220
  with R（以 R 繪製散布圖）, 148, 158, 159
  regression residuals in（散布圖中的迴歸殘差）, 75
scipy.stats submodule, Python（scipy.stats 子模組）, 213, 217, 219
Script editor, RStudio, 96-98
scripts, R and Python（腳本）, 98, 170, 173
seaborn package（seaborn 套件）, Python
  data visualization with（seaborn 套件的資料視覺化）, 197, 206-211, 219, 220
  datasets in（seaborn 套件的資料集）, 190
select( ) function, R（select( ) 函數）, 128-130
Series data structure, Python（Series 資料結構）, 189, 198, 199, 201, 217, 219
set.seed( ) function, R（set.seed( ) 函數）, 161
setwd( ) function, R（setwd( ) 函數）, 117
shape attribute, Python（shape 屬性）, 201
sickit-learn package, Python（sickit-learn 套件）, 213

simulations for experimental probability（實驗機率的模擬）, 32-33
sklearn package, Python（sklearn 套件）, 213, 221
slicing in Python（Python 的切片）, 189, 221
slope in linear regression（線性迴歸的斜率）, 70-71, 72-76
sorting data（排序資料）, 131, 137, 200
sort_values() method, Python（sort_values() 方法）, 200
splitting data（分割資料）, 161-162, 220-222
spreadsheets for data analytics（用於資料分析的試算表）, 84-87
SQL（Structured Query Language）, 88
sqrt() function, R and Python（sqrt() 函數）, 99, 179
squared residuals（殘差平方和）, 75
stack of tools for data analysis（資料分析的工具堆疊）, 82, 90, 225
standard deviations（標準差）, 18, 36-39, 53, 55, 163
standard error（標準誤差）, 54, 55, 74, 77
standard normal distribution（標準常態分布）, 53
Star dataset example
  in Excel（Excel 的 Star 資料集範例）, 3, 4-5, 9, 11-26
  in Python（Python 的 Star 資料集範例）, 197
  in R（R 的資料集範例）, 114, 121, 127, 133, 139
  variables in（變數）, 4-7, 9-11
statistical bias（統計偏差）, 44
statistical hypotheses（統計假說）, 44, 45, 56
statistical models（統計模型）, 70
statistical significance（統計顯著性）, 47-48, 50, 52, 56, 57, 58, 72, 74
statistical testing and methods（統計檢定與方法）, 226
  （請同時參見 hypothesis testing）
statistics
  about（關於統計）, 81, 82
  descriptive（敘述統計）（請見 descriptive statistics）
  further reading on（統計的延伸閱讀）, 153, 226
  inferential（推論統計）（請見 inferential statistics）
statsmodels module, Python（statsmodels 模組）, 220, 221
std() function, Python（std() 函數）, 202
str() function, R（str() 函數）, 104, 112, 116
string data type, Python（string 資料型態）, 178
Structured Query Language（SQL）, 88
style guides, programming（程式設計的風格指南）, 103, 178
subpopulations（子母體）, 45, 49, 52
subsetting（取子集）
  arrays（對陣列取子集）, 189
  data frames, R（對 data frame 取子集）, 124
  DataFrames, Python（對 DataFrame 取子集）, 214
  with train/test splits（對 train/test splits 取子集）, 161-162, 221
  vectors（對向量取子集）, 114
substantive significance（實質顯著性）, 53, 56, 57, 59
sum() function, R and Python（sum() 函數）, 202
summarize() function, R（summarize() 函數）, 128, 135, 139
summarizing variables（摘要變數）（請見 descriptive statistics）
summary() function, R（summary() 函數）, 122, 159

T

t Stat（t 統計）, Excel, 74
t-distribution（t 分布）, 53
t-Test: Two-Sample Assuming Unequal Variances（（獨立）雙樣本平均數差異 t 檢定：假設變異數不相等）, Excel, 49-52, 55
t-tests（t 檢定）（請見 independent samples t-tests）
t.test() function, R（t.test() 函數）, 157
tables, creating in Excel（在 Excel 建立表格）, 4
tables, database（資料庫表格）, 87, 136
tabular data structures（表格資料結構）, 128, 169, 186, 189
target population（目標母體）, 44
Terminal, launching（Mac）（開啟 Mac 終端機）, 171, 180
test statistic（檢定統計）, 54

testing and training datasets（測試與訓練資料集）, 161-164, 220-222
testing( ) function, R (testing( ) 函數）, 161
theoretical probability（理論機率）, 32, 33, 35
tibble, R, 120
tidy( ) function, R (tidy( ) 函數）, 162
tidymodels package, R (tidymodels 套件）, 151, 161-164
tidyr package, R (tidyr 套件）, 140
tidyverse packages, R (tidyverse 套件）, 151
  versus base R (tidyverse 套件 vs. base R), 117
  dplyr（請見 dplyr, R)
  forcats for factors（處理因子的 forcats 套件）, 116
  ggplot2, 141-148
  installation of（安裝 tidyverse 套件）, 105, 111
  readr, 118
tilde (~), R operator (~，R 運算子）, 155, 157
toolbar, Jupyter（工具列）, 173
ToolPak（請見 Data Analysis ToolPak, Excel)
train/test split and validation (train/test split 和驗證）, 161-162, 220-222
training and testing datasets（訓練與測試資料集）, 161-164, 220-222
training( ) function, R (training( ) 函數）, 161
train_test_split( ) function (train_test_split( ) 函數）, Python, 220
ttest_ind( ) function, Python (ttest_ind( ) 函數）, 217
Tukey, John, 3, 95
two-dimensional data structures（二維資料結構）, 114, 189
two-tailed tests（雙尾檢定）, 48, 52, 53, 56, 71
two-way frequency tables（雙向次數分配表）, 13-14, 64, 152, 214
type( ) function, Python (type( ) 函數）, 178

U

unconditional probability（非條件機率）, 30
uniform probability distribution（均勻機率分布）, 31
unique( ) method, Python (unique( ) 方法）, 205
univariate analysis（單變量分析）, 64
univariate linear regression（單變量線性迴歸）, 77
updateR( ) function, R (updateR( ) 函數）, 106
updating packages in R and Python（在 R 和 Python 中更新套件）, 106, 181
upper( ) method, Python (upper( ) 方法）, 179
usecols argument, Python (usecols 引數）, 213

V

values argument, Python (values 引數）, 205
value_name, Python, 204
value_vars, Python, 204
van Rossum, Guido, 169
variability, measuring（測量變異性）, 17-19, 26
variables（變數）
  in advanced analytics（進階分析的變數）, 9
  as columns in data analytics（變數作為資料分析的欄位）, 4-11
  categorical（類別變數）（請見 categorical variables)
  classifying（分類變數）, 4-11
  continuous（連續變數）（請見 continuous variables)
  dependent（因變數）（請見 dependent variables)
  descriptive statistics of（變數的敘述統計）, 11, 15-21, 26
  discrete（離散變數）, 5, 9, 10-11, 66
  further reading on（變數的延伸閱讀）, 7
  independent（獨立變數）（請見 independent variables)
  linear relationships of（變數的線性關係）, 64-71, 76-78, 219
  versus objects（變數 vs. 物件）, 102
  quantitative（定量變數）, 8, 10
  storing as factors（將變數儲存為因子）, 116
  types of（變數類型）, 5, 11, 46
variance, analysis of (ANOVA)（變異數分析）, 73, 156
variance, measuring（測量變異數）, 17-19, 49, 64
var_name, Python, 204
VBA (Visual Basic for Applications), 85
vectors（向量）
  defined（定義向量）, 112

indexing and subsetting（對向量索引與取子集）, 113
R data frames as list of（R data frame 作為向量的串列）, 115, 124, 199
R data structures with（向量與 R 資料結構）, 112-114, 129, 187
vehicle mileage（mpg）dataset example（vehicle mileage（mpg）資料集範例）, 65-68, 71-77, 151, 161, 213
version control systems（版本控制系統）, 89, 226
View() function, R（View() 函數）, 121
Visual Basic for Applications（VBA）, 85
visualization of data（資料視覺化）
boxplots（箱形圖）（請見 boxplots）
Clustered Columns, Excel（叢集欄位）, 14, 23, 31, 33
countplots（bar charts）（計數圖）, 14, 206
distributions with（資料視覺化與分布）, 21-26, 154-156, 215
with Excel（以 Excel 進行資料視覺化）, 14, 21-26, 31-33, 36, 38-41, 49, 67, 72, 75
facet plots, 155, 216
frequency tables（次數表、次數分配表）, 14
further reading on（資料視覺化的延伸閱讀）, 13
with ggplot2（以 ggplot2 進行資料視覺化）, 141-148, 157, 159
histograms（長條圖）（請見 histograms）
line chart（折線圖）, 41
pairplots, 158, 219
of probability distributions（機率分布的資料視覺化）, 31-42, 33-35, 38-40, 41
with Python（以 Python 進行資料視覺化）, 206-211, 215-216, 217-219, 220
with R（以 R 進行資料視覺化）, 99, 141-148, 154-156, 157-161
relationships with（資料視覺化與關係）, 72, 75, 157-161, 217-219
scatterplots（散布圖）（請見 scatterplots）
VLOOKUP() function, Excel（VLOOKUP() 函數）, 87, 127, 136-137, 204

W

what-if analyses（what-if 分析、假設分析）, 58-59
whiskers in boxplots（盒鬚圖的「鬍鬚」）, 24
whitespace in Python（Python 的空格）, 176
Wickham, Hadley, 141
Wilkinson, Leland, 141
working directories（工作中的目錄）, 117, 125, 192
writexl package, R（writexl 套件）, 111, 125
write_csv() and write_xlsx() functions in R and Python（R 和 Python 中的 writecsv() 函數和 write_xlsx() 函數）, 124, 195
writing dataframes（編寫 dataframe）, 124, 195

X

x argument, Python（x 引數）, 206, 219
x-axis, mapping（對映 x 軸）, 21, 38, 64, 67, 146-148, 206, 209
.xlsx files（.xlsx 檔案）, 117, 192, 195

Y

y argument, Python（y 引數）, 208, 219
y-axis, mapping（對映 y 軸）, 64, 67, 146-148, 208, 211

Z

zero correlation of variables（變數的零相關性）, 65
zero-based indexing（以 0 為始的索引）, 188-189

關於作者

George Mount 是專精於分析教育的顧問公司 Stringfest Analytics 的創辦人與執行長。他與頂尖 BootCamp 工作坊、學習平台及訓練機構合作，幫助學員精通資料分析，他經常在 *stringfestanalytics.com* 上分享分析相關內容及撰寫部落格文章。

他於 Hillsdale College 取得經濟學士學位，並於 Case Western Reserve University 取得金融與資訊系統雙碩士。目前居住於俄亥俄州克利夫蘭。

出版記事

本書封面的動物是北美星鴉（學名：*Nucifraga columbiana*），主要分布於美國西部及加拿大西部部分地區，棲息於多風山峰的林木線上。

北美星鴉外型為灰色，擁有黑白相間的翅膀與尾羽，鳥喙與腳部也是黑色，平均身長可以達到 28.8 公分。牠以匕首般鋒利的鳥喙啄開松果，取出松子，以埋藏種子的方式儲存食物過冬。北美星鴉具有埋藏種子的習性，而未被取回的那些松子，在日後則有機會生長為松樹林，北美星鴉的這項習性在松樹林的生長中扮演著重要作用。每年冬天來臨前，北美星鴉可能儲藏多達 30,000 顆松子。

其餘食物來源包括其他種子、漿果、昆蟲、蝸牛、腐肉以及其他鳥類的蛋或幼鳥。北美星鴉在冬末開始繁殖活動，築巢於針葉樹上的水平枝條。雌雄親鳥共同分擔育雛責任，幼鳥通常在孵化後 18 ～ 21 天離巢。

北美星鴉的保護狀態處於「無危」狀態，但有證據指出氣候變遷很可能影響這種鳥類的棲息範圍與數量。O'Reilly 書籍封面上的許多動物都面臨瀕臨絕種的危機，而這些動物對於整個世界的生態多樣性非常重要。

封面圖的作者為 Karen Montgomery。

精通資料分析｜使用 Excel、Python 和 R

作　　者：George Mount
譯　　者：沈佩誼
企劃編輯：莊吳行世
文字編輯：王雅雯
設計裝幀：陶相騰
發 行 人：廖文良

發 行 所：碁峰資訊股份有限公司
地　　址：台北市南港區三重路 66 號 7 樓之 6
電　　話：(02)2788-2408
傳　　真：(02)8192-4433
網　　站：www.gotop.com.tw
書　　號：A697
版　　次：2022 年 01 月初版
建議售價：NT$520

國家圖書館出版品預行編目資料

精通資料分析：使用 Excel、Python 和 R / George Mount 原著；沈佩誼譯. -- 初版. -- 臺北市：碁峰資訊, 2022.01
面；　公分
譯自：Advancing into analytics: from Excel to Python and R.
ISBN 978-626-324-061-2(平裝)
1.CTS：資料探勘 2.CTS：電腦程式語言 3.CTS：電腦程式設計
312.74　　110021863

讀者服務

- 感謝您購買碁峰圖書，如果您對本書的內容或表達上有不清楚的地方或其他建議，請至碁峰網站：「聯絡我們」\「圖書問題」留下您所購買之書籍及問題。(請註明購買書籍之書號及書名，以及問題頁數，以便能儘快為您處理)
http://www.gotop.com.tw

- 售後服務僅限書籍本身內容，若是軟、硬體問題，請您直接與軟體廠商聯絡。

- 若於購買書籍後發現有破損、缺頁、裝訂錯誤之問題，請直接將書寄回更換，並註明您的姓名、連絡電話及地址，將有專人與您連絡補寄商品。